SCORPIO

Martina Violetta Jung

ICH KANN SO NICHT MEHR ARBEITEN!

FREUDE UND SINN STATT SEELENINFARKT

SCORPIO

Der Großfamilie meines Herzens

© 2011 Scorpio Verlag GmbH & Co. KG, Berlin · München
Umschlaggestaltung: Guter Punkt, München
Umschlagmotiv: © Nadiya Sergey (Landschaft) und
Pavel Losevsky (Papier) / Shutterstock
Satz: Fotosatz Amann, Aichstetten
Druck und Bindung: GGP Media GmbH, Pößneck
ISBN 978-3-942166-72-0

www.scorpio-verlag.de

INHALT

SO MACHT DAS KEINEN SPASS MEHR ...

WIE SICH DIE BERUFLICHE REALITÄT OFT ANFÜHLT

»Deinem Ziel nachstrebend, siehst du manches nicht,
was nah vor deinen Augen steht.«

Herman Hesse

Die Frage ist nicht, *ob* wir etwas begreifen, die Frage ist nur, *wann*
und *wie weh* es bis dahin tut. In meiner Zeit als junge Wirtschaftsanwältin lernte ich Eduard kennen, einen von zwei geschäftsfüh-
renden Gesellschaftern eines mittelständischen Unternehmens, das
weltweit Abfüllanlagen konzipierte und installierte. Einige Jahre
später hörte ich, dass das Unternehmen Insolvenz anmelden musste. Daraufhin verlor Eduard mit 56 Jahren große Teile seines Ver-
mögens, sein Ansehen als Kaufmann, seine Familie und seine Gesundheit. Vor Kurzem sind wir uns erneut begegnet. Eduard sieht
sich heute mit Mitte sechzig gezwungen, als Fremdgeschäftsführer
zu arbeiten, um seinen Lebensunterhalt zu verdienen.

»Hätte ich doch schon vor Jahren angefangen, zu tun, was mir
guttut«, sagte er mit traurigem Blick. »Ich habe viel Schönes erlebt. Aber wenn ich ehrlich mit mir selbst bin, habe ich immer nur
die Erwartungen anderer erfüllt. Solange das Geld floss, stellte ich
mein Treiben nicht infrage. Ich tauschte mein Leben für Geld, Gut
und Ansehen ein. Was würde ich darum geben, noch einmal von
vorn beginnen und bei allem, was ich tue, ich selbst sein zu können!«

Eduard scheint seine Chancen vertan zu haben. Jedenfalls bleibt
ihm nicht mehr allzu viel Zeit, um nachzuholen, was ihm beruflich
entgangen ist. Eduard bedauert rückblickend nur das, was er nicht
gewagt hat.

Hans-Günther befand sich in einer anderen beruflichen Situation, als es an ihm zu nagen begann und er das erste Mal das Gespräch mit mir suchte. Hans-Günther, Ende vierzig, ist für den weltweiten Verkauf der Produkte eines mittelständischen Maschinenbauunternehmens verantwortlich. Er hat eine klare Vorstellung davon, was Erfolg ist. Etwas leisten, sichtbar sein, bewundert werden, etwas gestalten, die Richtung vorgeben und wohlhabend sein. Seine Umgebung liest seinen Erfolg an dem ab, was er erreicht hat: sein Direktorentitel, sein Firmenwagen, sein prächtiges Haus, seine Vielflieger-Karten, die Events, zu denen er eingeladen wird, seine internationalen Geschäftskontakte, seine Harley, die Orte, in die er geschäftlich reisen und das Business dirigieren kann. »Wo ich bin«, sagt Hans-Günther regelmäßig stolz, »da ist vorn.« Er bestimme, wo für ihn und andere die Messlatte liege. Die gesellschaftliche Anerkennung und die Annehmlichkeiten, die seine Position mit sich bringe, vermittelten ihm das Gefühl, Spaß bei seiner Arbeit zu haben. Trotz all der Plackerei, der endlosen Stunden im Dauereinsatz, meist sieben Tage die Woche, der vielen einsamen Momente in immer wechselnden Hotelzimmern und trotz der regelmäßig wiederkehrenden Gefechte zur Erhaltung seiner Macht, gehe er davon aus, ein beneidenswertes Berufsleben zu führen. Zugegeben, er habe keine Zeit für seine Frau und die beiden Kinder, für Freundschaften aus alten Zeiten und für ein Hobby schon gar nicht. Aber das ergehe allen auf seinem beruflichen Level so. Das müsse man als notwendiges Übel in Kauf nehmen.

Hans-Günther bezeichnet sich als Realist. Die allermeisten Menschen in unseren Unternehmen, so sagt er, sorgten erst einmal für sich selbst, denn es sei nicht genug für alle da und da müsse man sehen, wo man bleibt. Man müsse hart arbeiten, um besser zu sein als die anderen, rennen, machen, tun und kämpfen, um seine Ziele zu erreichen. Menschen aus seinem Arbeitsumfeld beschreiben Hans-Günther als selbstbewusst, energisch, freundlich und verbindlich, aber innerlich distanziert und gefühlskalt. Irgendwie unnahbar. Wo er keine eigenen Interessen zu verteidigen habe, engagiere er sich nicht. Stattdessen kommentiere er in epischer Breite, was bei den Kollegen und der Konkurrenz schieflaufe, um sich auf diese Weise selbst darzustellen. Dieses Feedback seiner Kollegen hält Hans-Günther für richtig, auch wenn es ihn schmerzt.

Hans-Günther konsumiert seit Jahren Tabletten und Alkohol, um Schmerzen, Schlafstörungen, Ohrengeräusche, Nervosität und dauerhafte Unruhe im Körper zum Schweigen zu bringen. All das soll um Himmels willen nicht auffallen. Schwäche zu zeigen oder zuzugeben, dass man verwundbar oder gar krank ist, wäre der Anfang vom Ende der Karriere. Beruflich, sagt Hans-Günther, sei er gezwungen, mit Kunden zu essen und zu trinken, und zwar regelmäßig und viel. Das werde erwartet. Dass er dabei weit mehr als nötig in sich hineinstopfe und einige Kilos zu viel auf die Waage bringe, sei akzeptiert. Berufskrankheit sozusagen. Die ständige Fliegerei treibe seinen Blutdruck in die Höhe, sagt sein Internist, und jeder Jetlag störe den Biorhythmus des Körpers empfindlich. Er brauche sich also nicht zu wundern, wenn die Leistungsfähigkeit seines bewegungsfaulen Körpers stetig abnehme, seine biologische Uhr schneller ticke, als sein Lebensalter es aussage, und er ein deutlich erhöhtes Risiko trage, einen Herzinfarkt oder Schlaganfall zu bekommen oder an Diabetes zu erkranken.

Hans-Günther befindet sich seit dieser ärztlichen Warnung in einer Art innerem Alarmzustand. Er weiß nicht, wie er aus dem Hamsterrad aussteigen oder zumindest auf andere Weise arbeiten kann, ohne seinen Selbstwert, sein gutes Einkommen und sein Ansehen zu verlieren. Also macht er erst einmal weiter wie bisher. Mulmig sei ihm dabei schon. Ein vierzigjähriger Kollege, Vater von drei kleinen Kindern, tolle Frau und traumhaftes Haus in bester Lage, habe vor Kurzem einen schweren Schlaganfall erlitten. Halbseitig gelähmt verbringe er nun den Rest seines Lebens im Rollstuhl in einem Pflegeheim. Das habe ihn schon schockiert und ihm gezeigt, dass es auch ihn jederzeit treffen könne. Und um ganz ehrlich zu sein, mache ihm seine Arbeit auch schon seit einiger Zeit keinen rechten Spaß mehr. Die Marktbedingungen seien mit den Jahren immer härter, brutaler und unmenschlicher geworden. Fressen oder gefressen werden. Als Verkäufer müsse man stets auf der Hut sein, sagt er. Selbst auf jahrelange Beziehungen zu Kunden sei kein Verlass mehr in diesem mörderischen Verdrängungskampf.

Warum tue ich mir diese Arbeit überhaupt noch an? Warum mache ich nicht etwas, das mir guttut? Wer gibt mir endlich den Spaß an der Arbeit zurück? So viele Menschen stellen sich diese Fragen. Daran schließt sich die noch schwierigere nächste Frage an: »Was würde ich am liebsten tun, wenn ich angenehm davon leben könnte?« Ihnen geht es wahrscheinlich ähnlich. Sonst hätten Sie dieses Buch nicht in die Hand genommen oder es von jemandem in die Hand gedrückt bekommen.

Zwingen Sie sich schon länger aus finanzieller Notwendigkeit zu einer Arbeit, die Ihnen keinen Spaß mehr macht, Energie raubt oder deren Sinn Sie nicht mehr erkennen? Fehlt Ihnen die Perspektive, stockt Ihre Karriere oder ist sie sogar unerwartet zu einem Ende gekommen? Klemmt es, hakt es, tut es körperlich, geistig oder seelisch weh? Hat Arbeiten einen ernsten und leidvollen Beigeschmack erhalten? Verteidigen Sie eine erworbene Position, Verantwortungsbereiche, eine Hierarchiestufe oder einen erarbeiteten Status mit aller Hartnäckigkeit? Halten Sie nur irgendwie bis zur Rente durch? Zwingen Sie sich mit Disziplin, Ihre Arbeit zu erledigen? Opfern Sie sich auf? Machen Sie gute Miene zu einem bösen Spiel, in dem Sie sich ausgebeutet fühlen, aber aus dem es kein Entkommen zu geben scheint? Denken Sie tief in Ihrem Innersten »Ihr könnt mich alle mal« und warten darauf, dass ein Wunder geschieht?

Ein lieber Freund schenkte mir das Buch *1000 Glücksmomente* des Unternehmers Florian Langenscheidt. Das Buch listet eintausend Momente auf, für die es sich nach Meinung des Autors zu leben lohnt und von denen man lange zehren kann. Als ich das Buch las, öffnete sich mein Herz und Erinnerungen strömten durch meinen Körper, Bilder aus meinem eigenen Leben. Es fühlte sich an wie eine warme, wohltuende Welle, belebend und beruhigend zugleich. Mit allergrößtem Wohlwollen habe ich unter den 1000 Glücksmomenten nur achtzehn gefunden, die mit Beruf und Arbeit zu tun haben oder haben könnten, darunter beispielsweise:»Lob vom Chef«,»die

lang erwartete Beförderung bekommen«, »eine ordentliche Gehalts-
erhöhung« und »bei einer wichtigen Ausschreibung vor harter Konkurrenz den Zuschlag bekommen«. Alle haben damit zu tun, dass
sich in der Außenwelt etwas ereignet, das ein kurzfristiges Gefühl
des Wohlbefindens auslöst. Es gibt unter den achtzehn genannten
beruflichen Glückmomenten nur drei, die sich auf den eigentlichen
Inhalt der Arbeit beziehen. Lassen Sie das bitte mal eben sacken. Ein
Buch über Glücksmomente und drei von tausend haben mit dem
Inhalt der Arbeit zu tun. Wie sähe Ihre Bilanz aus?

Die meisten Menschen, die ich im Laufe meiner Berufstätigkeit
kennengelernt habe, verbringen rund ein Drittel ihrer Zeit bei der
Arbeit, seien sie nun angestellte Fachkräfte, Experten oder Manager,
Unternehmer, selbstständige Gewerbetreibende oder Freiberufler.
Sie arbeiten zwischen fünfzig und achtzig Stunden die Woche.
Selbst wer als Angestellter offiziell nur eine begrenzte Anzahl von
Stunden arbeiten muss, bringt häufig sehr viel mehr Einsatz. Von
der Zeit, die wir auf dem Weg zum Arbeitsplatz oder Einsatzort, zu
Besprechungen oder Veranstaltungen verbringen, will ich hier gar
nicht reden. Rechnen Sie einmal nach. Eine Woche hat 168 Stunden. Wie viele dieser Stunden verbringen Sie mit Ihrer Arbeit und
dem, was zu ihrer Ausführung nötig ist? Wer viel in seine Arbeit in-
vestiert, sollte auch viele Glücksmomente und viel Herzerwärmen-
des aus ihr schöpfen können. Finden Sie nicht auch?

Mit diesem Buch will ich Ihnen einen Weg aufzeigen, wie das
gelingen kann. Freuen Sie sich auf verblüffende Gesetzmäßigkeiten,
wissenschaftliche Erkenntnisse und jahrtausendealte Weisheitslehren aus der ganzen Welt sowie praktische Anleitungen für Ihren
eigenen Weg. Gewürzt ist das Ganze mit inspirierenden Geschichten
über die Berufswege prominenter und bisher noch unbekannter
Leistungsträger.

Es bedurfte vieler Jahre, um all dies zusammenzutragen, zu durchschauen, Verknüpfungen zu erkennen und Erkenntnisse umzusetzen.
Es gab kein Buch, das mir den Weg hätte weisen können. Meine
Ausbildung und mein Berufsleben waren viele Jahre lang geprägt
davon, dass ich zähneknirschend durchhielt und mich selbst ver-

leugnete, dass ich mir alles abverlangte und Autoritäten glaubte, die es angeblich besser wussten, dass ich meine Ideale und Überzeugungen enttäuscht sah, dass ich die heftigen Konsequenzen zu spüren bekam, die all das für mein Privatleben hatte, dass ich meine Emotionen unterdrückte, obwohl eine undefinierbare Unzufriedenheit über den eigenen Berufsweg an mir nagte, und dass ich immer wieder aus mir unerträglich erscheinenden Situationen flüchtete.

MEIN WEG

VON ÜBERZEUGUNGEN UND STOLPERSTEINEN

»In bin mein Himmel und meine Hölle.«

Friedrich Schiller

»Sie sind nicht ehrlich sich selbst gegenüber, aber Ihr Körper ist es. Deshalb gebietet er Ihnen nun Einhalt «, sagte die ganzheitlich arbeitende Internistin, die es auf sich nahm, mich im Alter von zweiunddreißig Jahren gesundheitlich aus dem größten Tal meines Berufslebens zu führen. Mithilfe der traditionellen chinesischen Medizin brachte sie innerhalb von vier Wochen wieder Energie und Lebenskraft in meinen Körper. So merkte in der Anwaltskanzlei niemand, dass mein Körper den Dienst verweigert hatte, weil ich dort eigentlich nicht hingehörte. Meine Behandlung bestand aus fast täglichen, anfangs extrem schmerzhaften Akupunkturbehandlungen, widerwärtig schmeckendem Tee aus schrecklich aussehenden, übel riechenden Zutaten, viel Schlafen und Ausruhen.

Als ich nach drei Wochen wieder ansprechbar war und sich meine Körperfunktionen zu normalisieren begannen, gab mir die Ärztin eine unmissverständliche Botschaft mit auf den Weg: »Lassen Sie den Anwaltsberuf los. Ihr Talent sind Menschen, nicht intellektuelle Konstruktionen.« Wie kam sie dazu, so etwas zu sagen? Konnte ich mich so in mir selbst getäuscht haben? Meine Erfolge sprachen doch für sich, oder etwa nicht? Womit sollte ich mein Geld verdienen? Was würden mein Chef und meine Familie sagen? Ich fühlte mich in meiner Existenz und in meinem Selbstwert bedroht. Innerlich wusste ich, dass sie recht hatte, aber es tat schrecklich weh, mir das einzugestehen. Und ich hatte absolut keine Vorstellung, was nun kommen sollte.

Angefangen hatte mein Berufsweg im zarten Alter von fünfzehn Jahren. Mein ursprünglicher Wunsch, Richterin zu werden, entsprang einer zutiefst inspirierenden Begegnung mit einem Richter am Landgericht Wuppertal. Er unterrichtete in der zehnten Klasse unserer Schule Rechtskunde. Dieser Mann hatte einen Funken in mir entzündet. Er ging seinem Beruf aus innerer Überzeugung nach und geleitet von dem Gedanken, dass selbst der kleinste Beitrag zur Gerechtigkeit einen Unterschied machen kann. Das dachte ich jedenfalls und es verleitete mich dazu, anzunehmen, dass Rechtsprechung bedeute, für Gerechtigkeit zu sorgen. Spontan und voller Überzeugung verkündete ich meiner Mutter, dass ich das Abitur machen und anschließend Jura studieren wolle. Noch hatte ich keinen Schimmer davon, was mir das außer Schulwechsel und Studium abverlangen würde und ob es überhaupt zu mir passte. Ich war damals nur felsenfest davon überzeugt, dass alle Richter so dachten und handelten wie mein Lehrer vom Landgericht. Wie er wollte auch ich meinen Beitrag zur Gerechtigkeit leisten. Ich wusste, dass ich auf dem Weg dorthin auf mich allein gestellt sein würde. Meine Eltern waren in den Kriegswirren nicht über die neunte Volksschulklasse und eine Lehre hinausgekommen. Sie konnten mich weder beim Abitur noch im Jurastudium unterstützen. Ich musste alles selbst organisieren und finanzieren. Doch ich hatte mein Ziel deutlich vor Augen. An Hindernisse und mögliche emotionale Nöte verschwendete ich keinen einzigen Gedanken. Ich agierte kindlich naiv und suchte so lange den geeigneten Weg, bis ich ihn gefunden hatte.

Nach dem Abitur begannen meine durch eine logisch-analytische Ausbildung geprägten Lehr- und Wanderjahre: Studium der Rechtswissenschaften nebst Promotion in Passau, Münster und Wuhan (VR China), Praktikum in Belfast, Rechtsreferendariat in Münster mit Ausbildungsstationen in Hamm, Hamburg und Hongkong, anschließend Tätigkeit als Wirtschaftsanwältin.

Während meiner Ausbildungsjahre zur Volljuristin zeigten sich Risse im Idealbild von Recht und Gerechtigkeit aus den Tagen meines Rechtskundeunterrichts. Obwohl es nicht zu übersehen war, wollte ich es nicht wahrhaben. Das Studium empfand ich als trocken, zäh, wenig lebensnah und vor allem nicht den Menschen dienend. Hier wurden von Professoren, die teilweise sämtliche

Details dessen, was in den Prüfungen abgefragt werden sollte, aus einem Manuskripttext ablasen und dies als Vorlesung bezeichneten, mit allen Feinheiten vertraute angehende Richter herangezüchtet. Das hatte für mich keine fühl- und nachvollziehbare Verbindung zum Alltag. Kurzum, ich fand mich hier nicht wieder. Diszipliniert und innerlich angespannt absolvierte ich das Studium nach dem Motto: »Beende, was du begonnen hast.« Eine Stelle als studentische Hilfskraft und später als wissenschaftliche Mitarbeiterin meines Doktorvaters an einem international ausgerichteten Forschungsinstitut für Wirtschaftsrecht in Münster eröffneten mir während der Ausbildung indes neue Horizonte.

In meinem Doktorvater entdeckte ich einen gebildeten, bescheidenen und fokussiert arbeitenden Menschen, der sich mit Vorliebe der Praxis und seinen Studenten widmete. Er brachte seine Mitarbeiter frühzeitig mit namhaften Rechtsanwaltskanzleien in Kontakt und verschaffte uns Lehraufträge an Berufsakademien. Von uns erwartete er, dass wir uns mit Fachaufsätzen in einem selbst gewählten Spezialgebiet profilierten. Damals schrieb ich zum ersten Mal gezielt für andere Menschen – Abhandlungen zum chinesischen Außenwirtschaftsrecht für Praktiker – und bekam dafür mein erstes Autorenhonorar. Ein erhebendes Gefühl. In dieser Zeit wandelte sich mein Berufswunsch, bedingt und inspiriert durch das Umfeld am Institut. Rechtsanwalt in einer großen Wirtschaftskanzlei, das war das Idealbild, das der Professor uns fast täglich vor Augen hielt. Wer sich zum Partner einer international tätigen Wirtschaftskanzlei aufzuschwingen vermochte, hatte es seiner Ansicht nach zu etwas gebracht. Und ich übernahm diese Ansicht.

Zum Berufsweg eines international tätigen Wirtschaftsanwaltes gehörte nach seiner Vorstellung eine Doktorarbeit mit Auslandsaufenthalt und entsprechendem Bezug zu einer ausländischen Rechtsordnung. Während es meine Kollegen nach Nordamerika oder ins europäische Ausland zog, wählte ich die Volksrepublik China. Chinesisch lernte ich während der Semesterferien in einem Sprachinternat. Ich brannte darauf, in eine komplett andere Welt einzutauchen. Eine Welt, in der ich kulturell nichts verstand und nicht verstanden wurde. Meinen Forschungsaufenthalt an der Volksuniversität in Beijing bereitete ich sorgsam vor. Gemeinsam mit meinem Doktorvater knüpfte ich Kontakte zu wichtigen Hochschullehrern und dem Parteifunktionär der dortigen juristischen Fakultät. Doch das Leben hatte etwas anderes mit mir im Sinn.

Die Studentenproteste im Sommer 1989 und das Massaker auf dem Platz des Himmlischen Friedens machten mein Forschungsprojekt in dieser Stadt unmöglich. Die Chinesen akzeptierten in der Hauptstadt keine Ausländer, die Fragen stellten, nicht einmal wissenschaftliche. Eine Woche vor meiner Abreise nach China teilte der Deutsche Akademische Austauschdienst mir mit, dass ich mich zum Beginn des Studienjahres an der Universität in Wuhan einzufinden habe. Da ich über Beijing einreiste, sah ich die Spuren des mörderischen Kampfes mit eigenen Augen. Auf dem Platz des Himmlischen Friedens wiesen die Steinplatten noch die schwarz-schmierigen Kettenspuren der Panzer auf, die den Freiheitsdrang der Studenten in Schach gehalten hatten. Die Menschen hatten als sichtbares Zeichen ihrer Gefühlslage einen versteinerten, angstverzerrten Ausdruck im Gesicht. Angesichts dieser gespenstischen Atmosphäre war ich heilfroh, nicht in Beijing bleiben zu müssen.

Wuhan, die damals sechs Millionen Einwohner zählende, lärmende, stickige, brütend heiße und staubige Provinzhauptstadt am Yangtsekiang, liegt mehr als eintausend Kilometer südlich von Beijing. Mir war noch nicht einmal bekannt, dass es dort eine Universität mit einer angesehenen juristischen Fakultät gibt. Zunächst war ich wütend, enttäuscht und fest davon überzeugt, dass aus meiner Doktorarbeit nicht viel werden könne. Die Lebensumstände waren hier zwar weniger bedrohlich als in der Hauptstadt, aber die auf dem Uni-Campus stationierten Soldaten bereiteten mir permanentes Unbehagen, denn sie überwachten zusammen mit den Parteifunktionären alles und jeden rund um die Uhr. Meine Post wurde gelesen und chinesische Studenten, mit denen ich in Kontakt kam, mussten sich Aufpassern gegenüber ausweisen. Das ließ mich zögern, selbst auf sie zuzugehen, denn ich wollte sie nicht noch zusätzlich in Gefahr bringen. Alle meine Schritte wurden aufmerksam verfolgt, selbst wenn ich nur irgendwo hinging, um etwas Essbares zu organisieren. Und in der Tat ging es oft einfach nur um die Befriedigung ganz banaler Grundbedürfnisse wie Wärme oder Kühle und trinkbares Wasser. Bei minus 15°C im Winter und plus 45°C im Sommer war nichts selbstverständlich.

Mit den Nachwirren des Studentenmassakers und der Alltagshärte vermochte ich mich zu arrangieren. In Wuhan angekommen, beklagte ich weiterhin die scheinbare berufliche Ungerechtigkeit, nicht in Beijing meinem Forschungsprojekt nachgehen zu können. Doch schon bald erwies sich meine Abschiebung nach Wuhan als wundersame Fügung. Denn hier begegnete ich jemandem, der mein Berufsleben und mein Weltbild entscheidend prägen sollte: Professor Han. Ein chinesischer Promotionsstudent, mit dem ich in den ersten Tagen Freundschaft geschlossen hatte, weil er mutig genug gewesen war, auf mich zuzugehen, brachte mich zu ihm nach Hause.

Professor Han betreute mich während meines gesamten Jahres an der Universität und eröffnete mir eine neue Welt des Verstehens. Er war damals zweiundachtzig Jahre alt und gehörte zu den wenigen Chinesen, die mehrere Fremdsprachen beherrschten und im westlichen Ausland studiert und geforscht hatten. Und dennoch hatte er die Wirren der kommunistischen Kulturrevolution überlebt. Aufgrund seiner beruflichen Leistung auf dem Gebiet des internationalen Privatrechts war er auch außerhalb Chinas sehr hoch angesehen. Bei unseren zweiwöchentlichen Gesprächen in seinem Arbeitszimmer hatte ich stets einen fröhlichen, bescheidenen Mann vor mit, etwa eins sechzig groß mit schwarzen, zurückgekämmten Haaren, rechteckiger Hornbrille, weißem Hemd und dunkler Hose. Wir sprachen selten über den Inhalt meiner Doktorarbeit. Er war vielmehr entschlossen, meine Denkmuster zu erweitern, damit ich ganzheitlicher auf mich und die Welt schauen konnte. Professor Han war nämlich der Ansicht, dass ich meine Doktorarbeit meistern würde, sobald ich einen besseren Zugang nicht nur zu mir selbst, sondern auch zu Chinas Eigenheiten und seiner Komplexität gefunden hätte.

Es brauchte einige Zeit, bis ich verstand, was Zugang zu mir selbst bedeutete. Ich sollte erst einmal verstehen, wer ich wirklich *bin*. Was blieb übrig, wenn ich all die Äußerlichkeiten und Attribute strich, über die ich mich intellektuell definierte? Es war mir peinlich, dass ich darauf keine Antwort parat hatte. Trotz all meiner Ausbildung, über die der ehrwürdige Duft von Kanzlei und Katheder schwebte, kam ich mir vor wie ein Einfaltspinsel.

Fachwissen zu meiner Doktorarbeit stand in Büchern und Aufsätzen, aber die Theorie erwies sich als klitzekleiner Auszug dessen, was wirklich vor sich ging. Mit Professor Han sprach ich über die Volksrepublik China, die Not der Menschen, die hier lebten, ihren bleischweren Berufsalltag und die unvorstellbaren wirtschaftlichen Herausforderungen, die das Land zu bewältigen hatte. Wir redeten über die bedrückende Atmosphäre auf dem Campus, die Schießübungen des aus einfachen Bauernjungen bestehenden Bataillons, die Verhaftungen von Studenten und Professoren, die Angst in den Gesichtern der Menschen, die sich an den Studentenprotesten beteiligt hatten. Wahrscheinlich wurden all unsere Gespräche mitgehört, aber das hielt ihn nicht davon ab, zu sagen, was er für richtig hielt. Er wäre bereit gewesen, für das zu sterben, wovon er überzeugt war. Gleichzeitig schien er sich vor nichts zu fürchten, denn seine Worte flossen so leicht, als führten wir eine schwerelose Plauderei. So jemand war mir in meinem ganzen Leben noch nicht begegnet. Entsprechend beeindruckt und überwältigt zeigte ich mich von der inneren Ruhe und Kraft, die dieser schmächtige und bescheiden auftretende Mann ausstrahlte.

Er erzählte mir, wie er sich gefühlt habe, als er seine beruflichen Wünsche einige Jahre lang hatte unterdrücken müssen, um zu überleben. Er beschrieb, wie sich die Hoffnung auf Besserung anfühlte und was es heißt, die volle Verantwortung für den eigenen Weg zu übernehmen. Und dann wies er mich auf etwas Fundamentales hin:

> Jedes Vorhaben kann gelingen, wenn wir zu unseren Träumen stehen, konkrete Pläne schmieden und die Initiative ergreifen, sobald unsere Intuition uns sagt, dass die Zeit dafür gekommen ist.

Diesen Rat hatte ich damals bitter nötig, denn das Thema einer Doktorarbeit zum chinesischen Außenwirtschaftsrecht entpuppte sich vor Ort als in der Praxis irrelevant. Gelebtes Wirtschaftsrecht steckte in der VR China um 1990 noch in den Kinderschuhen, worüber wir Ausländer uns schnell durch im westlichen Stil formulierte Gesetzestexte hinwegtäuschen ließen. Also erweiterte ich meine Forschungsarbeit kurzerhand um die praktische Komponente. Statt meine Nase weiterhin in Bücher und Aufsätze zu stecken, reiste ich zu einem Gespräch mit einem chinesischen Wirtschaftsanwalt nach Hongkong und versehen mit entsprechenden Empfehlungsschreiben von Professor Han zu Behörden und Unternehmen in den Wirtschaftszentren Chinas. Ich wollte herausfinden, wie die Praxis tatsächlich aussah, auch wenn ich dafür einige Widrigkeiten in Kauf nehmen musste. Mich an der Uni bequem einzurichten, eine Doktorarbeit ohne praktische Relevanz zu verfassen, nein, dafür war mir mein Leben zu kostbar.

Immer wenn ich mit Professor Han über alles sprach, was ich unterwegs erlebt hatte und nicht einzuordnen vermochte, fiel mir auf, dass er Zugang zu einer Weisheit hatte, die mir logisch-analytisch und gradlinig gedrilltem Menschen gänzlich neu und fremd war. Als Jurist war er in der Lage, scharfsinnig zu denken, zu schlussfolgern und zu argumentieren, aber darüber hinaus verstand er auch etwas vom Wesen des Menschen, dem stetigen Wandel in der Welt und von universellen Gesetzmäßigkeiten. Das eine schloss das andere offenbar nicht aus. Erst Jahre später wurde mir klar, dass es das Wissen eines gebildeten Kosmologen war.

Das Wort Kosmologie kommt aus dem Griechischen und bedeutet *Lehre von der Welt*. Sie erklärt und ergründet den Ursprung, die Entwicklung und die Struktur des Universums als Ganzes und bezieht dabei auch das ein, was mit unseren fünf Sinnen nicht wahrgenommen werden kann. Zahlreiche Wissenschaften und Wissensgebiete zählen zur Kosmologie. Für Professor Han gehörten quantenphysikalisches und mathematisch-geometrisches Wissen ebenso dazu wie das chinesische *I Ging*, das *Buch der Wandlungen*, das erklärt, wie sich die Dinge verändern, sowie das *Tao Te-King, Das Buch vom Sinn und Leben*, das darlegt, wie alles miteinander verbunden ist.

Professor Han sprach in anschaulichen Bildern über die Ereignisse in seinem Heimatland und forderte mich auf, selbst zu ergründen, zu hinterfragen, aber auch anzunehmen, was sich unerwartet zeigte, und es geschehen zu lassen. Er lehrte mich, meine eigenen Erfahrungen zu sammeln und daraus achtsam Erkenntnisse zu gewinnen, statt sein Wissen einfach zu übernehmen. Er machte mich auf die Unzulänglichkeiten und Schattenseiten der wirtschaftlichen Entwicklung in seiner Heimat aufmerksam, auf Korruption, Miss- und Vetternwirtschaft und den florierenden Schwarzmarkt. Gleichzeitig ermahnte er mich, diese wirtschaftlichen Missstände mit all ihrer Härte und den Widersprüchen nicht zu verurteilen und mich nicht darüber zu beklagen oder durch sie von meinem Weg abbringen zu lassen. Vielmehr sollte ich all dies als Wegweiser zu mir selbst sehen und mutig voranschreiten.

Professor Han hatte während der Kulturrevolution Jahre in einem Arbeitslager auf dem Land verbracht, wo er stumpfsinnige körperliche Arbeit verrichten musste und wenig zu essen bekam. Die Kommunisten hatten alle seine Bücher verbrannt, vor allem die ausländischen Fachbücher, die er wie einen Schatz gehütet hatte. Gleichwohl betrachtete er sich nicht als Opfer. Weder beklagte er sich über verpasste Chancen, noch jammerte er über scheinbar verlorene Jahre und erlittene Ungerechtigkeiten oder nährte Hass, Bitterkeit und Rachegefühle. Professor Han liebte sein Land, sein Volk und den Platz, auf den das Berufsleben ihn gestellt hatte. Vor allem aber gehörte er sich selbst. Er genoss jeden Tag, der ihm einigermaßen gesund vergönnt war, und nutzte seine Zeit, um zu forschen, juristische Fachbücher und Artikel zu schreiben und sich mit jungen Studenten wie mir zu unterhalten. Auf seine ganz eigene Art war er ein subversives Element auf dem Campus. Kein noch so agiler Studentenführer hatte einen ähnlichen Tiefgang. Ich fragte mich damals, ob ich je in der Lage sein würde, so in mir selbst zu ruhen und mein Berufsleben in einen größeren Kontext einzuordnen. Professor Han verriet mir nicht, wann er bei sich selbst angekommen war, wie viele Irrwege er gegangen war, was er erlitten hatte, wann er aufgehört hatte, zu urteilen und sich zu beklagen, und wie oft er auf seinem Weg hatte abbiegen oder umkehren müssen. Erst später verstand ich, warum.

> Jeder von uns ist einzigartig und das gilt auch für unseren beruflichen Weg, oder nennen wir es besser Bewusstwerdungsprozess.

Professor Han öffnete mir das Tor zu einem tief gehenden Verständnis der Dinge einen Spaltbreit, ließ mich einen Blick auf die andere Seite werfen und machte mich neugierig. Und ich genoss meine Zeit in China trotz aller Härten und Unbilden.

Mit meiner Rückkehr nach Deutschland verfiel ich allerdings wieder in jenen Stechschritt, der auf rein materiellen Wohlstand zusteuert, in das logisch-analytische Kausaldenken und zielstrebige Handeln um des unmittelbar greifbaren Erfolges und Ansehens willen. Ich nahm mich selbst wieder äußerst wichtig, denn mein berufliches Umfeld bestand nur aus Menschen, die das auch taten. Schmerzlich vermisste ich die Gespräche mit Prof. Han und die Wegweiser, die ich ihnen entnahm. Ich beendete meine Doktorarbeit, die von einem namhaften Verlag veröffentlicht wurde, und schrieb weitere Fachaufsätze. Meine Welt in Deutschland schien von außen betrachtet in Ordnung, das Endergebnis meiner Forschungsarbeit in China gestaltete sich sogar besser als je erträumt. Niemand bemerkte indes, dass ich unter einem Kulturschock litt. Die über Wohlstandsprobleme und Freizeitstress lamentierenden Menschen in meiner Umgebung machten es mir schwer, mich emotional und geistig wieder in Deutschland zurechtzufinden.

Gleichwohl schloss ich meine internationale Ausbildung zur Volljuristin ab. Meine ursprüngliche Motivation, Richterin zu werden, löste sich während meiner Zeit als Rechtsreferendarin vollständig in Luft auf. Ich realisierte, dass meine Ausbilder am Landgericht und Oberlandesgericht sowie bei der Staatsanwaltschaft mehr mit sich selbst beschäftigt waren als mit den Inhalten ihrer Arbeit. Einer sagte mir sogar ins Gesicht, er habe sich für den Staatsdienst entschieden, weil er eine sichere Anstellung bevorzuge. Die Arbeit selbst interessiere ihn nicht. Ich wandte mich verwirrt und verständnislos ab. Mit absoluter Disziplin absolvierte ich diese, aus meiner Sicht dumpfesten drei Jahre meines Berufslebens und machte mein zweites juristisches Staatsexamen.

Dann begann meine Karriere als angestellte Wirtschaftsanwältin für Fusionen und Übernahmen mit Schwerpunkt China bei der Hamburger Sozietät Schön Nolte, die heute zu Latham & Watkins gehört. Ich war überzeugt, bei mir selbst angekommen zu sein. Hier blühe ich auf, dachte ich. Ein Denkfehler, wie sich herausstellen sollte. Ein Hamburger Kaufmann, sagt man scherzhaft, kann jeden Anzug tragen, Hauptsache er ist dunkelblau. Als Wirtschaftsanwalt gilt es bestimmte Verhaltensweisen zu leben, die dieser Farbe entsprechen. Ich bin eher der Frühlingsfarbentyp: bunt, fröhlich und vielfältig. Hier jedoch hatte ich mich auf dunkel, sprich detailliert, strukturiert, sachlich distanziert und perfektionistisch eingelassen. Ich arbeitete gegen mein Wesen an und tappte dabei in vier Fallen. Die erste Falle war mein Bestreben, alles perfekt machen zu wollen. Der Partner, dem ich zuarbeitete, beherrschte diese Disziplin, weil er ein natürliches Talent dafür hatte. Ich beherrschte sie nicht. Die zweite Falle war meine innere Überzeugung, als engagierte Juristin keine andere Wahl zu haben, als mein berufliches Zuhause in einer derart hochleistungsorientierten Umgebung zu suchen. Die dritte Falle bestand darin, dass ich ein unvollständiges Selbstbild aufrechterhielt, in dem Wesen, Talente, Fähigkeiten und Aufgaben einander zum damaligen Zeitpunkt nicht ergänzten. Die vierte und für den folgenden physischen Kollaps wahrscheinlich ausschlaggebende Falle war, auszuharren, keine Alternativen zu bedenken und nicht aktiv nach ihnen zu suchen, obwohl sich etwas in mir wehrte und dem widersetzte, was ich täglich viele Stunden lang tat.

Nach zehn Jahren juristischer Ausbildung kam ich nicht auf den Gedanken, dass ich auch auf eine ganz andere Art und Weise beruflich Spaß haben, erfolgreich sein und Geld verdienen konnte. Wirtschaftsanwalt war schließlich ein krisenfester und angesehener Beruf. Also trachtete ich über die jährlichen Messlatten der Angestellten auf dem Weg hin zum Partner der Kanzlei zu springen, teils mit letzter Energie, teils mit absoluter Disziplin und vielfach auch mit innerem Widerwillen. Ich war immer müde, kaputt und ausgelaugt. Während mein Mann am Wochenende gern etwas mit mir unternehmen wollte, hatte mein Körper nur das Bedürfnis, zu schlafen und auszuruhen. Gleichzeitig schlief ich unruhig, was mir noch mehr Energie raubte. Aber ich realisierte nicht, dass etwas mit mir nicht stimmen könnte, dass dies nicht normal und gesund war. Schließlich waren auch alle meine Kollegen viele Stunden jeden Tag und häufig auch an den Wochenenden vom Beruf vereinnahmt. Alle bezahlten dafür mit einem kaum, einige mit einem gar nicht existierenden Privatleben.

Als Wirtschaftsanwalt bewegte ich mich in einem Umfeld von analytisch und konzeptionell scharfsinnig denkenden Menschen. Mein Talent auf diesem Gebiet ist mittelmäßig ausgeprägt. Wer viel denkt, der denkt nicht automatisch auch analytisch exzellent. Während sich meine Vorgesetzen und Kollegen an fachlichen Fragestellungen begeisterten und darin aufgingen, juristisch und wirtschaftlich exzellente Verträge auszutüfteln und zu verhandeln, standen bei mir der Mandant als Mensch und das Umfeld, in dem die juristische Beratung einen erfolgreichen Beitrag leisten sollte, im Vordergrund. Ich war der Guide durch die chinesische Kultur und ein gänzlich anderes wirtschaftliches Verständnis, aber auch die deutsche Anwältin. Als Exotin unter den Hamburger Anwälten tat ich, was ich für richtig hielt, und schwamm als kleiner Fisch im Teich der großen Hechte irgendwo am Rande mit.

> Was niemand sieht, sehen will oder worauf uns zumindest niemand anspricht, ist unser Innenleben.

Martina Violetta litt im Stillen. Martina, was »die Kämpferin« bedeutet, kämpfte mit sich, dem Anwaltsberuf und den Tränen, aber immer heimlich. Ich war hart und unnachgiebig mit mir selbst. Ich zwang mich, mich in juristische Fachgebiete einzuarbeiten, die mich nicht interessierten, und Fachzeitschriften zu lesen, deren Inhalt ich kennen musste, aber nicht kennen wollte. Disziplin ließ mich in der Außenwelt funktionieren und innerlich erstarren. Violetta, was »die Verletzliche« bedeutet, unterdrückte ihre Bedürfnisse und Gefühle, ihre Weiblichkeit und ihre verwundbare Seite. Ich erstarrte zunehmend emotional, denn meine Arbeitswelt war männlich, sachlich, faktisch, zahlenorientiert, dunkel gekleidet, distanziert und weitgehend emotionsneutral. Und ich passte mich an. Von Natur aus fröhlich und optimistisch, wurde meine unverwüstlich gute Laune bald zur perfekten Tarnmaske. Bei all meinen Erfolgen und dem bedingungslosen Einsatz im Beruf hatte ich etwas Wesentliches übersehen.

> Niemand vermag dauerhaft und ungestraft sein wahres Wesen zu unterdrücken und sich immer wieder mit Disziplin und Fleiß zu etwas zwingen, was nicht seinem Talent und seinen Fähigkeiten entspricht, ohne ernsthaft Schaden zu nehmen.

Als ich zweiunddreißig Jahre alt war, holte mich der physische Kollaps von einem Tag auf den anderen unsanft aus meinen beruflichen Wolken. Ich wachte eines Morgens auf und mein Körper verweigerte physisch und intellektuell den Dienst. Nieren, Milz und Leber waren genauso in ihrer Funktion gestört wie mein Sonnengeflecht und mein Herzrhythmus. Ich vermochte mich nicht mehr zu konzentrieren, konnte nicht mehr allein aufstehen und mich nicht mehr selbst versorgen. Manchmal packte mich mein Mann vom Bett aufs Sofa vor den Fernseher. Aber ich begriff nicht einmal mehr, was der Nachrichtensprecher erzählte. Es war eine absolut beängstigende Situation. Ich, die immer alles allein geschafft, organisiert und geregelt hatte, war nun völlig hilflos.

Die Freundin, die mich am ersten Tag meines körperlichen Kollapses zu einer ganzheitlich arbeitenden Internistin gefahren hatte, schickte mich gegen Ende der medizinischen Behandlung zu ihrer besten Freundin Christa. Sie sollte mir die Angst vor dem nehmen, was ich nun zu bewältigen hatte, nämlich beruflich einen neuen Anfang zu machen. Christa ist eine in den verschiedensten Branchen erfahrene und hoch sensitive Geschäftsfrau mit dem herzerfrischenden Lachen eines kleinen Kindes und der Weisheit eines Professor Hans. Mit beruflichen Neustarts kannte sie sich bestens aus. Meine Zukunftsangst, so machte Christa mir klar, entsprang der sorgenvollen Gedankenflut in meinem Gehirn. Mehr aber auch nicht. Sie wies mich darauf hin, dass ich in meinem noch jungen Leben schon viele Herausforderungen gemeistert hatte. Nun allerdings war ich zum ersten Mal an einem Punkt angelangt, an dem ich nicht selbst entschieden hatte, mich in eine bestimmte Richtung zu bewegen.

> Unser Körper zwingt uns, innezuhalten, zu reflektieren und uns in eine andere Richtung zu bewegen, obwohl oder gerade weil wir uns davor fürchten.

So hatte ich meine Krise noch nicht betrachtet und schöpfte wieder Hoffnung. Christa empfahl mir, das Buch *Gesundheit für Körper und Seele* von Louise L. Hay zu lesen, um so das ängstliche Geplapper in meinem Kopf abzustellen, ruhig zu werden und zu mir selbst zu finden. Anschließend würde die Außenwelt schon an mich herantragen, wie es beruflich weitergehe. Aber erst sei es an mir, meine Hausaufgaben zu machen. Zaghaft fasste ich wieder Vertrauen in mich selbst. Noch etwas widerwillig verabschiedete ich mich gedanklich aus der Rolle des vom Schicksal gebeutelten Opfers.

In Windeseile las ich das empfohlene Buch und betrachtete mich darin wie in einem Spiegel. Dann fasste ich auf einem postkartengroßen Notizblock die wesentlichen Aussagen und Affirmationen zusammen, die mich auf den Weg zu mir selbst führen sollten. Affirmationen, so lernte ich, sind positiv formulierte Gedanken, mit denen ich eine bewusste Wandlung meiner gedanklichen Beschränkungen bewirken konnte. Durch ständiges Wiederholen verankerte ich neue Überzeugungen in meinem Denken und Sprechen. Jeden Morgen in der S-Bahn zum Büro und jeden Abend auf dem Weg nach Hause las ich meine Affirmationen wieder und wieder. Um meine Existenz- und Zukunftsängste loszuwerden hatte ich rund zwanzig Sätze aus dem Buch herausgeschrieben und mit selbst entwickelten Affirmationen kombiniert. Es waren einfache Sätze wie: *Ich bin willens, mich zu verändern. Ich bin bereit, mir und anderen zu vergeben. Ich schaffe mir ein neues Bewusstsein für Erfolg. Ich lasse das Alte dankbar los. Und: Ich finde meinen neuen Berufsweg mit Leichtigkeit. Die richtigen Gelegenheiten kreuzen meinen Weg.* »Nichts Dolles«, werden Sie jetzt denken. In der Tat. Aber es half und war frei von Nebenwirkungen. Ich lernte etwas Wesentliches:

> Es ist möglich, sich selbst anzunehmen, wie man wirklich ist, sich zu verzeihen, etwas nicht geschafft zu haben, und zu akzeptieren, dass die Dinge sich anders entwickeln, als man es erwartet hatte.

Die täglichen Affirmationsübungen beruhigten meine ängstlichen Gedanken, öffneten meinen Geist für neue Wege und ließen mich das Vergangene Stück für Stück in Frieden loslassen. Ich lernte in dieser Zeit jeden Tag besser, auf die Signale meines Körpers zu hören, sie zu entschlüsseln und mich entsprechend zu verhalten. So arbeitete ich, nachdem ich vier Wochen körperlichen und seelischen Horror überstanden hatte, zunächst weiter als Anwältin und gab jeden Tag mein Bestes. Es dauerte neun Monate, bis ich meine Ängste beruhigt hatte und zu dem Schluss kam, dass ich mit meiner Leidenschaft für Menschen in ein Wirtschaftsunternehmen überwechseln könnte. Als ich diesen Gedanken nicht nur erwogen, sondern mich auch entschieden hatte, den Schritt zu wagen, und meine Pläne in meinem beruflichen Netzwerk zaghaft erwähnte, ging plötzlich alles wie von selbst. Innerhalb weniger Wochen bot mir die Reederei Hapag-Lloyd, die im internationalen Containerlinienverkehr aktiv ist, pauschal an, die Abteilungen Marketing für Europa zu leiten.

Ohne Vertrag in der Tasche, ja selbst ohne das Gehalt verhandelt zu haben und mit der nur vagen Zusage, nach erfolgreichem Quereinstieg in Hamburg eine Geschäftsführerposition in Asien zu erhalten, kündigte ich und ließ den Anwaltsberuf innerlich befreit hinter mir. Etwas schwer war mir das Herz allerdings schon, denn ich bewundere und schätze den Partner, der mich in die Kanzlei geholt und dort gefördert und gefordert hatte. War es ihm gegenüber fair zu gehen? Tief im Inneren wusste ich, dass ich an der richtigen Kreuzung abgebogen war, auch wenn ich keine Ahnung hatte, wohin mich mein neuer Weg führen würde.

War dieser Schritt einfach? Nein, ich musste all meinen Mut zusammennehmen, um mich von dem durch meine Ausbildung und Erwartungen vorgezeichneten juristischen Berufsweg zu lösen. Verwundert stellte ich nach nur wenigen Wochen in der Reederei fest:

> **Es macht viel mehr Spaß, einen den individuellen Stärken und Neigungen entsprechenden Berufsweg zu verfolgen, als einen, der nur vernünftig, logisch, konsequent oder folgerichtig zu sein scheint.**

Über die Jahre führte ich weitere Gespräche mit Christa. Sie nahm und nimmt bis heute die Rolle meiner geistigen Ziehmutter ein, ohne dass wir beide das je besprochen haben oder es beabsichtigt war. Die Unterredungen mit ihr brachten mich behutsam zurück an den Punkt, an dem die Gespräche mit Professor Han geendet hatten, und nahmen den Faden wieder auf. Seit dieser Zeit habe ich aus den unterschiedlichsten Quellen Wissen über Menschen, die Wirtschaft und die Welt aufgesaugt wie ein Schwamm das Wasser. Ich habe dieses Wissen gehegt wie einen kostbaren Schatz, es beständig erweitert und in mein Denken, Fühlen und Handeln integriert.

Mit meinem Wechsel ins Management begann die zweite Phase meiner Lehr- und Wanderjahre. Noch immer befand ich mich in einem Umfeld, in dem Logik, Analyse und materieller Erfolg weit über den Menschen, das Gefühl und die Intuition gestellt wurden. Aber hier hatte ich auch die Aufgabe, Menschen zu führen, und damit mehr und mehr die Möglichkeit, den Teil von mir in meine Arbeit einfließen zu lassen, den ich bisher unterdrückt hatte: meine Fähigkeit, Menschen zu helfen, sie selbst zu sein, sich ihren Talenten entsprechend zu entwickeln und Freude an dem zu haben, was sie tun. Nach der Zentralfunktion bei der Reederei in Hamburg übernahm ich Verantwortung als Managing Director von Hapag-Lloyd Belgium NV, als CEO der Ahlers Logistic & Maritime Services NV in Antwerpen sowie als Aufsichtsrätin in international aktiven Transport-, Venture-Capital- und IT-Unternehmen in Belgien und Luxemburg. Es war eine spannende, lehrreiche, menschennahe und dennoch zutiefst frustrierende Zeit. Die Ratio war nach wie vor allem anderen übergeordnet, ein großer Teil der gesamten Wirklichkeit wurde verleugnet, Zahlen und Fakten erschufen eine Welt, in der Menschen leiden mussten und der Marktplatz Wirtschaft zum Schlachtfeld degradiert wurde. Intuitiv spürte ich, dass ich meinem Berufsleben eine weitere Wendung geben musste. Die Zeit als angestellte Managerin war vorbei.

Nun begannen meine Lehr- und Wanderjahre als selbstständiger Leadership & Integration Coach. In diesem neuen Berufsabschnitt begleitete ich Leistungsträger darin, Menschen zu führen, Krisen zu überwinden, ihrem Wesen entsprechend zu arbeiten, Spaß dabei zu haben und ihre Leidenschaften auszuleben. Ich half, Managementteams nach Fusionen und Übernahmen neu zusammenzustellen und zu integrieren. Hier waren meine Begeisterung und mein Talent vereint. Solange die Menschen wirklich mitzogen und ihren Worten auch Taten folgen ließen, genoss ich jede Minute. Am meisten faszinierte mich die Arbeit mit Menschen, die ernsthaft ergründen wollten, wer sie sind und was sie besser können als jeder andere Mensch auf der Welt. Menschen also, die sich damit beruflich konkurrenzlos stellten. Ihnen zu vermitteln, nach welchen universellen und nicht nur ökonomischen Gesetzmäßigkeiten sich Unternehmen, die Wirtschaft und die Welt bewegen und wie sie dieses Wissen zielgerichtet für sich und andere einsetzen können, gab mir enorm viel Energie. Den meisten Menschen, die mir in diesen Jahren begegneten, war es allerdings zu mühevoll, sich selbst infrage zu stellen. Sie gingen lieber weiter gebückt unter der Last einer Arbeit, die ihnen nicht lag oder gefiel, aber momentan noch materielle Sicherheit und Status zu verheißen schien. Als Coach konnte ich den Verdurstenden ein Glas Wasser reichen, aber trinken musste jeder selbst.

> Sich von der Außenwelt suggerieren zu lassen, was »man« tun sollte oder müsste, führt stets in die Sackgasse, wenn es nicht mit der eigenen Innenwelt übereinstimmt.

Als Starthelferin einer Neugründung im Immobilienbereich, als Mitinvestorin einer Internet-Plattform und als Partnerin eines Personal-Dienstleistungsunternehmens befand ich mich kurzzeitig auf beruflichen Abwegen. So lernte ich, dass es nicht ohne Blessuren geht, wenn man sich beruflich selbst finden will und dabei auf andere hört. Jeder, der laufen lernt, fällt ein paar Mal hin, bevor er sich sicheren Schrittes bewegt. Doch die Blessuren und Schrammen erwiesen sich als unbedeutend angesichts dessen, was ich verwundert und erstaunt über mich selbst herausfand.

Als Coach lebte ich zum ersten Mal den Großteil meines Wesens aus. Die intensive Arbeit mit den Menschen aus den verschiedensten Berufen, Unternehmen und Ländern begeisterte mich. Getrieben von einem unbändigen Wissensdurst erweiterte ich meinen Werkzeugkasten stetig: Quantenphysik, Kybernetik, Bioenergetik, Neurowissenschaften, Gehirn- und Bewusstseinsforschung, Psychologie, Philosophie, Yoga, Meditation, ganzheitliche Heilmethoden, Spiritualität, Mystik sowie Sprach- und Kulturkenntnisse. In Coaching-Gesprächen gab ich mein Wissen je nach Situation und Bedarf weiter. Weil mich meine Gesprächspartner immer wieder baten, all dies niederzuschreiben, entstand ein monatlicher Newsletter für rund 350 Leistungsträger in ganz Europa, in dem ich, verpackt in kleine Geschichten, Wissen, Weisheiten und Anregungen für den Arbeitsalltag weitergab. Es machte mir enorm viel Freude, die Texte zu verfassen und mich mit den eingehenden Bemerkungen und Kommentaren auseinanderzusetzen.

Meine Texte hielten mir aber auch vor Augen, was ich mir selbst nicht eingestehen wollte.

> Wer zu sehr auf den Leistungsmenschen in sich fokussiert ist,
> vergisst, zu »sein« und sein Wesen zu leben.

Konkret hieß das für mich: Ich hatte mir nicht genug Zeit genommen für die Menschen, die ich liebte, Zeit für meine außerberuflichen Liebhabereien und Freunde, Zeit und Muße, zu reisen, zu schauen, zu staunen und die Welt zu erkunden.

Im Sommer 2008 endete die Beziehung zu meinen Mann als Ehepartner – nach 26 Jahren. Während unseres Urlaubs an der Küste der Normandie brach sich mein verletzlicher Teil in einer zutiefst banalen Situation völlig unerwartet mit einem Sturzbach von Tränen Bahn und ich sagte meinem völlig überraschten Mann, dass ich so nicht mehr weiter könne und wolle. Wir waren über die Jahre stillschweigend voreinander und vor den grundlegenden Konflikten in unserer Beziehung geflüchtet. Keiner konnte das Anderssein des anderen wirklich anerkennen und annehmen. In der Beziehung war jeder von uns innerlich weitergewachsen, allerdings ohne den anderen und allein mit seinen geheimsten Wünschen, Hoffnungen, Träumen, Bedürfnissen und Ängsten. Wir hatten einander nichts vorzuwerfen. Es gab nichts zu verzeihen und nichts zu beklagen, außer unserer jeweils eigenen Unfähigkeit, unsere Seelen vereint zu halten. Zurück in Belgien begannen Monate eines intensiven Dialoges zwischen uns beiden, der alle Ängste und wunden Punkte an die Oberfläche brachte. Wochenlang wussten wir nicht, wie es genau weitergehen sollte. Jeder brauchte seine Zeit, um in seinem eigenen Rhythmus mit dem Schmerz umgehen zu lernen und sich zaghaft daranzumachen, über ein berufliches und privates Leben ohne den anderen nachzudenken. In einem Punkt waren wir uns allerdings einig: Wir wollten alles bewahren, was wir noch gemeinsam hatten, und unsere Ehe liebevoll und dankbar loslassen.

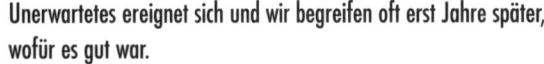

Unerwartetes ereignet sich und wir begreifen oft erst Jahre später, wofür es gut war.

Jede Station meines Lebenslaufs hat in der Rückschau einen tieferen Sinn und bei Ihnen wird es auch so sein. Irgendetwas führte mich mit unsichtbarer Hand in eine bestimmte Richtung, ohne dass ich es zum jeweiligen Zeitpunkt durchschaute oder gar verstand. Und irgendwann merkte ich, dass ich mir selbst umso mehr Schmerzen zufügte, je mehr ich mich meinem Wesen und dem Fluss des Lebens widersetzte.

Im Januar 2010 endeten meine Lehr- und Wanderjahre als Coach.

Die innere Stimme sagte mir: »Aufhören! Nimm dein Wissen und deine Erfahrung, schreib und sprich darüber.« In den Jahren als Coach war es mir gelungen, Menschen bei ihrer beruflichen Selbstfindung zu unterstützen. Nicht gelungen war es mir, das Drama ihres Berufslebens von dem meinen zu trennen. Was will ich damit sagen? Ich war nicht mehr in der Lage, genügend Kraft zu halten, weil ich mich bei dem, was ich tat, zu sehr engagierte. In den ersten Jahren hatte ich nach zwei Tagen unter Volldampf stets einen besinnlichen Tag eingelegt, um mich wieder zu zentrieren, um wieder innerlich ruhig und feinfühlig zu werden. Aber es kamen immer mehr Menschen auf Empfehlung, die beruflich Hilfe benötigten. Ich konnte nicht oft genug Nein sagen. Schlussendlich hatte ich keine Zeit mehr für mich selbst, meine Bedürfnisse, mein Privatleben. Ständig war ich von Menschen umgeben, die meine Hilfe suchten. Und wenn ich einmal hätte durchatmen können, war schon wieder jemand am Telefon.

> Immer mehr Menschen fahren sich beruflich fest, manövrieren sich ins Abseits, zehren sich im Hamsterrad auf, sind tief in ihrem Inneren verzweifelt und wissen nicht mehr weiter.

Wenn ich diesen Menschen mit meinem Wissen und meiner Erfahrung helfen wollte, musste ich eine andere Art und Weise finden, ihnen zu begegnen und sie zu berühren. Ende Dezember 2009 machte ich den nächsten großen Schritt. Ich verkaufte oder verschenkte alles, was sich in den letzten zwölf Jahren angesammelt hatte. Mit meinen PKW, drei Koffern, meinen wichtigsten Büchern und dem Laptop siedelte ich von Antwerpen nach Hamburg über, um als Autorin und Keynote Speaker leistungswillige Menschen zu inspirieren, sich in ihrer Arbeit ihrem Wesen entsprechend auszudrücken.

Bevor Sie nun weiterlesen, möchte ich Sie bitten, für sich eine wichtige Entscheidung zu fällen. Wollen Sie sich vor Ihren beruflichen Möglichkeiten und der damit verbundenen Freude durch die Hintertür verkrümeln können? Dann lesen Sie einfach weiter, nehmen so manche Einsicht und Anregung mit, aber lassen letztlich alles so, wie es heute ist. Den Spaß an Ihrer Arbeit werden Sie dauerhaft erst erlangen, wenn Sie bereit sind, mehr von sich zu ergründen, sich selbst besser zu verstehen und anzunehmen, was in Ihnen steckt.

Wenn Sie es wirklich ernst meinen mit dem Spaß an Ihrer Arbeit, dann nehmen Sie ab jetzt Stift und Papier zur Hand. Schreiben Sie! Beantworten Sie die Fragen, die ich Ihnen stellen werde. Notieren Sie auch sonst alles, was Ihnen in den Sinn kommt. Tragen Sie Ihre Niederschrift immer bei sich, damit Sie jederzeit darin lesen und sie ergänzen können. Kaufen Sie sich ein Buch mit leeren Seiten, das Sie dann Seite für Seite mit dem füllen, was Sie berührt und zum Ziel führt.

»Kann ich nicht einfach meinen Laptop nehmen?«, werden Sie vielleicht fragen. »Den habe ich sowieso ständig dabei.« Die Antwort ist ein kategorisches Nein. Ihr Computer ist Ihr logisch analytisches Werkzeug. Auf ihm etwas derart Lebenswichtiges niederzuschreiben, ist wie Seelenstriptease bei kalt grellem Neonlicht. Hier öffnet sich Ihr Verstand, sprich Ihre linke Gehirnhälfte. Ihre Kreativität, Ihre tiefsten Gefühle, Ihr Herz, Ihre Intuition und Ihre Seele scheuen die analytische Kälte der Elektronik. Sanftes Papier in einem schönen Einband, beschrieben mit einem Stift, den Sie mögen, ist hingegen wie Kerzenlicht, das alles hervorlockt, was behutsam betrachtet werden will.

Nehmen Sie Stift und Papier zur Hand und schreiben Sie, um ...

- Ihre heutige Situation klar zu erfassen.
- Ihre Gedanken und Gefühle zu ordnen.
- Ihre verschwommene Sicht scharf zu stellen.
- sich Verletzungen von der Seele zu schreiben.
- sich selbst die Wahrheit zu sagen.
- sich im Stillen auszuweinen oder auszukotzen.
- die Dinge beim Namen zu nennen.
- das auszudrücken, wovor Sie sich fürchten, und dann zu erleben, wie sehr Sie das befreit.
- etwas Veraltetes hinter sich und in Dankbarkeit loszulassen.
- sich Richtung zu geben und Kraft zu verleihen.
- etwas Vorhandenes aber Unentdecktes auszudrücken.
- sich selbst menschlicher zu sehen.
- sich selbst treu zu werden.
- sich bewusst zu werden, dass Sie in jedem Augenblick eine neue Wahl treffen können.
- mit Ihrem Wesen in Berührung zu kommen.
- sich selbst zu würdigen und sich ein Denkmal zu setzen.
- sich zu holen, was zu Ihnen gehört.
- Ihr berufliches Glück zu finden.

ERST DIE ARBEIT, DANN DAS VERGNÜGEN – ODER GEHT AUCH BEIDES GLEICHZEITIG?

»Je mehr Vergnügen du an deiner Arbeit hast,
umso besser wird sie bezahlt.«

Mark Twain

IM UNSICHTBAREN SPINNENNETZ
UNIVERSELLER GESETZMÄSSIGKEITEN

»Es gibt keine Materie an sich ... Nicht die sichtbare
und vergängliche Materie ist das Reale, Wirkliche,
Wahre.«

Max Planck

Die Materie soll nicht das Reale sein? Das sagt ein für seine Leistungen international ausgezeichneter und anerkannter Physiker. Schon erstaunlich, finden Sie nicht auch? Physiker befassen sich mit den Gesetzmäßigkeiten von Materie, Energie und ihren Wechselwirkungen in Raum und Zeit – und schlussfolgern, dass es Materie an sich nicht gibt. Was ist dann wirklich für uns, für unseren Arbeitsalltag und das, was wir in ihm erleben? Wenn Sie Ihren Spaß an der Arbeit dauerhaft wiedererlangen möchten, sollten Sie verstehen, welche Faktoren darüber entscheiden, wie Sie ihn finden.

Universelle, wissenschaftlich belegbare Gesetzmäßigkeiten bestimmen unser Arbeitsleben, ob wir sie kennen und gutheißen oder nicht.

Wir bewegen uns in diesen Gesetzmäßigkeiten wie in einem unsichtbaren Spinnennetz. Jede einzelne bildet einen Faden im Netz und ist über die Kreuzungspunkte mit allen anderen Gesetzmäßigkeiten verbunden. Wenn wir draußen in der Natur ein Spinnennetz entdecken und es nur leicht an einer Stelle berühren, vibriert das ganze Netz und die Spinne kommt hervor. Im unsichtbaren Spinnennetz der universellen Gesetzmäßigkeiten verursachen wir die Vibrationen durch unser Bewusstsein, also unser Denken, Sprechen, Fühlen und Handeln. Sie wirken auf das gesamte Netz der Gesetzmäßigkeiten ein. Daraufhin ereignen sich in unserem Arbeitsleben erwartete und völlig unerwartete Situationen und Veränderungen, teils allmählich, teils abrupt. Sie entsprechen dem Hervorkommen der Spinne im sichtbaren Spinnennetz. Wir übersehen die Existenz und Wirkungsweise dieser Gesetzmäßigkeiten aus zwei Gründen. Einerseits sind wir stark fixiert auf das, was wir über unsere fünf Sinne von der Welt wahrnehmen, und ignorieren darüber den wesentlich größeren Teil. Andererseits sind uns die Erkenntnisse der modernen Wissenschaften, beispielsweise der Quantenphysik, ebenso wenig vertraut wie das, was in vielen Kulturen seit Jahrtausenden bekannt ist.

Wenn uns aber Nobelpreisträger wie Max Planck oder Albert Einstein sagen, dass die Materie nicht das Wirkliche ist, dann gilt das auch für unser Arbeitsleben. Vielleicht sind Sie nun irritiert. Oder fragen sich, ob ich sie noch alle habe. Für beides hätte ich vollstes Verständnis, denn mir ging es anfangs ähnlich. Tasten wir uns also ganz langsam, Schritt für Schritt an das unmöglich Erscheinende heran, und zwar vornehmlich mit den Begriffen, die unsere westliche Wissenschaft verwendet.

Die sechs wesentlichen Bestandteile (Gesetzmäßigkeiten) des unsichtbaren Spinnennetzes sind:

BEWUSSTSEIN
ENERGIE
SYNCHRONIZITÄT
RESONANZ
ZYKLISCHER WANDEL
UND POLARITÄT.

Jede Wissenschaft und jede Weisheitsquelle hat etwas Eigenes und Wissenswertes zu den Gesetzmäßigkeiten beizutragen. Wenn beispielsweise die Gehirnforschung aus biologischer oder medizinischer Sicht über Bewusstsein spricht, beschäftigt sie sich mit dem, was sichtbar, greifbar und messbar ist, nämlich mit unseren Gehirnzellen und den Aktivitäten in den verschieden Regionen unseres Gehirns. Die Quantenphysik beschäftigt sich mit Bewusstsein auf der Ebene der Elementarteilchen, aus denen in materiellen Vorstellungsmodellen alles besteht – Sie und ich und das gesamte Universum. Wenn in der Psychologie von Bewusstsein die Rede ist, geht es um das, was uns mehr oder weniger bewusst im Kopf herumspukt, bei Tag und in der Nacht. Es geht aber auch um das Bewusstsein, das der gesamten Menschheit über alle Grenzen von Rasse, Herkunft und Bildungsstand hinweg zur Verfügung steht. Wenn wir all das zusammennehmen, stellen wir fest, dass unser Gehirn weder Bewusstsein erschafft, noch dass Bewusstsein dort lokalisierbar ist. Unser Gehirn wandelt Bewusstsein in das um, was wir brauchen, um unser Arbeitsleben zu bewältigen. Aber es begrenzt uns auch, wenn es voll von einschränkenden Selbstbildern, festgefahrenen Überzeugungen und besserwisserischen Ansichten ist. Ich bezeichne dies als unser Kopfkinoprogramm.

Solange Sie nicht verstehen, wie Sie selbst »funktionieren« und die sechs universellen Gesetzmäßigkeiten in ihrer Wirkungsweise durchschauen, haben Sie nicht den Hauch einer Chance, mit Spaß oder gar Begeisterung zu arbeiten. Wollen Sie einen Blick hinter die Kulissen werfen?

> Bewusstsein ist das Mitwissen an all dem, was Wirklichkeit ausmacht, sowie die Fähigkeit, dieser gesamten Wirklichkeit gegenüber aufmerksam zu sein.

Was wir als wirklich betrachten, sagt uns unser Gehirn beziehungsweise die Denkmuster und Daten, die jeder einzelne von uns dort abgespeichert hat. Die wesentliche Basis dafür wurde in unseren Kinder- und Schultagen gelegt. Schon früh haben wir lernen müssen, viele Details voneinander zu unterscheiden. Was »falsch« und »richtig« war, zeigten uns die Eltern und der Rotstift des Lehrers. Dieser Denkansatz durchzieht unser ganzes Berufsleben ebenso wie unsere Wissenschaft. Die klassische empirische Forschung westlichen Zuschnitts lässt bis heute nur als »bewiesen« gelten, was sie aufgrund von Hinschauen, Messen und in Formeln und Konzepte Übersetzen erklären kann. Im Berufsleben verlassen wir uns auf Excel-Tabellen, Kostenrechnungen, Gewinnkalkulationen und Bilanzrechnungen. Allem, was nicht dort hineinpasst, etwa den Gefühlen und Stimmungen der Menschen im Unternehmen, wird die Existenzberechtigung so lange abgesprochen, bis sich nun wirklich nicht mehr leugnen lässt, dass da noch mehr ist.

Wenn Sie das, was für Sie beruflich »real« zu sein scheint, auf das materiell Sicht- und Greifbare reduzieren, kommen Sie leichter zu Ergebnissen, die von den Denkmustern Ihres Gehirns akzeptiert werden können. Mehr aber auch nicht. Sie wissen dann immer noch nicht, was beruflich »wirklich« ist, und leiden deshalb vor sich hin. Sie meinen schon alles zu verstehen und schlussfolgern, Sie hätten nur zu wenig Einfluss auf das, was mit Ihnen und Ihrer Arbeit gerade geschieht. Das Umfeld sei die Ursache, warum Sie den Spaß an Ihrer Arbeit verloren haben. Solche Schlussfolgerungen sind voreilig.

> Jede logische Argumentation in eigener Sache, mit der Ihr Gehirn Sie losschickt, um Ihre Überzeugungsmuster zu verteidigen, beginnt mit einer Annahme, die nicht infrage gestellt wird.

Die ganze Wirklichkeit ist sehr viel komplexer und vielschichtiger. Dazu möchte ich Ihnen eine kleine Geschichte erzählen, frei nach dem Gedicht »Die blinden Männer und der Elefant« von John Godfrey Saxe. Sechs wissbegierige, gebildete aber blinde Männer begegnen einem Elefanten. Obwohl sie um ihre Blindheit, das heißt, ihr eingeschränktes Bild der Wirklichkeit wissen, sind sie überzeugt, das Wesen dieses Lebewesens durch Betasten genau beschreiben und erfassen zu können. Der Erste streicht dem Elefanten über die Flanke und erklärt, es handle sich um eine Art Mauer. Der Zweite bekommt einen Stoßzahn zu fassen und meint, es sei ein Speer. Der Dritte betastet den Rüssel und sagt: »Zweifellos eine Schlange.« Der Vierte und Kleinste widerspricht heftig. Er hat ein Bein des Elefanten mit beiden Armen umschlungen und was er ertastet, gleicht einem Baum. »So ein Unsinn«, sagt der Fünfte. »Es ist ein Fächer.« Denn genauso fühlt sich das Ohr an, über das er mit seinen Händen streicht. Der Sechste ist nun völlig verwirrt. Wie können die anderen nur so dumm sein. »Es ist ein Seil, ohne Frage.« Er hält den Schwanz des Elefanten in den Händen. Die Männer streiten vor sich hin. Jeder beharrt auf seiner Sicht der Dinge und als eine Frau des Weges kommt, bitten sie diese, zu entscheiden, wer denn nun recht habe. Die Frau hört sich die sechs sehr unterschiedlichen Ansichten an, blickt auf den Elefanten und geht kopfschüttelnd und kommentarlos weiter. Die sechs Herren interpretierten ihr Schweigen übereinstimmend: »Die Frau ist dumm und ungebildet.«

Wenn Ihnen der Spaß an Ihrer Arbeit vergangen ist, denken und handeln Sie genau wie diese sechs Männer. Sie bauen Ihre beruflichen Wahrheiten auf Auszügen der Wirklichkeit auf. Jeder, der die Dinge nicht so sieht wie Sie, hat per se erst einmal unrecht. Sie übersehen, dass Ihre Fähigkeit, sich Ihrer selbst vollständig bewusst zu sein, sehr viel komplexer ist.

> **Jeder Mensch ist sich auf vier gleichwertige aber sehr unterschiedliche Arten seiner selbst bewusst: durch Denken, mit den fünf Sinnen Wahrnehmen, Fühlen und intuitives Wissen.**

Sie nutzen in diesem Buch alle vier Bewusstseinsfunktionen, um Ihren ganz persönlichen »Berufselefanten« zu erkennen, sprich, Ihre berufliche Wirklichkeit in ihrer ganzen Komplexität und Vielfalt. Es ist so, wie wenn Sie ein Puzzle zusammensetzen. Sie betrachten alle Einzelaspekte: Ihren physischen Körper, Ihren Verstand, Ihr Wesen, Ihre Fähigkeiten, Ihre Leidenschaften und Ihre Talente. Was können Sie damit beruflich tun und erreichen? Wie können Sie damit Spaß haben *und* Geld verdienen? Darum geht es.

> **Die erste Herausforderung besteht darin, neue, positive Erfahrungen zu sammeln, damit sich die etablierten Denk- und Überzeugungsmuster im Gehirn öffnen.**

Das legen uns Neurowissenschaftler – die am besten über unsere Gehirne und wie sie arbeiten Bescheid wissen – auf der Basis ihres aktuellen Wissensstandes nahe. Etwas Neues zu lesen und anschließend klug darüber zu reden, reicht nicht aus, um das Gehirn zum umfassenderen Kombinieren und Erfahren zu bewegen. Genauso wesentlich ist es, das neue Wissen in konkretes Handeln umzusetzen. Auch deshalb habe ich Sie aufgefordert, es nicht beim Lesen zu belassen, sondern auch zu schreiben und anschließend zu handeln.

Betrachten wir Sie und Ihre Arbeit zunächst mit dem faszinierenden Wissen der Quantenphysik. Die Quantenphysik beschäftigt sich auf der materiellen Ebene mit Atomen, den Bausteinen der Materie, und allem, was kleiner ist als ein Atom, den sogenannten Elementarteilchen. Der menschliche Körper, alles Feste und alle Objekte setzen sich aus Atomen zusammen. Aber auch Handlungen, Gefühle, Strategien, ihre Wirkung und ihre Folgen erklärt der Quantenphysiker Fred Alan Wolf mit den Erkenntnissen seiner Wissenschaft. Ist diese Weltsicht neu? Nein, nicht wirklich. Der griechische Philosoph Demokrit (460–371 v. Chr.) hat bereits dieselbe Ansicht vertreten. Nur hat man seine Erkenntnisse nicht genutzt.

Atome bestehen, vereinfacht dargestellt, überwiegend aus gigantisch viel Leere. In dieser Leere kreisen negativ geladene Elektronen auf elliptischen Bahnen mit extrem hoher Geschwindigkeit um einen positiv geladenen Atomkern. Durch das Kreisen der Elektronen um den Atomkern entsteht ein *elektromagnetisches Resonanzfeld*, das dem *Resonanzgesetz* unterliegt.

> Das Resonanzgesetz besagt: Alles, was auf einer Wellenlänge liegt, schwingt miteinander und nur das, was miteinander schwingt, wird auch voneinander wahrgenommen.

Dieses Resonanzgesetz beeinflusst alle Energiefelder und den gesamten Energieaustausch im Universum. Da Sie selbst vollständig aus Atomen bestehen und diese Atome ein Resonanzfeld bilden, bewegen Sie sich mit diesem Resonanzfeld im wahrsten Sinne des Wortes durch Ihren Beruf, Ihren Arbeitsalltag und Ihr Unternehmen. Ihr persönliches Resonanzfeld ist so einzigartig wie Ihr Finderabdruck und die Denkmuster in Ihrem Gehirn. Kein anderer Mensch verfügt über ein identisches Resonanzfeld.

Über Ihr Resonanzfeld tauschen Sie Schwingungen mit allem aus, was Sie umgibt. Sie nehmen jedoch nur wahr, was Sie für möglich halten. Alles andere tun Sie als unwahr oder unwichtig ab.

Sie sind in energetischem Kontakt mit jedem Arbeitskollegen, jedem Vorgesetzten, jedem Kunden, jedem Lieferanten, jedem Unternehmensteil sowie mit den Konkurrenten im Markt und mit der globalen Wirtschaft. Diese Resonanz entsteht nicht nur aufgrund von Handlungen. Auch alles, was Sie beruflich denken, sagen und fühlen, sendet elektromagnetische Wellen aus.

Was gleich schwingt, schwingt miteinander. Ein Beispiel aus meinem Musikunterricht in der Schule macht das deutlich. Der Lehrer schlug eine A-Stimmgabel an. Eine weitere A-Stimmgabel übernahm die Schwingung und damit den Ton, ohne dass sie berührt worden war. Eine F-Stimmgabel reagierte hingegen nicht. Ein ähnlicher Effekt lässt sich auch im beruflichen Umfeld beobachten. Wenn Sie unter Ihrer derzeitigen Arbeitssituation leiden, sind Sie in Resonanz mit Ihrer eigenen Unzufriedenheit. Wenn Sie sich unverstanden fühlen, sind Sie nicht in Resonanz mit der betreffenden Person oder dem jeweiligen Umfeld. Auf der anderen Seite können Sie davon ausgehen, dass alles, was Sie wahrnehmen oder einordnen können und womit sie einverstanden sind, mehr oder weniger in Resonanz mit Ihrem eigenen elektromagnetischen Energiefeld ist.

Wer mit seiner beruflichen Umgebung auf einer Wellenlänge liegt, wird von ihrer Energie berührt. Wer in einem Unternehmen arbeitet, befindet sich im Energieverbund der dort gelebten Kultur. Wenn Mensch und Unternehmenskultur nicht zusammenpassen, wenn sie nicht in Resonanz miteinander sind, ist es unvermeidlich, dass sich die Wege entweder wieder trennen oder sich der »Nichtmitschwingende« leidend ins Abseits bewegt oder dorthin geschoben wird. Ich passte nicht zur Energie in der Anwaltskanzlei und auch nicht zu der in der Reederei. Darum ging ich. Ich wollte mein Leid beenden. Dass dies energetisch erklärbar ist und dass ich es selbst hervorrief, verstand ich damals nicht. Wenn Mensch und Arbeitsumgebung teilweise zueinanderpassen, schwingen sie teilweise zusammen. In der Logistik-Gruppe durfte ich denken, was und wie ich wollte, und meine Stärken entsprechend einsetzen. Andererseits konnte ich für die Branche und ihre Arbeitsinhalte kein Herzblut aufbringen. Deshalb befand ich mich nur teilweise mit dem Unternehmen in Resonanz. Betrachten wir das am Beispiel meiner Lehr- und Wanderjahre im Management etwas genauer.

In den Jahren als angestellte Managerin und unabhängige Aufsichtsrätin jagte ich meinen Führungsträumen nach und bekam dafür die Anerkennung der Außenwelt: Schulterklopfer, bewundernde Kommentare, Ansehen, Geld, Dienstwagen, Titel, Status, Beförderungen und immer wieder die Angebote anderer Unternehmen, zu ihnen überzuwechseln. Einige Jahre lang erschien mir all das erstrebenswert. Auch anderen gegenüber stellte ich es so dar und bekam entsprechende Rückmeldungen. Aus der Sicht vieler hatte ich es mehr als geschafft, schon gar als Frau. Was sie nicht wussten, mir aber schon sehr bald aufging: Mit all diesen Titeln, Positionen und Ämtern ist mehr Getöse und Großtuerei verbunden als tatsächliche Möglichkeiten, Einfluss zu nehmen. Je größer der Laden, desto organisierter die Unverantwortlichkeit des Einzelnen für seine eigene Arbeitsleistung und desto verbreiteter das Ausharren in einer Position um scheinbarer Sicherheiten willen. Nachdem ich dieses Spiel eine Weile mitgespielt, lange genug im Zentrum der Aufmerksamkeit gestanden und die äußeren Zeichen des Erfolges kennengelernt und ausgekostet hatte, empfand ich diese Welt zunehmend als leer und hohl. Letztlich war sie das Resultat einer geschickten Selbstinszenierung, die aufgehübschte Jahresberichte, Kunden- und Mitarbeiterzeitungen wie Potemkinsche Dörfer einsetzte, um die gelebte Wirklichkeit als »heile Welt« darzustellen. Diejenigen, die hinter die Kulissen blicken konnten, spielten entweder mit oder wandten sich innerlich ab – so wie ich.

Meine Reise als angestellte Managerin führte mich zunächst in die Europazentrale der Reederei, mitten ins Herz eines deutschen Traditionsunternehmens. Da ich keinerlei Vorkenntnisse in der Containerlinienschifffahrt besaß und man mir dennoch die internationale Koordinationsfunktion in der Europazentrale anbot, musste ich über andere Fähigkeiten verfügen, die dem Unternehmen wertvoll erschienen: China-Erfahrung und entsprechendes Kulturverständnis, analytisch-strategisches Denkvermögen und die Fähigkeit, Menschen zu führen. Ich fokussierte meine Energie auf zwei Bereiche: erstens die wesentlichen Funktionsprinzipien des Unternehmens und der Branche zu verstehen und zweitens das Potenzial meiner rund sechzig Mitarbeiter durch gute Menschenführung zu entfalten. Über die Kunst und das Handwerk der Menschenführung hatte ich zuvor viele Bücher gelesen und daraus meine persönliche Strategie entwickelt:

- Die richtigen Fragen stellen und die Mitarbeiter die noch wichtigeren Antworten finden lassen.
- Jedem etwas zutrauen und Verantwortung übertragen.
- Allen gut zuhören.
- Menschen mit Potenzial Chancen geben, auch außerhalb des eigenen Verantwortungsbereiches.
- Offenes und ehrliches Feedback geben und auch einfordern.

Dies entsprach meiner inneren Überzeugung sowie meiner Philosophie von Leistung und menschlicher Wertschätzung – und sorgte für Verwirrung. Einerseits machte es meinen Mitarbeitern Spaß, so arbeiten zu dürfen, und setzte ungeahnte Energien und Ideen frei. Andererseits waren sie an Vorgesetzte klassischen Zuschnitts gewöhnt: Menschen, die aufgrund ihres überlegenen Fachwissens und ihres Durchsetzungsvermögens in Führungspositionen befördert worden waren und die es bevorzugten, so viel wie möglich selbst zu entscheiden. Wie lange würde die unter meiner Leitung gelebte Freiheit anhalten? Noch waren sich meine Mitarbeiter nicht sicher, ob sie sich selbst verwirklichen und doch lieber vorsichtig sein und alles beim Alten lassen sollten.

Mich machten sie derweil mit dem Tagesgeschäft der Containerlinienschifffahrt vertraut und ich lernte von ihnen auch so einiges, was nicht zum offiziellen Wissen gehörte. Ich ging von Zimmer zu Zimmer und beobachtete dabei aufmerksam aus dem Augenwinkel, was außerhalb der Chefzimmer vor sich ging. Worüber unterhielten sich die Menschen? Wo lag der Fokus ihrer Arbeit und deckte er sich mit dem Fokus ihrer Energie? Was ärgerte sie? Wo brauchten sie einen Chef, der sich vor sie stellte und für sie eintrat? Was bereitete ihnen Freude? Waren sie von ihrer Arbeit erfüllt? Welche Sorgen und Nöte beschäftigten sie privat? Ältere Kollegen und wetterfeste Seebären in Managementpositionen präsentierten mir das große Bild der Containerlinienschifffahrt. Wie funktioniert diese Branche? Was sind die Stellschrauben zur Steuerung des Geschäfts und wie wird daran gedreht? Wer sind die Hauptakteure und deren Repräsentanten?

Ich blühte auf und kam abends zeitiger nach Hause als früher. Mein Mann freute sich, weil ich wieder Zeit und Energie für gemeinsame Freizeitaktivitäten hatte. Von morgens kurz nach sieben schwebte ich mit Enthusiasmus durch meine Arbeitstage in der Reederei, denn hier konnte ich sehr viel mehr von dem ausleben, was mein Wesen ausmacht: die Zukunft antizipieren und gestalten sowie Menschen führen, zusammenführen und miteinander für ein gemeinsames Ziel arbeiten lassen. Zwar galt es eine Flut von Einzelheiten zu lernen, intellektuell war das Geschäft jedoch weit weniger anspruchsvoll als meine Tätigkeit als Wirtschaftsanwältin. Die Menschen um mich herum besaßen eine enorme Fach- und Detailkenntnis. Sie taten sich hingegen schwer damit, die großen Zusammenhänge zu sehen, im Auge zu behalten und daraus eigenverantwortlich Neues zu entwickeln. Nach vier Wochen lehnte mein Chef im Türrahmen meines Büros und fragte: »Sind Sie so intelligent oder ist Schifffahrt so einfach?« Aus seiner Sicht begriff ich zu schnell, lernte zu schnell und mischte mich mit präzise formulierten Fragen ein. Das passte nicht in sein gewohntes Bild. Mir hingegen war seine Frage extrem peinlich und ich lief rot an. Die Art, wie sie gestellt war, ließ mir keine Möglichkeit, meine Wertschätzung für das auszudrücken, was die Menschen im Unternehmen leisteten. Sie bestätigte nur, dass ich anders tickte als die meisten um mich herum und ich mich nicht wirklich in Resonanz mit meinem beruflichen Umfeld befand. Ich nutzte meine Fähigkeiten zur Menschenführung und zum analytisch strategischen Denken. Dafür hatte mich das

Unternehmen eingestellt. Aber als ich es tat, war es den Vorgesetzen zu unbequem und einigen Kollegen zu gefährlich. Mein Verhalten rüttelte zu sehr an althergebrachten Denk- und Arbeitsweisen, legte Kellerleichen und Baustellen bloß. Andererseits eröffnete mir der Aufenthalt im Konzern viele Einsichten, warum leistungswillige Menschen im Hamsterrad landen und es nicht einmal bemerken. Im Grunde stellte ich fest, dass all diese Menschen nicht wussten, wer sie wirklich *sind* und welche Macht dieses Wissen ihnen verleihen würde – Macht über sich selbst und ihren Berufsweg. Sie waren damit zufrieden, sich Geld und Ansehen zu verdienen und einen sicheren Arbeitsplatz zu haben. Ich hingegen war seit meiner Begegnung mit Professor Han und vor allem nach dem physischen Kollaps auf der Suche nach meinem Wesen und stellte mir vor allem die Frage: »Wer *bin* ich?«

Mir war zunächst nicht bewusst, dass man mir meine Abneigung gegenüber allem, was mein Umfeld von einem Vorgesetzten zu erwarten schien, sehr deutlich ansehen konnte. Ich war innerlich nicht bereit, die Rolle der Vorgesetzten zu spielen, die im Konzern vorgelebt und praktiziert wurde. Eine besondere Aversion hatte ich gegen einige meiner Kollegen, deren dunkelblaue Anzüge mit den unsichtbaren Ärmelstreifen eines Ersten Offiziers, Kapitäns oder sogar Admirals dekoriert waren. In ihrem Kielwasser schwamm ein überheblicher Unterton gegenüber all jenen mit, denen sie in ihrem Dünkel weniger Streifen am Ärmel zugestanden. Auch ärgerte mich, dass viele Menschen, denen das Unternehmen Macht anvertraut hatte, und war sie auch noch so klein, diese Macht in erster Linie nutzten, um sich selbst etwas Gutes zu tun oder gut dazustehen. Erst kamen sie selbst, dann der Kunde, dann die Eigentümer der Reederei und dann der Rest.

Und wie konnte ein Unternehmen finanziell gut dastehen, wenn es einer nicht unerheblichen Anzahl von Menschen die Chance versagte, ihre Fähigkeiten voll zu entfalten, sie täglich einzusetzen und vor allem eigenverantwortlich zu handeln? Zu viele saßen jahrelang auf demselben Stuhl, taten immer das Gleiche und dachten immer das Gleiche. Viele hatten bereits innerlich gekündigt und harrten dennoch aus. Wenn ich nach dem Warum bestimmter Arbeitsabläufe und Handlungsweisen fragte, bekam ich stets zu hören: »Das machen wir schon immer so.«

Da ich meine Mitarbeiter häufig in ihren Büros besuchte, was für einen Vorgesetzten absolut unüblich war, merkte ich, wer sich bei seiner Arbeit verwirklichte, wer vor sich hindämmerte und wer eigentlich gar keine Arbeit mehr hatte, weil sich die Arbeitsinhalte gewandelt hatten. Die allermeisten freuten sich über meine Besuche, fühlten sich wertgeschätzt und begannen alles offen anzusprechen, was ihnen auf der Leber lag. Diejenigen, die faktisch arbeitslos waren, spielten aus Angst um die eigene Zukunft Theater. Alle wussten, wer Däumchen drehte, aber keiner wagte es anzumerken, aus Loyalität gegenüber den Kollegen oder zumindest, um nicht als Verräter dazustehen. Ich begriff lange nicht, warum Loyalität im Sinne von Erdulden in vielen Unternehmen wichtiger war als Leistung und warum vor allem Manager krampfhaft in Leitungsfunktionen gehalten wurden, für die sie charakterlich und von ihrem Führungsverhalten aus meiner Sicht ungeeignet waren.

Noch mehr wunderte ich mich über ein weiteres Phänomen. Erstaunlich viele Mitarbeiter gaben die Verantwortung für das eigene Leben morgens an der Eingangstür der Reederei an den Arbeitgeber ab. Man ließ geduldig alles mit sich machen, inklusive regelmäßig verbal zusammengefaltet zu werden oder, wie ein Fahrtgebietsleiter sich ausdrückte, »eins in die Wäsche zu bekommen«. Im Gegenzug erwartete man einen sicheren Arbeitsplatz. Der einzige Kündigungsgrund, den es damals gab, war das Stehlen von goldenen Löffeln.

Auf meinen Streifzügen durch das Gebäude begegnete ich zahlreichen Menschen mit monotonen Gesichtszügen wie im Wachsfigurenkabinett. Sie bemühten sich zuallererst darum, keine Fehler zu machen und im Räderwerk als kleines Rädchen nicht aufzufallen. Sobald die Stunden abgeleistet waren, bloß raus aus dem Gebäude. Spaß stand ihnen am Arbeitsplatz nun wirklich nicht ins Gesicht geschrieben. Gleichzeitig engagierten sich viele in ihrer Freizeit mit Herzblut für Hilfsprojekte in der dritten Welt, Sportvereine, karitative Einrichtungen und den Betriebssport. Wie passte das zusammen? Wie viel besser könnte ein Unternehmen dastehen und die Zukunft aller sichern, wenn die Menschen dieses Herzblut und Engagement auch täglich in ihre Arbeit fließen lassen könnten? Zunächst machte das für mich überhaupt keinen Sinn.

Mit der Zeit durchschaute ich, dass man als Manager aus zwei Gründen groß rauskommen kann. Weil man andere durch Leistung und Einsatz überragt, oder weil man andere möglichst klein hält, sie wenig bis gar nicht fortbildet, ihnen Informationen vorenthält und beständig unterfordert. Ich traf auf so viele Menschen, die zu weitaus mehr fähig und auch willig waren, aber dennoch nicht aufbegehrten oder das Unternehmen verließen. Wie konnte das sein?

Besonders faszinierte mich die hausinterne Buschtrommel, die Gerüchteküche des Konzerns. So etwas hatte ich bisher in dem Ausmaß noch nicht kennengelernt. Wie viel Energie hier floss, zischte, brodelte, kochte und wieder im Nichts verebbte. Wie deutlich wurden die Fehler und Charaktereigenschaften der anderen unter das Mikroskop gelegt, seziert, kommentiert und in alle Abteilungen und Fahrtgebiete der Reederei getragen. Unzählige Stunden verbrachten die Menschen damit, sich über »ich weiß nicht wen und was auch immer« aufzuregen. Es dauerte keine drei Tage und auch ich hatte meine Buschtrommel-Klassifizierung weg. Wo ich auch auftauchte, jeder bekundete, schon von mir gehört zu haben. Nur was, das erfuhr ich zunächst nicht. Erst Jahre später verstand ich, dass nur diejenigen, die sich selbst kennen und annehmen können wie sie sind, kein Bedürfnis mehr verspüren, von sich selbst abzulenken, indem sie über Dritte sprechen.

Wie viele emotionale Wunden wurden täglich Kollegen zugefügt, ohne dass sich die Akteure das Geringste dabei dachten. Kettenmails mit gegenseitigen Anschuldigungen landeten in meiner Mailbox, mit der Aufforderung, zu entscheiden, wer recht hatte. Als ich mich weigerte und die Streithähne bat, gemeinsam eine Entscheidung zum Wohl des gesamten Unternehmens zu treffen, wurde ich selbst zur Zielscheibe. Wie konnte diese Frau so halsstarrig die Spielregeln verändern wollen?

Den meisten Managerkollegen in der Reederei war mein Führungsstil, gelinde gesagt, suspekt. Mein Drang, ständig alle Steine herumzudrehen und nach Wegen zu suchen, besser, sinnvoller und mit Spaß zu arbeiten, war nicht erwünscht. Zu vielen Kollegen kam ich in genau das Gehege, das sie sorgfältig gegen Einblicke von anderen abzuschirmen suchten. Eine wesentliche Aufgabe unserer Crew bestand darin, die Deckungsbeiträge der Exportaktivitäten in Europa zu verbessern, während die Geschäftsführer der Länder das Geschäft in ihren Händen hielten. Wir arbeiteten mit dem systemgewollten Konflikt der Matrix-Organisation und duellierten uns mit so manchem Geschäftsführer um Schein und Sein, berechnete Frachtraten und tatsächliche Deckungsbeiträge. »All das führt nicht zu einem Ziel, das im Sinne des Gesamtunternehmens ist, wenn die Akteure nicht ›wir‹ sondern ›ich, mir, mein‹ und in Inseln denken«, resümierte ich nach wenigen Wochen.

Statt weitere Kontrollmechanismen in der Matrix zu etablieren, um Versteckspielchen aufzudecken, plädierte ich für Ehrlichkeit und Transparenz als gelebte Werte. Ich erntete Stirnrunzeln, Kopfschütteln und in meiner Abwesenheit sicherlich so manch deftigen Kommentar. Gleichzeitig fragte ich mich, warum die meisten meiner »Kollegen« keine rechte Freude an ihrer Arbeit fanden. Für sie musste eine Bretter bohrende Quereinsteigerin, die nachfragte, sie mit Ungereimtheiten konfrontierte und sich nicht an bestehende Arbeitsweisen, Hierarchien und Hackordnungen hielt, der blanke Horror gewesen sein. Jahre nach meinem Ausscheiden aus dem Konzern erfuhr ich, wer wo und wie verhindert hatte, dass ich für das Unternehmen nach Asien gehen konnte. Es war lange mein Herzenswunsch gewesen, dort zu leben und zu arbeiten. Wahrscheinlich haben viele mein Verhalten als arrogant und besserwisserisch erfahren. Ich kann es ihnen aus ihrer Sicht nicht verdenken. Es gibt kein perfektes Unternehmen, nirgendwo. Aber ich konnte nicht damit leben, nicht zumindest stetig nach Verbesserung für alle zu streben, weiterzudenken und täglich alles zu geben. Unbewusst wollte ich mein Wesen leben und auch allen anderen die Chance geben, ihr Wesen zu leben.

Meine tiefe Überzeugung, dass Probleme im Team besser gelöst werden können als allein, brachte mir die Unterstützung der Mitarbeiter meines Verantwortungsbereiches und den Respekt einiger älterer Kollegen ein. Bei einigen der Seebären und alten Hasen, die im Unternehmen aufgrund ihrer Kompetenz unangefochten waren, durfte ich jederzeit um Rat nachsuchen und Verständnisfragen loswerden. Ohne ihre Schützenhilfe hätte ich wohl im ersten Jahr Schiffbruch erlitten, denn die Hamsterradfraktion war mächtig. Nachdem ich am Hauptsitz der Reederei gerade den ersten »Stahlgeruch« angenommen hatte, wurde ich Knall auf Fall von Hamburg nach Antwerpen versetzt.

> Denn erstens kommt es anders, als man zweitens meistens denkt, denn das Berufsleben ist weder in seinen Ereignissen planbar noch in Zahlen kalkulierbar.

Die Reederei ernannte mich zur neuen Geschäftsführerin in Belgien. In Antwerpen waren die Mitarbeiter an einen erfahrenen Chef Mitte fünfzig und alten Schlages gewöhnt. Er wurde mit Nachnamen angeredet, sprach aber selbst die Menschen mit ihrem Vornamen an. Nun bekamen sie eine fünfunddreißigjährige Frau als Chef, die erste in der Firmengeschichte in einer solchen Position. Und die bestand darauf: »Entweder alle per Sie oder alle per Du, sucht es euch aus.« Es dauerte ein paar Tage, bis meine neue Mannschaft den ersten Schock überwunden hatte. Meiner Anweisung, völlige Transparenz gegenüber den Kollegen in der Zentrale walten zu lassen, fügten sie sich indes nur äußerst widerborstig. Noch niemand nahm für bare Münze, dass ich im Gegenzug für die Belange Belgiens und die der einzelnen Teammitglieder in Hamburg eintreten würde. Ihre Erfahrung hatte sie wohl etwas anderes gelehrt. Unter meinem Vorgänger hatten einige junge Manager Narrenfreiheit genossen. Sie hatten sich alles erlauben können und sämtliche Fehltritte und Eskapaden waren kaschiert worden. Andererseits waren viele Leistungsträger, auf deren Schultern die Last der täglichen Mühen lag, ungewürdigt geblieben. Die Mehrzahl der Mitarbeiter hatte schweigend, angewidert, fassungslos und resigniert zugleich zugeschaut. Alle sahen und wussten alles, aber niemand traute sich, etwas zu sagen – aus Angst um den eigenen Arbeitsplatz. Solange Container- und Umsatzzahlen stimmten, sprich im Plansoll lagen, interessierte sich am Hauptsitz des Unternehmens niemand dafür, was wirklich im Tochterunternehmen vorging. Ein fataler Mechanismus, der den Spaß bei der Arbeit und den Willen, etwas zu leisten, in Belgien fühlbar untergrub.

Meine ersten beiden Monate in Antwerpen verbrachte ich vor allem in den Büroetagen und auf dem Hafenterminal. Ich beobachtete die Angestellten und Arbeiter, hörte mir am Kaffeeautomaten ihre Geschichten über berufliche Herausforderungen, Zwistigkeiten, Probleme und ganz Persönliches an und beantwortete freimütig sämtliche Fragen zu meiner Person. So bauten sich allmählich gegenseitiges Verständnis und Vertrauen auf. Mir wurde deutlich, dass sich die Menschen eine Arbeitsumgebung wünschten, in der es fair, gerecht, offen und freudvoll zuging. Nicht nur deshalb war es aus meiner Sicht an der Zeit, mit den Privilegien einiger Jungmanager aufzuräumen. Ich wollte eine transparente Struktur, die größtmögliche Verantwortung beim einzelnen Mitarbeiter beließ und denjenigen neue Herausforderungen bot, die zu mehr imstande waren. Zwei erfahrene Direktoren, die Personalleiterin und ich begannen auf einem leeren Blatt Papier eine neue Struktur – Prozesse, Arbeitsabläufe und Schnittstellen – zu definieren.

Wir schrieben Führungspositionen hausintern neu aus und formten eine gänzlich neue Interaktionsplattform. Jeder konnte sich bewerben. Er oder sie erhielt drei Tage vor dem Auswahlgespräch konkrete Fragen, auf die wir eine Antwort erwarteten. Die jeweils einstündigen Auswahlrunden bestätigten, was wir zuvor beobachtet hatten. Im Unternehmen befanden sich Menschen, die weit unter ihrem Potenzial eingesetzt waren, und solche, die ihre gegenwärtige Position nicht auszufüllen vermochten und damit viele fähige Menschen blockierten. Amtierende Häuptlinge, die im Auswahlgespräch ihren Federschmuck einbüßten, stellten wir vor die Wahl, entweder ausbezahlt zu werden und das Unternehmen zu verlassen oder in eine Indianer-, sprich, Expertenposition zu wechseln. Viele entschieden sich, dem Unternehmen den Rücken zu keh-

ren, weil sie sich von mir verkannt und nicht gebührend wertgeschätzt fühlten.

Einige von ihnen beschimpften mich nicht nur unter vier Augen,
sondern auch vor versammelter Mannschaft. Das tat weh und ver-
letzte mich. Und aus ihrer Sicht konnte ich es sogar nachempfinden.
Warum änderte ich, was jahrelang gängige Praxis und toleriert war?
Wollte ich mich selbst darstellen oder trug ich persönliche Fehden
aus? Weder noch. Ich tat nur, was aus meiner Sicht in einer zyklischen normalen Abwärtsphase des Geschäfts sinnvoll war, nämlich
alle Hände an Deck zu holen und vereint an einem Strang zu ziehen.
Nicht nur physisch, sondern auch mental und seelisch. Die Mitarbeiter, die sich selbst häufig als graue Garnelen bezeichneten, begannen auf- und durchzuatmen. Schließlich wurde man auch in der
Zentrale auf unser Treiben aufmerksam. Dort hatten sich diejenigen
beschwert, die mich beschimpft hatten. Mein Chef bestellte mich
telefonisch zum Rapport nach Hamburg. Ich weigerte mich, zu kommen, versprach jedoch, sofort zu erscheinen, falls er in zwei Monaten noch immer beunruhigt sei. Er ließ uns vorerst gewähren.

Wir etablierten das neue Geschäftsführungsteam, Abteilungs-
und Gruppenleiter und veränderten die Kommunikationswege. Seid
ehrlich, offen und arbeitet zusammen, war unser Credo. Im Unternehmen entstand eine neue Dynamik. Menschen kamen wieder
fröhlich zur Arbeit und brachten sich engagiert ein. Unsere Gedanken zu Prozessen und Abläufen bedurften des Feinschliffs durch
die Mitarbeiter und bei all dem Veränderungstumult stand immer
noch der Kunde an erster Stelle. Jeden Morgen ging ich ab kurz nach
sieben Uhr durch das Unternehmen und sprach mit allen, die mir
begegneten. Was störte sie? Was sollten wir noch ändern? Wer hatte
Sorgen? Wer brauchte Hilfe? Nach weiteren zwei Monaten lief das
meiste rund und die Menschen fühlten sich wohl in ihrer Haut.

Ich wurde nicht nach Hamburg einbestellt. Dafür schickte man
uns nach sechs Monaten ein Untersuchungsteam von vier Spezialisten aus den Bereichen Sales, Customer Service, Operations und IT
ins Haus, die herausfinden sollten, was wir getan hatten. Unsere
Produktivität war substanziell angestiegen, und so etwas blieb der

Zentrale beim regelmäßigen Benchmarking nicht verborgen. Und nun geschah das für mich Unfassliche. Das Spezialistenteam fertigte eine Blaupause unserer neuen Struktur mit allen Prozessen und Arbeitsabläufen an und die oberste Führungsebene der Reederei entschied, dass diese zusammen mit Anpassungen in der IT von allen Tochterunternehmen weltweit zu übernehmen sei. Ich wusste nicht, ob ich mich freuen oder heulen sollte. Der Quantensprung war uns in Belgien vor allem deshalb gelungen, weil wir menschliches Fehlverhalten und Führungsschwächen in gemeinsame Ziele und Energie verwandelt hatten. Weil wir den Willen jedes einzelnen respektierten, seine Talente nutzten, ihn baten, Spaß zu haben, und die Menschen förderten. Weil wir zusammenarbeiteten, respektvoll miteinander umgingen und füreinander einstanden. Weil wir nicht mehr fragten: »Wer hat es verbockt?«, sondern: »Wie können wir diesen Fehler in Zukunft vermeiden?« Weil wir uns den Menschen als Wesen zuwendeten, statt sie wie Maschinen oder Nummern zu behandeln. Weil wir die kleinen unscheinbaren Indianer aus ihren Verstecken holten und ihnen den Spiegel vorhielten, in dem sie sehen konnten, wie einzigartig sie waren. Und weil wir als Führungskräfte an sie glaubten und uns vor sie stellten.

Dies war die schönste Zeit meiner Managerkarriere und zugleich der Anfang vom Ende meiner Zeit als angestellte Führungskraft. Es wurde deutlich, das ich mich nur in Resonanz mit der direkten Arbeitsumgebung befand, die ich selbst prägen konnte, nicht aber mit der überwiegend gelebten Kultur im Konzern. Mich quälten zwei Fragen. Die erste war: Was tut man als Chef, der alle Leitungsfunktionen kompetent besetzt hat und über eine quirlige und engagierte Mannschaft verfügt? Meine Antwort lautete: Die Leitlinien abstimmen und ihnen ansonsten möglichst nicht vor die Füße laufen. Ich coachte die beiden jüngere Direktoren für Sales and Customer Service, ließ sie aber allein auftreten. So vermochten sie schnell Statur zu gewinnen. Nur wenn einer der vier Direktoren es wünschte, fuhr ich mit zu Kunden, Terminaloperatoren, Hafenautoritäten oder Branchenevents. Auf diese Weise machte ich mich selbst überflüssig und drehte Däumchen. Ich verließ das Büro meist schon am frühen

Nachmittag, fuhr durch den Hafen, besuchte meinen Geschäftsführerkollegen in den Niederlanden, traf mich mit Managern aus dem Transportgewerbe zum Golf und fühlte mich ansonsten unausgefüllt und unterfordert. So stellte ich mir ein sinnerfülltes Arbeitsleben nicht vor. Viel zu viel von dem, was mich ausmachte, lag nun brach.

Die zweite Frage betraf folgerichtig meine eigene berufliche Perspektive. Wollte ich mich nun alle paar Jahre in der Welt umherversetzen lassen, um in einer Tochtergesellschaft einen Wandel einzuleiten, es dann dort ein paar Jahre ruhig angehen zu lassen und ansonsten darauf warten, irgendwann zur obersten Admiralität der Reederei zu gehören? Selbst wenn es so weit kommen würde, hätte ich wohl kaum Spaß daran, folgerte ich damals. Um einen traditionsreichen Konzern langfristig zu verändern, hätte es nach meinem damaligen Verständnis fünfzehn Manager von meiner Wesensart, mit einer ähnlichen Philosophie und einem entsprechenden Anspruch, Menschen zu führen und zu gestalten, bedurft, die eng zusammenarbeiten konnten. Auf mich allein gestellt fürchtete ich, irgendwann abzustumpfen oder auf halber Strecke gesundheitlich in die Knie zu gehen. Spätestens dann hätte ich vor der Frage gestanden, bis zur Rente auszusitzen, trübsinnig durch meine Arbeitstage zu dümpeln, eine Last für andere zu werden oder schlussendlich doch aus eigenem Entschluss zu gehen.

Ich entschied mich, die Reederei sofort und aus freien Stücken zu verlassen. Für meine Vorgesetzten kam meine Kündigung völlig unerwartet. Als ich meiner Crew in Belgien ankündigte, dass ich das Unternehmen Ende November 2000 verlassen würde, schlug mir betretenes Schweigen entgegen. Ich hatte immer alle ermuntert, sich zu entwickeln, zu wachsen und neue Herausforderungen mutig anzunehmen. Das musste doch auch für mich gelten – oder etwa nicht? In den Tagen bis zu meinem letzten Arbeitstag brachten die Menschen in meinem Umfeld frei von der Leber weg zum Ausdruck, was sie fühlten. Die Spanne reichte von »bleib bei uns« bis »endlich wieder ein Mann als Chef«. Team Belgien schenkte mir zum Abschied ein in Leder gebundenes Buch, in dem Einzelne und Gruppen unsere beiden gemeinsamen Jahre in persönliche Worte, Fotos, Zeichnungen, Comics, Rätsel, Gedichte und Prosa gefasst hatten. »Vertrauen«, »Chancen«, »Kollegialität« und »angenehme Atmosphäre« waren die häufigsten Worte, die sie wählten. Da sie mich aber auch mit Worten und Bildern durch den Kakao zogen und für alles vors Schienbein traten, was ich ihnen verweigert oder nicht in ihrem Sinne durchgesetzt hatte, gehe ich davon aus, dass ihr Feedback grundehrlich war und von Herzen kam. Mit der menschlichen Belgien-Blaupause hätten meine Vorgesetzten in der Zentrale weit mehr für das gesamte Unternehmen bewirkt, als mit dem Kopieren unserer Struktur, Prozesse und Arbeitsabläufe.

Ich machte mich also auf die Suche nach einem Arbeitsumfeld, mit dem ich in umfassender Resonanz sein konnte. Die Kernfrage lautete:

Was ist die Tätigkeit, die dem Leistung und Arbeitsfreude benötigenden Wesen in mir auf den Leib geschneidert ist und in der ich mein Wesen freudvoll und begeistert ausleben kann?

Diese Frage hatte ich kurz vor meiner Kündigung Menschen gestellt, die mich gut kannten. Die Antworten waren unerwartet einhellig: Du solltest Führungskräfte coachen. Du durchschaust das Theater. Du hast keinen Respekt vor Titeln und Funktionen. Du sprichst Klartext und hältst anderen einen Spiegel vor. Du hast selbst auf dem einsamen Stuhl gesessen, auf dem schwierige und schmerzliche Entscheidungen zu treffen und zu verantworten waren, und du liebst und respektierst die Menschen. Das hörte sich zwar toll an, aber ich war noch nicht so weit. Die Idee brachte genau zu diesem Zeitpunkt noch nichts in mir zum Klingen.

In meinem Kopfkino lief immer und immer wieder die Idee eines hochrangigen Europäischen Business-Clubs für Frauen. Damit wollte ich den Sprung in die Selbstständigkeit wagen. Ich gründete eine GmbH nach belgischem Recht, startete den Geschäftsbetrieb und stellte ihn, mangels Interesse, sprich Resonanz der infrage kommenden Damen nach einem Jahr wieder ein. Ich hatte über die Jahre beobachtet, dass Managerinnen und Unternehmerinnen viel

zu wenig in unternehmens-, kultur- und länderübergreifenden Netz-
werken miteinander verbunden sind. Das wollte ich ändern. In meinem Geschäftsmodell hatte ich jedoch übersehen, dass die Frauen,
die aufgrund ihrer Position und Ausbildung dafür infrage kamen,
damals noch nicht bereit waren, Zeit in Netzwerke zu investieren.

Nachdem mein Ausscheiden aus der Reederei durchzusickern begann, bot mir ein belgischer Unternehmer die Leitung seiner Logistik-Gruppe an. Das Unternehmen musste sich strategisch und per-
sonell infrage stellen und entsprechend neu orientieren. Ich willigte
ein, mich zwölf bis fünfzehn Monate lang drei Tage meiner sechs-
tägigen Arbeitswoche dieser Aufgabe zu widmen, und zwar als
Selbstständige. Diese Zeit entpuppte sich als eine wichtige Ergän-
zung für meine Weltsicht und meinen Erfahrungsschatz, auch in
puncto Resonanz. Das Unternehmen betätigte sich in Asien, den
ehemaligen GUS-Staaten sowie in Belgien als Agent für Reedereien,
trat als Spediteur auf, betrieb Logistik-Zentren und leistete vom
Crew- und Schiffsmanagement bis zu Training für Seeleute und Spe-
zialtransporten eine breite Palette von Diensten. Ich lernte, wie ich
mit einem Eigentümer interagieren musste, der genauso dickköpfig
war wie ich. Unsere Fähigkeiten und Temperamente ergänzten sich
wunderbar. Wir konnten herrlich uneins sein, um die beste Lösung
ringen und so gemeinsam Neues gestalten. Im Konfliktfall saß er als
Eigentümer allerdings immer am längeren Hebel. Er setzte seine
Sicht durch, wenn meine Ideen ihm zu gewagt oder für seine einge-
übten Verhaltensmuster zu unbequem erschienen. Ich begriff auch
zum ersten Mal, warum die große Mehrzahl der Unternehmer nur
den Managern und Aufsichtsräten wirklich zuhören, die auch mit
ihrem eigenen Geld für die Folgen ihrer Entscheidungen einstehen.

Aus Angst, mich von ihm und seinen Geschäftsinteressen auch in
anderen Unternehmen vereinnahmen zu lassen, hielt ich innerlich
Distanz. Während er zu der Ansicht gelangte, ich solle meine sons-
tigen Berufspläne und den Business-Club aufgeben, mich am Kapital beteiligen und die CEO-Funktion umfassend und langfristig ausüben, folgte ich der kleinen Stimme in mir und lehnte ab. In den
fünfzehn Monaten im Unternehmen beobachtete ich, was sich zwi-

schen den Generationen und Stämmen einer in der Öffentlichkeit stehenden Familie ereignet, der mehrere Unternehmen gehören oder die an ihnen maßgeblich beteiligt ist. Ich schätzte mich glücklich, ohne einen berühmten Vater aufgewachsen zu sein und ohne den Erwartungsdruck, die Messlatte der vorherigen Generationen oder der Geschwister unternehmerisch tätig sein zu dürfen.

Die Unternehmenskultur, in der Sie sich heute bewegen, sagt extrem viel darüber aus, mit wem und womit Sie in Resonanz sind. Ist eine Unternehmenskultur beispielsweise von Angst und Kontrolle geprägt, gehen Menschen mit ihr in Resonanz, die ein ängstliches Wesen nähren und Kontrolle schätzen, um auf diese Weise ihre Angst zu bekämpfen. Ist eine Unternehmenskultur von Ehrgeiz dominiert, finden wir dort Menschen, die mit der Ehre anderer geizen und alles tun, um andere Menschen ihrer eigenen Karriere unterzuordnen. Ist eine Unternehmenskultur von Kreativität, Risikobereitschaft und Selbstverantwortung gekennzeichnet, schwingen dort Menschen mit, die diese Fähigkeiten und Eigenschaften haben. Ist eine Unternehmenskultur von einem charismatischen, impulsiven, dominierenden und cholerischen Patriarchen geprägt, arbeiten dort vornehmlich farblose, passive, untertänige und phlegmatische Angestellte. Was immer die Mehrheit der in einem Unternehmen arbeitenden Menschen denkt, spricht, fühlt und tut, bestimmt die dominante Energie im Unternehmen.

Interessanterweise entspricht Bohrs Atommodell mit den sechs elliptischen Bahnen, auf denen die Elektronen um den Atomkern kreisen, einem der ältesten kosmologischen Symbole, das *Herzschlag des Lebens* genannt wird.

> Das größte elektromagnetische Feld im menschlichen Körper entsteht, wenn das Herz von positiven Emotionen, wie Freude, Begeisterung, Mitgefühl und Leidenschaft, erfüllt ist.

Wissenschaftler am HeartMath Institute in Kalifornien haben dies mittels Spektroskopie belegen können. Ihr Herz sendet emotionale Informationen aus, die in das elektromagnetische Resonanzfeld

Ihres Körpers einkodiert werden und von dort auf Ihre Umwelt ausstrahlen. Ihr Herz hat damit einen exorbitant großen Einfluss auf das, was sich in Ihrem Berufsleben ereignet.

Derjenige, der mit Herzblut bei seiner Arbeit ist und Leidenschaft in das einfließen lässt, was er tut, erschafft ein vielfach intensiveres und größeres Resonanzfeld, als jemand, der nur mit Verstand und Logik bei der Sache ist.

Menschen, die ein großes Resonanzfeld erschaffen, werden in ihren Berufen zu Stars, weil sich viele Menschen wie Journalisten und Fans in dieses Resonanzfeld einklinken können. Welche Menschen kommen Ihnen dabei in den Sinn? Sportler und Schauspieler wahrscheinlich. Menschen, zu denen ich mich beruflich in Resonanz befinde, sind all diejenigen, die mich mit der Kombination ihrer Arbeitsinhalte und gelebten Ideale derart emotional berühren, dass ich auch meine Arbeitsgewohnheiten hinterfrage und weiterentwickele.

Was Quantenphysiker und Herzwissenschaftler uns über Bewusstsein und Resonanz sagen, widerspricht leider dem, was das Kinoprogramm in unseren Gehirnen uns glauben machen will. Wir haben von klein auf gelernt, Objekte zu erkennen, sie voneinander abzugrenzen, zu kategorisieren und zueinander in Ursache-Wirkung-Beziehung zu setzen. Dieses Verhalten haben wir mit den Jahren automatisiert. Für uns besteht die Welt aus getrennt voneinander existierenden Menschen wie Kollege und Konkurrent, sowie Objekten wie Gebäude, Maschine und Computer. Wir sind der Ansicht, mit anderen Menschen und Objekten grundsätzlich erst einmal nichts zu tun zu haben. Es sei denn, wir setzen sichtbare Ursache-Wirkung-Ketten in Gang.

Wie sind wir zu diesen Überzeugungen gelangt? Alle Energie, die als Materie verdichtet größer ist als 0,025 Millimeter, unterliegt den Newton'schen Gesetzen der Mechanik und der Schwerkraft. Das heißt, dass alles, was uns aus den Händen gleitet, nach unten fällt, nicht seitlich wegschwebt oder sich in die Höhe erhebt. Und es heißt, dass man etwas werfen und berechnen kann, wo es landet. Sichtbare Ursachen erzeugen vorhersehbare, messbare und kalkulierbare Wirkungen. Alles, was kleiner ist als 0,025 Millimeter, unterliegt den Gesetzmäßigkeiten der Quantenphysik. Das sind Bewusstsein, Energie und auch kleinste verdichtete Masse. Auf diesem Niveau gibt es nichts mehr, was exakt vorhersehbar ist. Es gibt nur Wahrscheinlichkeiten und eine endlose Zahl von Möglichkeiten. Das stößt uns ab, verängstigt uns sogar, denn es widerspricht den etablierten Denk- und Überzeugungsmustern in unseren Gehirnen.

Ebenso überzeugt sind wir davon, dass Herz – Emotionen und Empfindungen – und Verstand – logisch-analytisches Denken – zwei grundsätzlich verschiedene Dinge sind und dass unser Herz in beruflichen Angelegenheiten besser schweigen sollte. Stimmt's? Genau das steht Ihnen im Wege, wenn Sie sich bemühen, sich und Ihre berufliche Wirklichkeit vollständig zu erfassen. Der Physiker und Nobelpreisträger Richard Feynman formulierte unsere Herausforderung in seinem Buch *The Character of Physical Law* so: *»Unsere Vorstellungskraft muss an ihr Äußerstes gehen, nicht um Fiktionen zu erdenken, die es nicht gibt, aber um das zu verstehen, was wirklich da ist.«*

Sie, Ihr berufliches Wesen und die Arbeitswelt da draußen hängen untrennbar zusammen. Quantenphysiker stellten in ihren Experimenten fest, dass sich das Verhalten der Elementarteilchen und damit auch die von ihnen geschaffenen elektromagnetischen Resonanzfelder durch die Tatsache verändern, dass die Teilchen beobachtet werden. Mit anderen Worten: Das Hinschauen beeinflusst das Ergebnis des Experiments. Und das gilt nicht nur im Forschungslabor, sondern auch in Ihrem Arbeitsalltag.

> Menschen erschaffen ihre Wirklichkeit durch die Art und Weise, wie sie sich und ihr Umfeld betrachten.

Was Sie beobachten, was Ihnen wichtig ist, worauf Sie Ihre Aufmerksamkeit und vor allem Ihre Energie richten, tritt über Ihr Resonanzfeld mit dem in Wechselwirkung, was Sie als getrennt von sich wahrnehmen, und beeinflusst es. Also, was ist Ihnen wichtig, worauf richten Sie Ihre Energie? Geht es Ihnen vor allem darum, nicht anzuecken? Sagen Sie nichts, was zwar wahr ist, aber dem Chef nicht passt? Versuchen Sie, Risiken zu vermeiden? Sind Sie bereit, jemandem zu schaden, damit Sie selbst besser dastehen? Bewusstsein und Resonanz gilt für Geschehen und Menschen gleichermaßen. Bewusstsein beeinflusst selbst Maschinen wie uns Wissenschaftler wie Dean Radin vorführen.

Die Quantenphysiker entdeckten darüber hinaus ein Phänomen, das sie als *Nichtlokalität* bezeichnen. Sie teilten Elementarteilchen in jeweils zwei Teile, schickten die beiden Teile in unterschiedliche Richtungen und veränderten dann die Rotationsrichtung einer der Hälften des Teilchens. Erstaunt stellten sie fest, dass auch die andere Hälfte, welche sich im Teilchenbeschleuniger kilometerweit entfernt befand, im selben Moment die Rotationsrichtung veränderte. Sie kamen zunächst zu dem Schluss, dass es eine Kraft oder ein Signal geben müsse, das schneller reist als das Licht. Das ist jedoch mathematisch betrachtet unmöglich. Schließlich erkannten sie, dass es sich nach wie vor um nur ein einziges Elementarteilchen handelte, das eine Zwillingsnatur besitzt und sich zur gleichen Zeit an unterschiedlichen Orten aufhalten kann. Das ist für unser Kopfkinoprogramm paradox, ein Ding der Unmöglichkeit.

Heute wissen wir es besser. Das jeweilige Zwillingsteilchen, die jeweils andere Hälfte des einen Ganzen vertritt genau die entgegengesetzten Eigenschaften. Darin drückt sich auf kleinstem Niveau das alles beherrschende Grundprinzip im Universum aus – das Gesetz der *Polarität* als Spiegelbild der *Einheit allen Seins*. Zwei Komponenten, sind sie auch noch so weit voneinander entfernt, ergänzen einander wie die Pole eines Magneten und bilden so eine Einheit.

Das Polaritätsgesetz besagt, dass die Einheit immer aus zwei Teilen besteht und dass die Eigenschaften dieser beiden Teile gegensätzlich sind.

Es besteht also eine nicht mit unseren Sinnen erfassbare Verbindung hinter allem, was wir getrennt voneinander wahrnehmen. Zeit und Raum sind etwas anderes, als wir uns darunter vorstellen. Der Raum trennt nichts wirklich voneinander. Und die Zeit ist nichts, was sich messbar auf unserer Armbanduhr in die Zukunft bewegt und uns scheinbar davonläuft.

Vieles geschieht außerhalb einer für uns erfassbaren Ursache-Wirkung-Kette. Es gibt kein Signal, kein Licht, keinen Schall, der etwas in Gang setzt. Und doch geschieht etwas in der Einheit, die dem Universum als Ganzes zugrunde liegt. Hier hängt etwas zusammen, das unseren fünf Sinnen und den von Kindesbeinen an erlernten Denkmustern entgeht. Wir sprechen dann von Schicksal, Zufall, Fügung oder selbst von einem Wunder und glauben, wir hätten keinen Einfluss darauf. Falsch gedacht. Unser Denken in wahrnehmbaren Ursache-Wirkung-Zusammenhängen ist der Fehler. Wir unterliegen diesem Irrtum, weil wir das, was die Quantenphysik uns heute lehren kann, in unseren Gehirnen noch nicht abgespeichert und durch positive Erfahrungen verifiziert haben. Und was wir nicht erkennen, können unsere Gehirne auch nicht für richtig befinden, weil sie noch nicht damit in Resonanz sind. Das trifft beispielsweise auch auf Arbeitsinhalte, Arbeitsweisen, Arbeitsorte und Entlohnungsmodelle zu. Der Produktionsfachmann und der Verkäufer reden aneinander vorbei. Der Angestellte und der Selbstständige begreifen nicht, wie der jeweils andere mit diesen Einschränkungen bzw. mit dieser Freiheit überhaupt arbeiten kann. Der Ortsfeste und der ständig durch die Welt Reisende können der jeweils anderen Sicht nichts abgewinnen.

»Wenn Sie die Geheimnisse des Universums entdecken wollen«, sagte der geniale Erfinder und Ingenieur Nikola Tesla, »dann denken Sie in Kategorien von Energie, Frequenz und Schwingung.«

Eine weitere zentrale Aussage der Quantenphysik für unser Berufsleben ist, dass Materie eine Doppelnatur besitzt. Sie ist Welle und Teilchen zugleich. Die Welle besteht aus einer großen Anzahl von Teilchen, so wie das Meer viele Schaumkronen in sich birgt. Sie werden mal hier und mal dort, mal groß und mal klein, mal kurz und mal lang für uns sichtbar. Wann, wie und wie lange sich aus den vielen Möglichkeiten der Wellenfunktion, also des Meeres, ein bestimmtes Teilchen, also eine einzelne Schaumkrone, für uns wahrnehmbar manifestiert, ist nicht kalkulier- und exakt berechenbar.

Aber wir als der Beobachter beeinflussen, was und wo sich etwas zeigt. Also Sie selbst, indem Sie hinschauen, darüber nachdenken und grübeln, sprechen, etwas fühlen und handeln. Der »Beobachter« ist der menschliche Geist, *Ihr individuelles Bewusstsein*. Ihr *Bewusstsein* ist das Mittel, mit dem Sie gewahr werden. Sind Sie beruflich beispielsweise derzeit inaktiv, weil Sie in Ihrer beruflichen Situation gedanklich erstarrt sind, weil Sie sich als Opfer sehen oder noch keinen Ausweg erahnen, dann manifestiert sich aus der Welle auch kein anderes Teilchen, keine andere berufliche Möglichkeit.

Mein Großonkel wurde 1897 geboren und begann im Alter von vierzehn Jahren in einer Fabrik zu arbeiten. Als ich noch ein kleines Mädchen war, verließ er eines Tages das Haus, in einen schicken Anzug gekleidet, um am Rentnertreffen seines ehemaligen Arbeitgebers teilzunehmen. Zuvor überlegte er, ob er sich einen Orden ans Revers stecken sollte. Es handelte sich um ein Bundesverdienstkreuz, das er zu seinem fünfzigsten Arbeitsjahr im selben Unternehmen erhalten hatte. Ich verstand nicht, worin der »Verdienst« bestand, und wollte es genauer wissen. Mit traurigem und nachdenklichem Blick sagte er damals zu mir: »Den habe ich für Dummheit bekommen«, und legte ihn wieder zurück in die Schatulle. Wie konnte man dumm sein und dafür auch noch geehrt werden? Was wollte er mir damit sagen?

Mein Großonkel war kein Ritter, kein Kämpfer, kein Blechkopf. Er war eher ein zartfühlender, warmherziger Knappe, der sich vielfach für andere aufopferte und hatte ausnutzen lassen. Er glaubte nicht, dass er ein Recht auf sich selbst, seine beruflichen Bedürfnisse und Talente hatte. In dem Denkmuster seines Gehirns gab es für ihn keine andere Wahl, als in der Fabrik zu arbeiten und damit für ein bescheidenes aber sicheres Einkommen für sich und seine Schwester zu sorgen. Arbeit war Mittel zum Zweck. Er tauschte Geld für Leben. Er hat auch nie etwas anderes gesehen, als diese eine Fabrik. In seiner Rückschau hat er nichts oder das Falsche aus dem Meer der Möglichkeiten ausgewählt, weil er nicht zu wählen wagte. Am Ende seines Berufslebens war ihm klar, dass er nicht alles aus sich herausgeholt hatte, wozu er mit seinen Fähigkeiten imstande gewesen wäre. Eine bittere Bilanz. Heute, ein Jahrhundert später, befinden sich viele in einer ähnlichen Lage wie mein Großonkel – nur dass ihnen neueres Wissen zur Verfügung steht.

> Die intellektuelle Herausforderung für uns besteht darin, dass die Erkenntnisse der Quantenphysiker unsere bisherigen Überzeugungen über den Haufen werfen.

Albert Einsteins berühmte Formel $E = mc^2$ gehört zu seiner speziellen Relativitätstheorie über Raum und Zeit und besagt vereinfacht ausgedrückt: Materie und Energie sind ein und dasselbe. Sie zeigen sich nur in unterschiedlicher Form. Energie schwingt, je nach der Information, die sie vermittelt, in unterschiedlichen Frequenzen, die wir in Hertz (Hz), Schwingungen pro Sekunde, messen. Schwingt die Energie auf einer hohen Frequenz, können unsere Sinne sie nicht mehr wahrnehmen. Gleichwohl ist sie genauso real wie Gegenstände, die wir anfassen können. Auch Menschen bestehen aus Energie, die sich in verschiedenen Schwingungsfrequenzen manifestiert. Auf der materiellen und körperlichen Ebene schwingen unsere menschlichen Elektronen auf niedrigen Frequenzen. Auf der emotionalen und intellektuellen Ebene schwingen die Elektronen um unsere Atomkerne bereits schneller und auf der höheren Bewusstseinsebene, nämlich auf *seelischem Gebiet,* haben wir es mit höchsten Schwingungsfrequenzen zu tun.

> Was wir sehen und anfassen können, ist der grobstoffliche Teil der Wirklichkeit. Emotional, intellektuell und seelisch befinden wir uns im feinstofflichen Teil unserer Existenz.

Die Seele stellt für unsere klassischen Wissenschaften eine große Herausforderung dar, doch neue Forschungsrichtungen verbinden inzwischen grobstoffliche und feinstoffliche Wissenschaften. So erforscht die Psychoneuroimmunologie, welche Verbindung zwischen unserem Immunsystem und unserer Seele existiert. Wie beeinflussen beruflicher Stress, Ärger, Gedanken, Depressionen und Ängste unser Immunsystem? Für unsere Wissenschaftler relatives Neuland, denn sie befinden sich hier genau an der Schnittstelle von größer und kleiner als 0,025 Millimeter, von mechanischer Weltsicht und quantenphysikalischem Universum. Den Kulturen, die intuitive, also feinstoffliche Erkenntnisformen schon immer anerkannt und genutzt haben, liefert die Quantenphysik nun »Beweise« ihres Verständnisses der Welt.

> Wären wir mit unseren fünf Sinnen in der Lage, die Wirklichkeit vollständig wahrzunehmen, könnten wir miterleben, dass wir alle und alles um uns herum ein riesiger Energieverbund sind.

Wir würden erkennen, dass Sie und ich, alle anderen Wesen und Objekte nichts mehr sind als Energiebündel innerhalb des großen Energieverbundes. Als Energiebündel tauschen wir uns konstant mit den Energien in unserer Umgebung aus, und zwar mit denen, mit denen wir in Resonanz sind. Wenn Sie mit anderen Arbeits- oder Vertragsinhalte besprechen, tauschen Sie Energie miteinander aus. Wenn Ihnen ein Gedanke im Kopf herumgeht, tritt die Energie dieses Gedankens in Wechselwirkung mit Ihrer Umgebung. Wenn Sie klatschen, lästern oder nörgeln, Intrigen spinnen, geheime Pläne machen und glauben, dies bliebe ohne Konsequenzen, irren Sie sich gewaltig. Sie geben die Energie dieser Gedanken an Ihre Umgebung weiter. Alles, was Sie denken, sagen, fühlen und tun, löst auf der Ebene der umfassenden Wirklichkeit Veränderungen aus.

1. Was sind die dominanten
   - Gedanken,
   - Gefühle,
   - Worte und
   - Verhaltensweisen
   in Ihrer heutigen Arbeitsumgebung?

2. Welche stoßen Sie ab?

3. Unter welchen davon leiden Sie sogar?

4. Gegen welche
   - Erkenntnisse,
   - Ansichten
   - Ereignisse
   in Ihren Berufsalltag wehren Sie sich innerlich?

SIE SIND MEHR, ALS IHNEN BEWUSST IST

»Denn das Große ist nicht, dass einer dies oder jenes
ist, sondern dass er es selbst ist; und das kann jeder
Mensch sein, wenn er will.«

Sören Kierkegaard

Gibt es ein Weichen stellendes Ereignis in der beruflichen Entwicklung hin zu sich selbst, zu Spaß und Begeisterung?

Ja, und zwar für jeden von uns. Das kann eine Begebenheit sein,
die wir beobachten oder von der wir hören, ein Satz, den wir auf-
schnappen oder etwas, das uns ganz konkret betrifft und aus dem
vorgegebenen Takt bringt.

Das Ereignis, das die Weichen für mich neu gestellt hat, war mein
physischer Kollaps in jungen Jahren. Aus heutiger Sicht war er das
größte Geschenk, das mir je gemacht wurde, weil er mich aus meiner scheinbar vorgegebenen Berufslaufbahn warf, und das bereits
zu Beginn meines Weges. Wenn Sie achtsam werden für Menschen,
denen Ähnliches widerfahren ist wie mir, werden Sie feststellen,
dass die allermeisten zwischen Anfang und Ende vierzig körperlich,
geistig und seelisch ausbrennen. Da sie schon sehr lange im beruflichen Hamsterrad unterwegs waren, brauchen sie meist auch sehr
viel länger um eine so umfassende Erschöpfung zu überwinden.

> **Wenn aus einem Samenkorn ein Baum werden soll, muss es sterben.**

Die harte Schale des Samenkorns muss zerbrechen, damit etwas
bisher Unerkanntes und viel Größeres entstehen kann. Mein Samenkorn war meine logisch-analytisch fokussierte Schulbildung, meine
juristische Ausbildung und die anwaltliche Tätigkeit, die mich wie
eine starre Hülse einschlossen und gefangen hielten. Freiwillig, das
heißt, ohne den Hilferuf meines Körpers, hätte ich damals nicht den
Mut gehabt, das Samenkorn sterben zu lassen. Gleichzeitig hat der

physische Kollaps mir die Tür zu einem erweiterten Körper- und Wirklichkeitsverständnis aufgestoßen.

Vorher hatte ich wenig über meinen Körper und meinen Verstand nachgedacht. Mein Körper bestand für mich aus Fleisch, Blut, Knochen, Muskeln, Sehnen, Gelenken, Haut, Haaren, Nägeln, Organen und Zellen. Aber interessiert habe ich mich nicht für ihn. Ich kam überhaupt nicht auf die Idee, dass mein Körper mein Gesprächspartner in meinem beruflichen Selbstfindungsprozess sein könnte. Mein Körper hatte zu funktionieren und mir Freude zu verschaffen. Basta. Wenn Sie die gesundheitliche Keule trifft, beharren Sie entweder darauf, alles richtig gemacht zu haben und das Opfer einer schwachen Gesundheit oder ungewöhnlicher Umstände geworden zu sein, oder Sie öffnen sich als ganzheitliches Wesen und machen einen Quantensprung. Dazwischen gibt es nicht viel. Ich habe mich damals, von der Angst getrieben, für meinen Körper und meinen Verstand zu interessieren begonnen. Ohne es zu wissen setzte ich damit zaghafte Schrittchen auf den Weg zu meinem Wesen.

Mein intellektueller Neuanfang gestaltete sich, gelinde ausgedrückt, holprig, denn meine etablierten Denkmuster wehrten sich lange vehement gegen bestimmte Fakten. Der Kritiker in meinem Gehirn sagte beständig: »Was du da liest, gefällt mir nicht, wahrscheinlich stimmt es so nicht. Liefere weitere Beweise!« Ich fand Beweise und Parallelen in anderen Wissens- und Forschungsgebieten. Doch dann schlug die Angst hinterrücks zu. Ich hatte Angst, weil mir klar wurde, dass ich die Dinge nicht so im Griff haben, steuern und kontrollieren konnte, wie ich meinte. Mein Körper war keine Maschine und mein Herz nicht einfach eine Pumpe fürs Blut. Als ich Jahre später in Coaching-Gesprächen mit Managern über dieses Thema sprach, reagierten sie ähnlich darauf wie ich einst: mit innerem Widerstand. Sie waren auf der Hut. Sie fürchteten, ich wolle sie beeinflussen, sie womöglich zu sehr wachrütteln oder gar ihr ganzes bisheriges Weltbild in Fetzen reißen. Die ganz Cleveren deuteten jeden meiner Sätze so um, dass er in ihr gewohntes Denkmuster passte und sagten: »Kenn ich schon«, »weiß ich schon«, »nichts Neues«. Ich nahm es mit einem Lächeln.

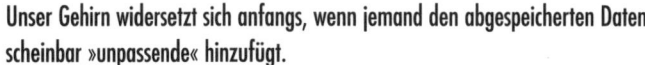

Unser Gehirn widersetzt sich anfangs, wenn jemand den abgespeicherten Daten scheinbar »unpassende« hinzufügt.

Ihr heutiges Denken spiegelt Ihre gefestigten Annahmen, Vorstellungen und Unterstellungen darüber, wie Sie sich in beruflichen, unternehmerischen und wirtschaftlichen Fragestellungen verhalten und wie Sie zu entscheiden pflegen. Hat sich ein Denkmuster erst einmal im Ihrem Gehirn etabliert, stellen Sie es nicht mehr infrage oder überprüfen, ob es noch richtig ist. So wird es im Laufe der Zeit zum Vorurteil. Alle Theorien und Modelle in Ihrem Kopf sind Hilfsmittel, um die Mysterien Mensch, Arbeit, beruflicher Erfolg, Wirtschaft, Märkte, Globalisierung, Erde und Universum zu erklären und greifbar zu machen. Und zwar so, dass Sie diese Mysterien mit Ihren fünf Sinnen wahrnehmen und mit Ihren heutigen Denkmustern verarbeiten können.

Würden Sie sich heute von einem Navigationssystem durch Berlin leiten lassen, wenn Sie wüssten, dass es auf eine Straßenkarte der Stadt aus der Zeit vor dem Mauerfall zurückgreift? Was für eine dumme Frage, werden Sie wahrscheinlich denken. Und doch gestatten Sie Ihrem Gehirn, Sie mit einem veralteten Berufsnavi durch Ihr heutiges Arbeitsleben zu führen. Das allerdings nur aus einem Grund. Sie realisieren noch nicht, dass Ihr Navi nicht mehr viel taugt. Diejenigen, die ihre Bilder von Beruf, Werdegang, Erfolg, Unternehmen und Wirtschaft in unser Gehirn eingepflanzt haben, lebten in einer Welt von Überzeugungen und Vorstellungen, die nach dem heutigen Erkenntnisstand der Wissenschaften rund um die Funktionsweise des Universums nicht mehr haltbar sind.

Im Mittelalter war man in ganz Europa überzeugt, die Erde sei eine Scheibe. Viele Seefahrer fürchteten sich deshalb, zu weit hinauszusegeln. Was, wenn sie vom Rand der Scheibe hinunter in den Abgrund fielen? Kolumbus war überzeugt, dass die Erde eine Kugel sei. Bewiesen hat dies erst Ferdinand de Magellan, dessen Expedition 1522 die erste Weltumseglung gelang. Aber was hat er bewiesen? Er hat nicht bewiesen, dass in Wahrheit kein Abgrund existierte, in den man als Seefahrer fiel, wenn die Scheibe zu Ende war. Er hat bewiesen, dass der Graben im Kopf der Seefahrer existierte und dass ihre Überzeugung nur eine Illusion darstellte. Nicht mehr und nicht weniger.

Ein ähnlicher Illusionsgraben im etablierten beruflichen Denkmuster ist die Vorstellung von Karriere. Das Wort *Karriere* ist vom französischen Wort *carrière* abgeleitet. Es bedeutet unter anderem *Rennbahn*. Und so verhalten sich die meisten im Beruf. Wie ein Pferd oder ein Sportwagen auf der Rennbahn namens Unternehmens- und Machthierarchie. Auf ihr, so scheint es, zählen nur die Sieger, und zwar beruflich und gesellschaftlich.

In unserer heutigen Wirtschaft hat fast jeder das Bedürfnis, möglichst oft als Erster über die Ziellinie zu gehen und in der Hierarchie von Ansehen und Macht stetig aufzusteigen. Es geht darum, bestimmte Zahlen zu erwirtschaften, etwas zu sagen zu haben, materiell gut dazustehen, gesehen zu werden, bewundert zu werden – eben Karriere zu machen. In expliziten Hierarchien entscheiden Funktionen und Titel nach außen hin über Macht und Ansehen. Innerhalb des Unternehmens gibt es neben der offiziellen auch noch eine tatsächlich gelebte Hierarchie, die teilweise ganz andere und meist deutlich weniger Menschen in den tatsächlichen Zirkel der Macht einbezieht. In partnerschaftlich organisierten Unternehmensmodellen herrscht unter den Partnern eine implizite Hackordnung. Offiziell sind alle gleich, aber diejenigen, die höhere Honorare und Umsätze generieren als ihre Kollegen, haben faktisch mehr zu sagen.

In jeder Unternehmenshierarchie verändert sich das Selbstwertgefühl der Menschen mit ihrer Position in der Hierarchie. Hat es jemand auf der Rennbahn unter die Sieger geschafft, ist sein Denken meist ganz darauf ausgerichtet, seine Position zu halten oder, besser noch, weiter auszubauen. Zurück- oder Herausfallen kommt im Denkmuster nur als Angst auslösendes Horrorszenario vor und wird gern verdrängt. Gleichwohl ist das für die allermeisten die wahrscheinlichste Variante. Überlegen Sie mal. Je höher Sie in der Hierarchie aufsteigen, sei es innerhalb eines Unternehmens, eines Berufsverbandes oder im Vergleich mit konkurrierenden Partnern oder Unternehmern, desto dünner wird die Luft, desto weniger Plätze gibt es, desto mehr muss konstant geleistet werden, desto härter sind die Positionen umkämpft, desto exponierter und gefährlicher leben Sie. Wo ein Sieger gekürt wird, überwiegenden die Verlierer. Wo um Macht, Geld und Einfluss gekämpft wird, mehren sich die Verletzungen, die man erleidet und anderen zufügt.

Viele angestellte Manager in Führungspositionen haben mir unter vier Augen gestanden, dass sie einen erheblichen Teil ihrer Arbeitszeit damit verbringen, sich bei allem, was sie unternehmen, gegen Kritik von außen und Störfeuer von Kollegen abzusichern. Es soll ihnen nur bloß keiner ein Messer in den Rücken stechen oder ein Bein stellen können, wenn sie sich für die Ziele des Unternehmens einsetzen. Also engagieren sie sich entweder gar nicht oder nur vorsichtig. Oder sie beschränken ihren Einsatz auf Bereiche, in denen sie sich und ihre Position nicht gefährden und sichere Siege einfahren können. Einzige Ausnahme: Sie sind zeitweise so mächtig oder überlegen, dass sie alles anpacken und umsetzen können.

Hackordnungen können Sie in Unternehmen auf allen Hierarchiestufen beobachten. Selbst unter den Rangniedrigsten verhalten sich viele nach dem Motto: »Ich Chef, du gehorchen.« Wer länger dabei ist oder über bessere Kontakte und Schutzmechanismen verfügt, spielt seine noch so geringe Macht gern genüsslich aus. Es geht darum, sich gut zu fühlen, gleichgültig, welche nachteiligen Konsequenzen dies für das Unternehmen hat.

Ich erhielt als Angestellte viele väterlich klingende Ratschläge, mich nicht in die Schusslinie zu begeben oder nicht Farbe für etwas zu bekennen, das der eigenen Karriere abträglich sein konnte. Einmal hörte ich sogar, ich würde meine Kündigung riskieren, wenn ich ein bestimmtes Thema nicht ganz schnell fallen ließe. Natürlich bin ich mit meiner Dickköpfigkeit ins offene Messer gelaufen und musste anschließend meine Wunden lecken. Mit der Zeit unterdrückte ich mein Bedürfnis, meine wahren Emotionen zu zeigen, weil es in der Hierarchie nicht zum Spiel gehörte. In diesen Jahren verlor mein Körper die Fähigkeit, spontan zu weinen, fast ganz. Selbst im privaten Bereich kostete es mich viel Überwindung, Tränen zuzulassen, wenn mir danach war.

Ob Sie nun zu denjenigen gehören, die lieber auf Nummer sicher gehen und abtauchen, wenn mächtigere Menschen Ihnen drohen oder gefährlich werden könnten, oder ob Sie, wie ich damals, die Welt herausfordern – Sie übersehen immer etwas Wesentliches, wenn Sie Ausschließlichkeit für sich beanspruchen. Wir tun oft so, als würden nur wir die Wirklichkeit verstehen und die anderen nicht.

> Wir laufen bewusstlos umher, solange wir ausschließlich in der Welt der Äußerlichkeiten verkehren. Und irgendwann stellen wir fest, dass etwas nicht stimmt, und beginnen zu leiden.

Dann kann es sein, dass unser Körper uns seinen Dienst verweigert, wie in meinem Fall. Dass wir beruflich scheinbar alles erreicht haben, die Bankkonten gut gefüllt sind, sich unser Leben aber dennoch *hohl* und *leer* anfühlt. Dann kommen wir nicht umhin, festzustellen, dass wir etwas Wesentliches übersehen haben, nämlich uns selbst und unsere emotionalen Bedürfnisse. Wir merken plötzlich, dass wir ohne menschliche Nähe, Wärme, Zuneigung, Geborgenheit und Halt dastehen, und kommen uns verdammt nackt und schutzlos vor.

SCHREIBEN SIE, WENN AUS IHREM SAMENKORN EIN STARKER BAUM WACHSEN SOLL

1. Notieren Sie je drei Überzeugungen, die Sie zurzeit in puncto
   - O Karriere,
   - O Hierarchie,
   - O berufliche Macht und Ohnmacht,
   - O Erfolg und
   - O persönliches Fortkommen
   vertreten.

2. Welche dieser Überzeugungen wären Sie bereit aufzugeben, damit aus Ihrem Samenkorn ein starker Baum wachsen kann?

IM KOPFKINO WIRD DER SPASS GEBREMST

»Die Welt ist nicht da, um verbessert zu werden.
Auch ihr seid nicht da, um verbessert zu werden. Ihr
seid aber da, um ihr selbst zu sein.«

Hermann Hesse

Um beruflich dauerhaft leistungsfähig sein zu können, brauchen Menschen *Spaß*, *Freude* oder gar *Begeisterung*. Doch ihr Arbeitsumfeld scheint ihnen die Chance dafür nicht zu geben. Also verlegen sie die Erfüllung dieses Bedürfnisses nach Spaß und Begeisterung in die Freizeit. Stellen Sie sich einmal vor, Sie könnten all die Begeisterung, die während der Fußballweltmeisterschaft in den Wohnzimmern, auf den Fanmeilen und beim Public Viewing aufgebracht wurde, auch bei Ihrer Arbeit erleben. Der englische Unternehmer und Multimilliardär Richard Branson sagt in seiner Biografie: »Spaß zu haben ist das primäre Kriterium, warum ich ein Projekt beginne.« Und er hat inzwischen dreihundertfünfzig Projekte gestartet, aus denen jeweils eine unternehmerische Aktivität entstand.

Andere Worte für *Spaß* sind *Freude* und *Humor*. *Freude* ist sprachlich mit *froh* verwandt und bedeutet *erregt, bewegt und lebhaft* zu sein. Wer freudvoll ist, hat Energie, ist voller Tatendrang und beweglich. Das Wort *Humor* entstand in der Antike und bedeutet *Feuchtigkeit*, die richtige Mischung der Körpersäfte. Sie entsteht, wenn wir Emotionen leben, denn Emotionen bringen unsere Körpersäfte und damit unsere Muskeln in Fahrt. Begeistert zu sein ist mehr als Spaß haben. In dem Wort *Begeisterung* ist das Wort *Geist* enthalten. Es bedeutet, dass jemand ein *höheres Ziel* verfolgt oder *eine Vision hat*. Beides sind Motivationen, die über unser eigenes Wohl und Wehe hinausgehen. Das erkennen Sie in dem Wunsch nach einer *sinnvollen* Arbeit. Die Hirnforschung liefert hierzu eine wichtige Erkenntnis.

> Menschen schöpfen ihre Potenziale nur dann aus, wenn sie sich für das,
> was sie tun, auch begeistern.

Wie Sie mit Spaß oder sogar begeistert arbeiten können, ist Ihnen im Moment vielleicht noch ein Rätsel. Das Rätsel löst sich selbst, wenn Sie Ihr Innerstes bestimmen lassen, was Sie in der Außenwelt bewegen. Dazu gilt es herauszufinden, wer Sie wirklich *sind*.

Wann immer ich Menschen bitte, mir zu sagen, wer sie *sind*, erhalte ich eine Liste von Äußerlichkeiten: Titel, Ämter, Besitztümer und abgrenzende Statussymbole. Meine Gesprächspartner *sind* beispielsweise »hier der Chef«, Unternehmer, Geschäftsführer, Vorstand, Aufsichtsratsmitglied, Designer, IT-Spezialist, Produktions- und Logistikleiter, Abteilungsleiter, Bereichsleiter, Finanzdirektor, Sicherheitsexperte, Meister, Wirtschaftsjunior, Auditor, Rechtsanwalt, Ingenieur, Techniker, Berater, Kaufmann, Betriebsratsmitglied, EU-Kommissar, Präsidiumsmitglied, Verbandssprecher und Präsident oder Schatzmeister von irgendwelchen Vereinen und Organisationen. Sie *haben* Netzwerke, hochrangige Kontakte, Ehegatten, Geliebte, Affären, Partner, Kinder, Häuser, Wohnungen, Boote, einen Lieblingssport, Hobbys, Haustiere, Unternehmen, Autos, Vielflieger-Status und vieles mehr.

Sie kleben sich all diese Dinge auf wie Etiketten und verwechseln ihr Wesen damit. Aber wer sie wirklich *sind*, wissen die meisten nicht. Das ist so, weil in unserer Bildung und der Art und Weise, wie unsere Gehirne programmiert wurden, etwas grundlegend schiefgelaufen ist.

Was uns Arbeit und Beruf sauer aufstoßen lässt, ist das Denkmuster des 17. Jahrhunderts, das cartesianische Erkenntnismodell, das in unserem Kopf herumspukt. Wir verdanken es vor allem René Descartes. Er formulierte den viel zitierten Satz: »Ich denke, also bin ich« und setzte damit die Stimme im Kopf des Menschen mit dem gleich, was der Mensch *ist*. Tatsächlich hatte er den Mechanismus des *Egos* entdeckt, nicht aber das Wesen des Menschen. Christoph Kolumbus, der einen anderen Seeweg nach Indien finden wollte, landete in Amerika und bezeichnete dessen Einwohner konsequent aber fälschlich als »Indianer«. Umwege zu gehen, ist menschlich. Bedrohlich werden Umwege indessen, wenn wir die in ihnen verborgenen Irrwege nicht erkennen und verlassen.

> **Unser Ego ist eine krankhafte Übersteigerung unseres Denkvermögens. Wir nehmen dies nicht wahr, weil die allermeisten davon betroffen sind. Deshalb halten wir es für »normal«.**

Tut mir leid, wenn Ihnen diese Erkenntnis missfällt. Das Ego gaukelt uns vor, dass Denken *Sein* ist. Albert Einstein bezeichnete dieses »Ich-Gefühl« als »die optische Täuschung des Bewusstseins«.

Wenn das Denken alles dominiert, geraten Sie als Mensch beruflich aus dem Gleichgewicht. Übersteigertes Denken nehmen Sie als die ständige Stimme in Ihrem Kopf wahr, die besitzen will, die sich permanent mit anderen vergleicht und darüber nachgrübelt, was diese anderen wohl sagen und denken. Das ist das Ego. Es bestimmt darüber, wie es Ihnen geht. Es will anerkannt werden und alles unter Kontrolle haben.

Wenn Sie dieses Denken bei sich feststellen, hat Ihr Ego Sie im wahrsten Sinne des Wortes fest im Griff. Ein durchschnittlicher Mensch bewegt pro Tag rund 60 000 verschiedene Gedanken in seinem Kopf. Die meisten davon beschäftigen sich mit der Vergangenheit – *Dies und das habe ich schon geschafft oder erlangt. So und so hat man mich beurteilt.* – oder mit der Zukunft – *Das und das möchte ich erreichen und haben. Wie stelle ich das wohl am besten an?* Wenn wir aber nicht in dem Maße anerkannt werden, wie wir es uns wünschen, oder wenn wir etwas nicht erlangen, wonach unser Herz uns drängt, ist es mit dem Spaß schnell vorbei. »Moment mal«, ich höre Ihren Einwand schon. »Früher war ich doch auch mit Spaß bei der Sache. Es sind die heutigen äußeren Umstände, die mich freudlos arbeiten lassen.« Ist das wirklich so? Haben Ihnen wirklich die Inhalte Ihrer Arbeit Freude bereitet? Oder waren es eher die Äußerlichkeiten, die Sie dafür erhielten oder sich davon versprachen?

> Freudvoll und begeistert kann man nur »sein«, nicht aber« haben« oder »tun«.
> Deshalb ist Ihr Ego auch kein Monster, sondern nur die Stimme des ängstlichen
> Kindes in Ihnen, das ein Schutzschild in Form von Äußerlichkeiten sucht.

Solange Sie Freude aus Äußerlichkeiten geschöpft haben, hat Ihr Ego nur das übliche Kinoprogramm in Ihrem Kopf abgespielt. Sie haben die Momente als freudvoll erlebt, in denen Ihre Wünsche erfüllt wurden, oder die äußeren Umstände, die Ihnen angenehm vorkamen. Es waren Augenblicke, in denen Ihr Ehrgeiz befriedigt wurde. Doch kurze Zeit später musste es schon wieder »mehr« oder »etwas Neues« sein.

Als junge Anwältin schmeichelte es meinem Ego, dass ich aufgrund meiner China-Erfahrung in den Beirat einer Branchenorganisation berufen worden war. Auf der ersten Sitzung stellte ich jedoch enttäuscht fest, dass dort nicht wirklich etwas besprochen oder gar entschieden wurde. Der Vorstand führte aus, die Beiräte lauschten, stellten vorsichtig ein oder zwei Fragen. Dann ging man zum gemütlichen Teil über. Vor der ersten Sitzung war mein Ego mehr als zufrieden damit gewesen, das Label Beirat zu tragen. Nach der ersten Sitzung verlangte es, in das Gremium berufen zu werden, in dem diskutiert und entschieden wurde.

Ihr Ego besteht aus einem Behältnis, nennen wir es Ihren Ego-Topf, dessen Inhalt sowie einem Füllmechanismus. Topf und Füllmechanismus sind bei allen menschlichen Egos identisch. Der Inhalt des jeweiligen Ego-Topfes ist sehr persönlich, beliebig groß und austauschbar. Auch die Rolle, die Ihr Denken in Ihrem Berufsleben spielt, ist individuell unterschiedlich. Dominiert es alles? Oder ist es mit den anderen drei Funktionen Wahrnehmen, Fühlen und intuitiv Wissen im Gleichgewicht?

Da das Ego eine Konstruktion Ihres Verstandes ist, besteht der Ego-Topf nur aus Worten: *ich, mir, mein, mehr als, besser als, größer als, ich will, ich brauche, ich habe, ich besitze.*

Der Füllmechanismus des Egos sorgt dafür, dass Ihr Ego-Topf immer gefüllt ist. Sie persönlich entscheiden, wie groß dieser Topf ist, also, wie viele Dinge darin sein müssen, damit sich das ängstliche

Kind in Ihnen gut und beschützt fühlen kann. Der Füllmechanismus verbindet *ich, mir, mein, mehr als, besser als, größer als, ich will, ich brauche, ich habe* mit den Äußerlichkeiten, nach denen Sie streben und die Sie für sich beanspruchen. *Meine Karriere …, Ich habe recht, Ich habe die Macht, Ich brauche mehr Geld, Ich will einen größeren Wagen, Mir steht eine Beförderung zu. Ich bin besser als mein Konkurrent, bedeutender als …, wichtiger als …, begehrenswerter als …* Sie können diese Liste beliebig erweitern oder einschränken. Ihr Ego lebt davon, sich mit diesen äußeren Formen und Begehrlichkeiten zu identifizieren und als von anderen getrennt zu betrachten. Aber die äußeren Formen sind ihrer Natur nach veränderlich. Sie sind so flüchtig wie der Duft eines Aftershaves nach der morgendlichen Rasur oder eines Parfüms, das wir Damen aufzulegen pflegen, bevor wir ausgehen. Äußere Formen kommen und gehen, entstehen und lösen sich auf. Ein Karrieretraum, dessen Erfüllung gerade noch wahrscheinlich schien, zerplatzt durch ein gesundheitliches Handicap, einen unerwarteten Gewinneinbruch, eine Unternehmensfusion oder die Einstellung eines kompetenteren Kollegen. Weil die äußeren Formen, an die Sie Ihr Herz hängen, unerwartet verschwinden können, will Ihr Ego sie ständig aufs Neue bestätigt wissen.

Verschwindet etwas aus dem Ego-Topf, bemüht sich das Ego, das Verlorengegangene durch etwas Neues zu ersetzen, das möglichst gleich- oder höherwertig ist. Verändern sich beispielsweise die Höhe Ihrer Vergütung, Ihr Arbeitsinhalt, die Größe Ihres Verantwortungsbereiches, Ihre Machtfülle, Ihre Position in der Hierarchie oder Öffentlichkeit, die Größe Ihres Dienstwagens, Ihr Titel, Ihre Funktion, Ihre Ämter, Ihre Arbeitsbedingungen, Ihre Privilegien oder Ihr berufliches Ansehen nachteilig, macht sich Ihr Ego auf die Suche nach Ersatz. Findet sich ein höher- oder gleichwertiger Ersatz, ist Ihr Ego kurzfristig zufriedengestellt. Dann fühlen Sie sich gut und engagieren sich erneut. Die Plackerei scheint wieder Spaß zu machen. Wird kein zumindest gleichwertiger Ersatz gefunden, macht das Ego ein »Opfer« aus dem sich bisher gut fühlenden Arbeitenden. Das merken Sie zunächst daran, dass Sie plötzlich weniger Energie haben und sich schwerfälliger bewegen.

> Für den Ego-Topf und seinen Füllmechanismus spielt es keine Rolle, welchen Inhalt Sie gewählt haben. Ihr Ego ersetzt die Zufriedenheit mit einer bestimmten Tätigkeit mühelos durch die Opferrolle.

Frank arbeitet seit mehr als fünfundzwanzig Jahren für einen international aktiven Konsumgüterkonzern in Deutschland. Er ist sowohl für den Verkauf von Privat-Label-Produkten (Hausmarken der Kunden) verantwortlich als auch für den einer Premium-Marke. Die ausländische Muttergesellschaft versteht sich als Markenunternehmen und wünscht den Verkauf von Privat-Label-Produkten eigentlich nicht. Da der deutsche Markt in diesem Geschäftsbereich des Konzerns jedoch eher privat-label-dominiert ist, wird das Geschäft mit diesen Produkten nach Bedarf wie ein Wasserhahn auf- und zugedreht, um das Geschäftsergebnis aufzubessern. Ist Frank aufgefordert, aktiv Privat-Label-Produkte zu vermarkten, zaubert er dank seiner Kontakte immer gigantische Umsatzzahlen aus dem Hut. Wird in einem darauffolgenden Geschäftsjahr Privat Label nicht mehr benötigt, weil die Markenprodukte gut laufen, managt Frank deren Rückbau und stürzt sich mit der überschießenden Energie wieder ganz auf die Premium-Marke. Rein in die Kartoffeln, raus aus den Kartoffeln. Das ist dem Kunden schwer zu vermitteln, vor allem, wenn man langfristige und stabile Partnerschaften anstrebt. Im eigenen Unternehmen wird Frank dafür bewundert, dass er die stetigen Strategiewechsel der Führungsspitze mitmacht und trotzdem motiviert, engagiert, fröhlich und dazu überaus erfolgreich bleibt. Frank denkt wie ein Leistungssportler und hat unterschiedliche Erfolgsstrategien. Damit er Spaß an seiner Arbeit hat, braucht sein Ego Wettbewerbssituationen, Ansehen und Erfolg. Verschwindet das Privat-Label-Segment für einige Zeit aus seiner Wettkampfarena, kann er es durch die Premium-Marke mit deren guten Umsätzen und Renditen ersetzen. Das ist für Frank ein zumindest gleichwertiger Ersatz. Sein Ego-Topf ist stets adäquat gefüllt. Kein Grund, sich als Opfer wahrzunehmen und den Spaß zu verlieren. Als Frank erfuhr, wie sein Denken funktioniert, verstand er zum ersten Mal, warum er in all den Jahren so gut mit diesem ständigen Hin und Her zurechtgekommen war.

 Nicht nur Individuen tappen auf ihrem Berufsweg in Egofallen, auch Manager-gruppen und ganze Unternehmen verfangen sich darin.

Bei Unternehmensintegrationen nach Fusionen oder Übernahmen können wir Ego-Ausgleichsszenarien über Monate oder gar Jahre beobachten, und zwar auf allen Unternehmensebenen. In einer län-der- und kulturübergreifenden Unternehmensintegration in Europa galt es, eine neue Titulatur im Management einzuführen. Die Ver-antwortlichen wählten die amerikanische Bezeichnung VP für *Vice President*. Da dies zu vielfältigen Konflikten mit den bisherigen natio-nalen Titulaturen führte, führte der Aufsichtsrat per Beschluss in einem zweiten Schritt auch noch den Titel SVP, *Senior Vice President* ein, und das Drama nahm seinen Lauf. Diejenigen, die zunächst noch hoch erfreut über ihren neuen VP-Titel gewesen waren, fühl-ten sich nunmehr herabgestuft. Einige Senior Vice Presidents waren ihren neuen Aufgaben in dem deutlich größeren, internationaler und komplexer aufgestellten Unternehmen nicht gewachsen. Daher übten sie ein paar Monate später wieder Funktionen aus, die in der Hierarchie weiter unten angesiedelt waren. Einbußen im Vergü-tungspaket nahmen sie bereitwillig hin. Den Titel *Senior Vice Presi-dent* wollten sie jedoch alle behalten, koste es, was es wolle.

Menschen identifizieren sich häufig mit einem akademischen Titel, den sie mehr oder weniger mühevoll erworben haben. Ist die akademische Würde endlich verliehen, halten sie sich für etwas Besseres und erwarten, stets mit dem Titel angesprochen zu wer-den. Und die »Nichttitelträger« beugen sich dieser Forderung und verbeugen sich innerlich gleich mit, weil sie das Gefühl haben, weniger wert zu sein. Wer nach der Hochschulausbildung ab Mitte dreißig voll im Berufsleben steht und erkennt, dass er mit einem Doktortitel in seiner Arbeitsumgebung besser vorankäme, der will auch einen. Aber wie soll er eine aufwendige wissenschaftliche Arbeit anfertigen, wenn er schon jetzt keine Zeit mehr hat für Priva-tes? Also erwirbt er die akademische Würde weit weniger mühevoll und zeitaufwendig an einer ausländischen Hochschule, die gegen gutes Geld gnädig ist, bohrt in vielen Jahren mühevoller Nacht- und

Wochenendarbeit ein ganz dünnes wissenschaftliches Brett oder engagiert einen Ghostwriter. Und bleibt so – entweder auf der Visitenkarte ersichtlich oder zumindest im Herzen gefühlt – mit einem Doktortitel zweiter Klasse hinter seinem Egobedürfnis zurück. Den totalen Gesichtsverlust erleben der Titelträger und sein Umfeld indes, wenn der Titel aberkannt wird, weil er unrechtmäßig erworben wurde. Dann bietet sich dem Titelträger keine gleich- oder höherwertigere Alternative mehr. Er verliert sein Ansehen in der Außenwelt, und um sich selbst zu schützen, stellt er sich fortan als Opfer dar. Die Opferrolle wird also zum Ersatzinhalt im Egotopf.

Ein weiterer, sehr beliebter Egoinhalt, ist die Zugehörigkeit zu einer Gruppe mit entsprechendem Status. Zahlreiche Traditionsunternehmen unterhielten in der Vergangenheit nicht nur eine Kantine, sondern auch eine Prokuristenkantine. Dort essen zu dürfen, gesehen zu werden und Neuigkeiten aus erster Hand zu erfahren, war für das Ego der meisten wichtiger als alle anderen Vorteile, das Gehalt eingeschlossen. Heute hat die Senator Lounge der Lufthansa die Funktion der Prokuristenkantine übernommen, während die HON Lounge das Vorstandskasino alter Herrlichkeit ersetzt. Als ich im Jahr 2009 nicht mehr so viel geflogen war wie zuvor und 2010 meinen Senatorstatus verlor, bot die Airline mir an, meine Senatorkarte für einen vierstelligen Eurobetrag zu verlängern. Ich kann mir vorstellen, dass die Fluggesellschaft mit diesem Angebot vielen Managern ihr Selbstwertgefühl zurückgegeben hat.

Verschlechtern sich die Äußerlichkeiten, an die Ihr Ego sein Herz gehängt hat, wechseln Sie spielend in die Opferrolle über.

Das Ego liebt die Opferrolle sogar ganz besonders, denn sie erscheint angenehmer als eine Rolle, in der man die Verantwortung für die eigene Situation selbst tragen muss. Doch meistens sind wir hier komplett schiefgewickelt. Denken Sie an das Meer und die Schaumkronen. Unsere Angst, nicht (mehr) gut genug zu sein, nicht liebenswert genug zu sein und nicht genug zu haben, lässt uns regelmäßig in die gleiche Falle tappen.

Das passierte auch Ronald, Produktionschef in einem Tochter-unternehmen eines international tätigen Konsumgüterkonzerns. Ronald war außergewöhnlich intelligent, erfahren, engagiert und gut in dem Aufgabenbereich, den er zu verantworten hatte. Der Mutterkonzern bereitete ihn zwei Jahre lang auf eine verantwort-liche Funktion auf europäischem Niveau vor, was unter anderem zur Folge hatte, dass er für seine aktuelle Position zunehmend überqua-lifiziert war. Als jedoch die Beförderung anstand, zog der Konzern einen anderen Kandidaten vor. Sicherheitshalber hatte man drei Manager parallel aufgebaut. Ronald empfand dies als »Niederlage« und lief emotional Amok. »Seine« Beförderung war geplatzt und es gab keinen gleichwertigen Ersatz. Ronald merkte nicht, wie sich sein Verhalten veränderte und sich die Kollegen daraufhin zunehmend von ihm abwandten. Der fachlich hochgeschätzte Kollege manö-vrierte sich selbst ins Aus. Von nun an hatte er mit allem, was er tat und sagte, recht und alle anderen waren im Unrecht. Er klagte darüber, »unfair behandelt, unterschätzt« und nicht ausreichend »gewürdigt« zu werden.

Am meisten schien ihn zu schmerzen, dass alle im Unternehmen wussten, dass er den Sprung auf die nächste Hierarchieebene nicht geschafft hatte. Sein »Ansehen« und seine »Glaubwürdigkeit« schie-nen ramponiert. Um seinen Ego-Topf wieder in Balance zu bringen, standen ihm drei Wege offen: (1) in einem anderen Konzern nach einer Managementfunktion auf europäischer Ebene zu suchen; (2) die angestrebte Position langfristig gegen die »Opferrolle« aus-zutauschen oder (3) seine Egobedürfnisse neu zu definieren. Letzte-re ist die schwerste Variante. Ronald müsste lernen, nicht immer recht haben zu wollen und auch einmal verlieren zu können, ohne dass es ihn antastet oder anfrisst. Leider durchschaute er nicht, dass sein Ego ihn im Schwitzkasten hielt. So verweilte er lange in der Opferrolle und beschloss mangels externer Alternativen, die Situa-tion auszusitzen. Sein Vorgesetzter auf Europaebene hatte nicht den Mut, ihn mit der Wahrheit und den Beschwerden über ihn zu kon-frontieren. Stattdessen wartete er einige Monate ab, um im Rahmen einer beabsichtigten Reorganisation Ronalds Verantwortungsbereich mit den Argumenten einer Effizienzsteigerung so zu verändern, dass Ronalds Position faktisch wegfiel. Die Effizienz entschied aber gar nicht über die tatsächliche Reorganisation, sondern war nur ein Vorwand, um Ronald loszuwerden. Dieser brachte rund ein Jahr seines Lebens damit zu, sich zu beschweren, zu beklagen und anderen die Arbeit zu vergällen. Entwickelt hat er sich in dieser Zeit nicht.

Hören Sie auf, Ihre Identität allein durch Denken bestimmen zu wollen.

Descartes' berühmter Satz »Ich denke, also bin ich« führt uns ins berufliche Leid. Es gilt, Ihr Ego zu entwaffnen und Ihrem Denken wieder den Platz zuzuweisen, der ihm im Zusammenspiel mit den drei anderen Bewusstseinsfunktionen – Wahrnehmen, Fühlen und intuitives Wissen – gebührt. Wie Ihnen das gelingt, erfahren Sie Schritt für Schritt in den folgenden Kapiteln.

Unsere Schulbücher und Lehrer vermittelten uns eine statische, planbare, vorhersehbare und kontrollierbare Welt – als Ganzes erschaffen, wie eine Maschine von einem Ingenieur konstruiert und aus Einzelteilen zusammengesetzt. Wechselbeziehungen werden durch mechanische Gesetze bestimmt. Ursachen sind geradlinig mit Wirkungen verknüpft. Rationale Argumente und Schlussfolgerungen folgen den Gesetzen der zweiwertigen Logik, das heißt: Aussagen sind entweder wahr oder falsch. Das gibt uns ein Gefühl der Sicherheit und Stabilität.

Diese Weltsicht der »Maschinenwahrheiten« wird in unserem heutigen Wirtschaftsleben zunehmend über den Haufen geworfen. Die berufliche Realität wandelt sich stetig, immer schneller und ist voller Paradoxe und Unwägbarkeiten. Fast täglich führen neue Erkenntnisse zu wechselnden beruflichen Anforderungen. Finanz- und Wirtschaftskrisen haben ebenso globale und unbeherrschbare Auswirkungen wie Naturkatastrophen und sich in Windeseile ausbreitende Krankheitserreger. Das Internet gestaltet die weltweite Wirtschaft inzwischen munter mit. Alles ist transparenter, schneller und für alle sichtbar voneinander abhängig. Das sorgt für größere

Unsicherheit und Instabilität im Ego-Topf. Und damit wächst Ihr Bedürfnis, das zu bestätigen, was sich in Ihrem Ego-Topf befindet. Notfalls wären Sie sogar bereit, dafür zu kämpfen.

Wenn Sie sich gegen den Wandel stemmen, können Sie leicht dem Trugschluss erliegen, dass die Welt da draußen, Ihre Arbeit oder Ihr Arbeitgeber Ihnen etwas antun will.

Es will Ihnen aber niemand etwas antun. Ihr Ego gaukelt Ihnen das nur vor. Es ist an der Zeit, sich zu entscheiden. Wollen Sie Ihrem Ego weiterhin auf den Leim gehen und sich von ihm drangsalieren lassen? Oder wollen Sie mit Spaß und Begeisterung durch Ihr Arbeitsleben schweben, gleichgültig was auch immer die äußeren Umstände sein mögen?

1. Welche Bedürfnisse haben Sie heute in Ihrem Ego-Topf?

2. Welche Ihrer Bedürfnisse sind unerfüllt?

3. Welche Bedürfnisse haben Sie durch die Opferrolle ersetzt?

4. Welche beruflichen Bedürfnisse sind für Sie eine Frage von Leben und Tod und deshalb so wichtig und unverzichtbar, dass sie zwingend in Ihren Ego-Topf gehören?

IHR KÖRPER HÜTET SEINE MUSTER

»Wenn Sie wissen wollen, was jemand in der
Vergangenheit durchgemacht hat, betrachten Sie
seinen heutigen Körper. Wenn Sie wissen wollen, wie
der Körper eines Menschen in der Zukunft aussehen
wird, betrachten Sie genau, was er heute erlebt.«

Deepak Chopra

Körperliche Einbrüche schlagen seelische Wunden und seelische
Wunden führen zu körperlichen Einbrüchen. Anschließend folgt ein
langer Weg der Genesung. Auf diesem Weg geht es unter anderem
darum, herauszufinden, *warum* der Körper seinen Dienst verweigert. Bis zum Beginn meiner Anwaltstätigkeit hatte ich stets mehrmals in der Woche an der frischen Luft Sport getrieben und mich
relativ gesund ernährt. Das heißt aber nicht, dass ich mich wirklich
für die Funktionsweise meines Körpers interessiert habe. Ich nutzte
ihn zu dem, was mir Freude machte, und ich aß so, wie Menschen
eben essen, die einen Leistungssport betreiben. Im beruflichen Alltag glitt ich schnell ins Hamsterrad ab. Unausgesprochene Erwartungen lagen in der Luft und ich nahm sie als zum Beruf gehörend
an: endlose Stunden am Schreibtisch, in klimatisierten Räumen, auf
Reisen, selten Zeit für eine ausgewogene Mahlzeit in aller Ruhe,
ständig unter Zeitdruck, keine Gelegenheit mehr, meinem Körper
das zu geben, was er liebte und brauchte, um sich wohlzufühlen.

In der Unternehmenswelt erlebte ich es nicht anders. Wer arbeitet
wie lange? Wer reist schon am Wochenende zum nächsten Termin
an? Wer lässt Mahlzeiten aus oder isst zwischendurch eiligst ein
Brötchen oder Schokolade, um ja am Ball zu bleiben oder noch ein
Meeting in den Tag zu quetschen? Wer stellt Partner, Kinder und
Privates um eines beruflichen Zieles willen hintan? Dem persönli-
chen Einsatz wird mehr Gewicht beigemessen als dem Resultat der
Arbeit. Ständige Verfügbarkeit, auch wenn sie nicht wirklich erfor-

derlich ist, gehört zu den Attributen, welche die Wichtigkeit von Menschen in der Wirtschaft belegen sollen.

Wenn ich zurückdenke, fallen mir viele Menschen ein, die für ihre Karriere etwas geopfert haben: Singen, Tanzen, Musizieren, eine Tüftler-, Forscher-, Künstler-, Sportler- oder Sammlerleidenschaft, Reisen, Lesen, Entdecken, die Möglichkeit, mit Familie und Freunden beisammen zu sein, neue Menschen kennenzulernen – und alle litten im Stillen darunter. Der Ernst des Lebens schien diese Opfer zu verlangen, und diejenigen, die sie gebracht haben, haben sich nicht oder nicht hinreichend dagegen gewehrt.

Durch meinen körperlichen Kollaps wachgerüttelt, drang ich aus besessener Neugier auf mich und meinen Körper bis zu den Zellen vor und lernte Erstaunliches.

■ **Unsere Körperzellen sind kleinste lebende Einheiten mit Bewusstsein.**

Jede Zelle weiß, was sie zu tun hat, wie sie mit allen anderen Zellen interagieren und blitzschnell Informationen austauschen kann. Dies alles geschieht wie von Geisterhand. Unsere Zellen sind in der Lage wahrzunehmen, sich zu erinnern, zu kreieren, zu planen, zu reagieren und zu kommunizieren. Sie leben davon, zu geben, und speichern Vorräte nur für drei Sekunden. Unsere Zellen leben in dem Bewusstsein, Teil einer Geberwelt zu sein. Sie haben nicht das Bedürfnis, zu hamstern, denn in einem harmonisch arbeitenden Körper sind Geben und Nehmen zwischen Zellen und Organen beständig in Balance. Bevor Zellen physisch absterben, geben sie sämtliche Informationen an die Zellen der nächsten Generation weiter. Sie nehmen der Nachfolgegeneration nichts weg, leben nicht auf ihre Kosten und enthalten ihr nichts vor. Damit befinden sie sich im Einklang mit dem Polaritätsgesetz. Geben und Nehmen sind im Gleichgewicht. Unser Körper ist ein in sich funktionstüchtiger Mikrokosmos, der den Makrokosmos Universum spiegelt.

Sie bemerken diesen Mikrokosmos indes nur, wenn Sie Ihren Körper vollständig *bewohnen*, also jederzeit wahrnehmen. Da ich meinen Körper zu Beginn meines Berufsweges in eine Zwangsjacke gesteckt hatte, nahm ich zunächst nicht wahr, dass er sich wehrte. Oder zumindest war ich äußerst unachtsam und wollte es nicht wahrhaben.

> Kopf-, Nacken-, Herz-, Rücken- und Magenschmerzen, Ohrgeräusche, Verdauungsbeschwerden, Schlafstörungen und depressive Phasen sind Symptome dafür, dass die Balance des menschlichen Organismus gestört ist.

Sie sind, wenn Sie solche Symptome haben, nur eingeschränkt Sie selbst und schöpfen Ihr Potenzial bei Weitem nicht aus. Statt nun die Funktionstüchtigkeit wieder zu stimulieren, indem wir die Ursachen dafür im Organismus ergründen und beheben, die körpereigene Regulation zur Heilung anregen und den Organismus wieder in Balance bringen, beschränken sich die meisten von uns darauf, die Symptome zu unterdrücken. Wir nehmen Schmerz-, Abführ- oder Schlafmittel und Antidepressiva, trinken ein oder zwei Gläser oder sogar Flaschen eines alkoholischen Getränks, um die nötige Bettschwere zu bekommen, und gehen zur Rückengymnastik oder zur Massage, bis das Zwacken aufgehört hat.

> In Ihrem Körper gibt es keine isolierten Ereignisse, Einzelteile oder Organe. Alles ist Bestandteil eines großen, nach außen offenen Systems.

Unser Körper besteht, quantenphysikalisch betrachtet, aus dynamischen Energie- und Bewusstseinsstrukturen, die untrennbar miteinander und mit der Außenwelt vernetzt sind. Wenn Sie krank sind, es irgendwo wehtut oder Sie sich unwohl fühlen, dann ist das ein Wink mit dem Zaunpfahl, dass die Harmonie der Energie- und Bewusstseinsstruktur Ihres Körpers aus dem Gleichgewicht geraten ist. Und das kann körperliche, geistige oder seelische Ursachen haben. Ziel der Körperreaktion ist es, den Zustand der Harmonie wiederherzustellen – nicht, Sie mit Schmerzen und Widerwillen zu ärgern oder von wichtigeren Dingen abzuhalten.

Wenn Sie wieder Spaß bei der Arbeit haben wollen, dann sind die energetischen Prozesse Ihres Körpers ein fantastischer Helfer. Wenn unser Körper in Harmonie mit sich selbst kommt, seine Muskeln weicher und flexibler werden und Stauungen verschwinden, verändern sich auch unsere starren Denkmuster. Dieses Wissen verdanken wir dem Fachgebiet der Bioenergetik.

Die Energiemenge, über die Sie verfügen, spiegelt sich in Ihren Augen, Ihrer Haut, Ihrer Stimme, Ihrer Muskulatur und Ihren Bewegungen wider.

Freude richtet Ihre Körperenergie nach außen. Sorge und Angst ziehen Ihre Energie nach innen und machen Sie verkrampft. Ein Mensch mit einem hohen Energiepegel bewegt sich leichtfüßig, geschmeidig, harmonisch und gelassen. Sie mobilisieren Ihre Energie durch die Art und Weise, wie Sie atmen, sich bewegen und Gefühle ausdrücken. Wenn Ihre berufliche Entwicklung stagniert, atmen Sie nicht natürlich, bewegen sich nicht frei und verbieten sich, Ihre Gefühle zu leben. Sie haben durch Erlebnisse in der Vergangenheit gelernt, Ihre natürliche Atmung sowie Gefühle und Bewegungen zu unterdrücken. In Folge davon haben Sie sich Ihren ganz individuellen Panzer aus inzwischen chronisch gewordenen Muskelverspannungen zugelegt. Muskelverspannungen und Blockaden sind buchstäblich Ihre zweite Natur geworden – etwas, das Sie nicht einmal mehr wahrnehmen.

Menschen, die den Drang verspüren, andere zu beherrschen – nennen wir sie getrost Machtmenschen – sind von ihrem Denken dominiert und leugnen ihre Gefühle. Außergewöhnlich viel Energie fließt in den Kopf, während die untere Körperhälfte nur mangelhaft geladen ist. Beide Körperhälften stehen in einem Missverhältnis, welches selbst für den Laien erkennbar ist. Die obere Körperhälfte ist besser entwickelt und beherrscht das Erscheinungsbild des Menschen. Verkrampfungen in der Zwerchfell- und Taillengegend blockieren den Fluss der Energie und der Gefühle. Der Kopf ist übermäßig energetisch geladen, was dazu führt, dass das geistige System dieses Menschen übererregt ist. Machtmenschen denken ständig darüber nach, wie sie eine Situation unter ihre Kontrolle bringen und beherrschen können. Der Kopf wird sehr steif gehalten und hat den Körper fest in Griff. Kopf- und Nacken sind regelmäßig verspannt und schmerzhaft. Seine Gefühle zu unterdrücken bedeutet, sein Bedürfnis nach anderen Menschen und Nähe zu leugnen. Machtmenschen wollen die anderen dazu bringen, zu ihnen zu kommen. So vermeidet der Machtmensch, zuzugeben, dass er die anderen eigentlich noch viel mehr braucht als sie ihn.

> Unsere Denk-, Körper- und Energiestrukturen reichen in unsere Kinderjahre zurück. Dort haben wir alle unsere Muster im wahrsten Sinne des Wortes erlernt.

Auch ich entwickelte mich in Kindertagen zu einem Machtmenschen. Ich wollte keine Macht über andere, wohl aber Macht, um etwas zu erhalten, nämlich Zuneigung und Liebe. Davon bekam ich als kleines Mädchen aus eigener Sicht nicht genug. Also entwickelte ich meine ganz persönliche Strategie, mehr davon zu erhalten, ohne dass ich dies selbst verstand. Ich setzte alles daran, andere Kinder durch Leistung zu überragen.

Ich wuchs in einer ländlichen Umgebung in einfachen Verhältnissen auf. In dem alten Fachwerkhaus mit niedrigen Decken und kleinen Zimmern lebten nicht nur meine Eltern und wir drei Geschwister, sondern auch meine Großmutter und mein Großonkel. Mein Vater leitete die Abteilung Galvanik in einer mittelständischen Schlossfabrik. In seiner Freizeit kümmerte er sich um einen Hektar Landwirtschaft mit allerlei großem und kleinem Viehzeug rund ums Haus. Meine Mutter versorgte uns drei Kinder und die vier Erwachsenen. Gemüse und Obst kamen aus zwei riesigen Gemüsegärten und von zahlreichen Obstbäumen in der Wiese. Die Wäsche von sieben Personen hing im Sommer an langen Wäscheleinen in der Wiese und im Winter über dem alten Kohleherd der Großmutter, auf dem auch die Mahlzeiten zubereitet wurden. Meine Eltern waren so sehr mit den Notwendigkeiten des Lebens beschäftigt, dass sie überhaupt keine Zeit für sich selbst und ihre eigenen Bedürfnisse hatten. Sie standen beim ersten Hahnenschrei auf und gönnten sich bis zum letzten Tageslicht nicht einen Moment Ruhe.

Mein liebster Spielkamerad und das Maß aller Dinge, wenn es

darum ging, mehr Liebe zu erhalten, war mein etwas älterer Bruder. Er nahm mich überallhin mit und lehrte mich, was er schon konnte. Das war auch bitter nötig, denn in der unmittelbaren Nachbarschaft gab es nur Jungen zum Spielen. Also wetteiferte ich mit den Jungs, insbesondere mit meinem Bruder, um besser zu sein als er. Ich lernte, auf Bäume zu klettern, über Wassergräben zu springen, Staudämme in Bächen zu bauen, mit den Jungs um die Wette zu laufen, Kühe von einer Weide auf die nächste zu treiben, Stroh zu pressen, Fische zu angeln, Fahrräder zu reparieren, Hühner zu schlachten, Fußball zu spielen und später auch mit dem Gewehr zu schießen und Motorrad zu fahren.

Je mehr Erfolge ich beim Sport und in der Schule errang, desto mehr Aufmerksamkeit von Mama, Papa und dem Großonkel wurde mir zuteil. Nur meine Großmutter, die an Fähigkeiten und Intelligenz alle in der Familie überragte, beachtete mich noch nicht einmal, wenn ich das Haus mit Ehrungen überhäuft betrat. Mein großer Bruder hingegen schien ihr Augapfel zu sein. Sie richtete häufig das Wort an ihn, strich ihm übers Haar und beschenkte ihn mit Süßigkeiten. Was auch immer ich ersann, um ihre Liebe und ihr Wohlwollen zu gewinnen, ich scheiterte ein ums andere Mal. Innerlich fraß es mich auf, machte mich traurig, elend und brachte mich viele Male zum Weinen. Gleichzeitig spornte ihr abweisendes Verhalten mich an, noch besser zu werden. Ich gab alles und noch mehr, in der Hoffnung, sie würde sich anders besinnen und mich auch liebhaben können. Meine Bemühungen blieben bis zu ihrem Tod vergebens. Ich war fünfzehn Jahre alt, als sie starb, und an diesem Tag fiel eine zentnerschwere Last von mir. Nun konnte mir diese grausame Frau nicht mehr wehtun, dachte ich. Aber meine Schmerzstrukturen waren bereits im Körper angelegt, ohne dass ich es ahnte. Verhärtete Muskeln im Kopf-, Nacken- und Schulterbereich sowie ein blockiertes Zwerchfell.

In den Jahren als angestellte Managerin in der Schifffahrt hatte ich immer mit Kopf- und Nackenschmerzen zu kämpfen, sobald ich miterlebte, wie jemand seine Macht für eigene Zwecke missbrauchte, vielleicht noch vom Vorgesetzten gedeckt wurde, und ich es mir nicht gestattete, laut und vernehmbar zu sagen, was ich davon hielt, sondern meine Emotionen unterdrückte. Gegen die Nackenschmerzen half der Besuch beim Physiotherapeuten. Er knetete die angespannten Muskeln wieder weich, der Schmerz verschwand und ich wurde auch gedanklich wieder beweglicher. Seit ich meine bioenergetischen Muster kenne und die schwerwiegenden Blockaden mithilfe entsprechender Fachleute aufgelöst habe, gehören die Nackenschmerzen fast gänzlich der Vergangenheit an. Heute reagieren mein Kopf und mein Nacken abwehrend, wenn jemand meint, auf meinen Werten und Rechten herumtrampeln zu können, oder mein Nein nicht akzeptieren will. Dann ziehe ich das Schwert meines Intellekts, kämpfe für meinen Freiraum ebenso wie für meine Überzeugungen und trage die Konsequenzen, welcher Art sie auch sein mögen. Solange ich bei mir selbst bleiben kann und Verantwortung für mein Leben übernehme, hat mein Körper kein Bedürfnis mehr, mit Schmerzen zu rebellieren, und das eröffnet mir eine neue Arbeitsqualität.

> Auf Ihrem Weg zu sich selbst ist es erforderlich, die Wurzeln zu stärken, die Sie mit Ihrer Vergangenheit verbinden. Kein Baum kann in die Höhe wachsen und allen Stürmen trotzen, wenn seine Wurzeln kränkeln und nicht mitwachsen.

Ihre Vergangenheit drückt sich in Ihrer Körperstruktur, Ihrer Haltung, Ihrem Gang, Ihren Gesten, Ihrer Mimik und Ihren Bewegungen aus. Ihr Körper spiegelt die Summe Ihrer Lebenserfahrungen wider. Wie ein Förster die Lebensgeschichte eines Baumes an dessen Jahresringen abliest, können Bioenergetikspezialisten Ihre Lebens- und Berufsgeschichte an Ihrem Körper ablesen. In unserer menschlichen Entwicklung durchlaufen wir die Stationen Baby, Kleinkind, Kind, Jugendlicher und Erwachsener. In der Babyzeit geht es um Liebe und Lust als intensive, angenehme Weise des Erlebens, in der Kleinkindphase um Kreativität und Fantasie, in der Kindheit um Ausgelassenheit und Freude, bei Jugendlichen stehen Romantik und Abenteuerlust im Vordergrund und bei Erwachsenen Wirklichkeitssinn und Verantwortungsgefühl.

> Ein physisch und psychisch gesunder Erwachsener lebt in seiner Arbeit wie ein gesunder Baum mit Jahresringen aus Verantwortlichkeitsgefühl, Wirklichkeitssinn, Romantik, Abenteuerlust, Ausgelassenheit, Freude, Kreativität, Fantasie, Lust und Liebe.

Wenn Ihr Denken vorwiegend darum kreist, andere, sich selbst und Situationen zu kontrollieren, geht das zu Lasten Ihrer Lebendigkeit und damit Ihrer Fähigkeit, sich in Ihrer Arbeit mit Freude zum Ausdruck zu bringen. Sie koppeln sich auf diese Weise von Ihrer wahren, ursprünglichen Natur ab, die alle menschlichen Aspekte in sich vereint.

Das Arbeitsleben hat die meisten Menschen gelehrt, dass es schmerzlich, ja sogar gefährlich sein kann, Emotionen offen zu zeigen. Mit den Jahren haben sich viele in eine Art Schutzpanzer zurückgezogen. Sie haben sich untergeordnet und das eigene Wesen verdorren lassen. Unter dem Rückzug aus dem eigenen Wesen haben auch die sozialen Kontakte gelitten. Derart emotional vereinsamte Körper erstarren und reagieren sehr häufig mit Krankheit.

Marc ist eines von sieben Kindern aus einer großen und sehr erfolgreichen Unternehmerfamilie mit langer Tradition. Die Tatsache, dass er mit so vielen Geschwistern aufgewachsen war, hatte ihm die Augen für die kleinen und großen Wunder des Lebens geöffnet und er wünschte sich nicht sehnlicher, als selbst eine große glückliche Familie zu haben. Nach dem Abitur trat er als kleiner Lehrling in das große Bekleidungsunternehmen der Familie ein, auf das er sehr stolz war. Mode interessierte Marc. Ausschlaggebend für diesen Schritt war jedoch die Gewissheit, dass er sich so langfristig ein großes Einkommen sichern und den Traum von einer im Wohlstand lebenden Großfamilie erfüllen konnte.

Eigentlich wäre Marc gerne Arzt geworden. Der Gedanke, anderen Menschen helfen zu können, trieb ihn um, seit er sich erinnern konnte. Mit seinem Abiturdurchschnitt hatte er allerdings keine Chance, die Numerus-Clausus-Hürde für die Zulassung zum Studium in Deutschland zu nehmen. Sein Vater hätte ihm zwar ein Arztstudium im Ausland ermöglichen können, aber Marc hatte Angst, im Studium zu versagen.

Marc machte also seine Ausbildung in einer niederländischen Filiale des europaweit tätigen Familienunternehmens. Vom ersten Tag an bewegte die Herzenswärme, die aus seinen Augen, seinen Gesichtszügen, seinen Gesten und dem Klang seiner Stimme sprach, die Menschen, mit denen er zusammenarbeitete. Marc durchlief im Laufe der Jahre sämtliche Hierarchiestufen des Unternehmens. Bei den Eigentümern hatte er das Image eines Träumers und Spaßmachers, doch insgeheim wären viele gern so fröhlich und unkompliziert gewesen wie Marc. Im Laufe seiner Karriere wurde er mehrfach in andere Länder versetzt und lernte so die Arbeits- und Lebensweisen verschiedener Kulturen kennen. Die Unternehmensleitung erwartet viel von ihren Mitarbeitern und Managern und noch viel mehr von Angehörigen der eigenen Großfamilie. Marc lief sich mit den Jahren im Räderwerk der Unternehmensmaschine fest. Das Lachen auf seinem Gesicht verschwand mehr und mehr. Sorgenfalten zeigten sich auf seiner Stirn. Sein Körper meldete sich immer regelmäßiger mit Rückenschmerzen.

Marc war inzwischen Ende dreißig, glücklich verheiratet und hatte vier Kinder. Sein sehnlichster Wunsch war in Erfüllung gegangen. Auch beruflich hatte er seinen Weg gemacht. Jedenfalls schien es Außenstehenden so. Er war in der Hierarchie weit oben angekommen, war Mitanteilseigner geworden und finanziell gut ausgestattet. Nur seine Arbeit machte ihm keinen Spaß. Und was niemand ahnte: Ihm und seiner Familie ging es körperlich und seelisch miserabel. Eines seiner Kinder litt nach den zahlreichen Ortswechseln unter Konzentrationsschwäche, und Spezialisten empfahlen ihm, seiner Familie eine ortsfeste Basis zu geben. Deshalb hatte Marc zugestimmt, allein an einen anderen Ort versetzt zu werden, der 230 Kilometer vom Wohnort der Familie entfernt lag. Fortan sah er seine Lieben nur noch an den Wochenenden. Marc übernachtete in einfachen Hotels und pendelte jeden Freitag- und Sonntagabend. Seine Frau war damit überfordert, die vier quirligen Kinder allein zu betreuen. Die Kinder wiederum kamen nicht damit zurecht, dass sie ihren Vater nur noch an den Wochenenden sehen konnten. Gesundheitliche und schulische Probleme häuften sich. Mit alldem musste sich Marc in den wenigen Stunden, die er bei der Familie verbrachte, in geballter Form auseinandersetzen. So kam niemand mehr zur Ruhe.

Marc selbst litt unter Schuldgefühlen und immer heftiger werdenden Rückenschmerzen. Schuldgefühle hatte er sowohl seiner Frau und seinen Kindern gegenüber, als auch gegenüber der Unternehmerfamilie. Die wenigen Stunden an den Wochenenden reichten nicht, um wieder Kraft zu tanken. Die Rückenschmerzen wurden unerträglich. Kein Schritt, keine Bewegung, keine Liegeposition, in der er noch schmerzfrei war. Etwas musste geschehen, aber was? Zunächst versuchte Marc den Kampf in der Außenwelt zu gewinnen. Arztbesuche, Rückenoperation, Krankengymnastik, Fitnesstraining, nichts half wirklich. Ein Rückfall jagte den anderen. Im Unternehmen wurde der Druck auf ihn immer größer. Nicht mehr leistungsfähig genug, der Mann, hieß es. Und familiär ging es weiter bergab.

Schließlich bat er nach Monaten des Leids um ein Jahr Auszeit. Ein Jahr lang wollte er nicht arbeiten, seine Gesundheit wiedererlangen und bei seiner Familie sein. Die anderen Miteigentümer stimmten zu, verlangten jedoch, dass er das Jahr zu Fortbildungsmaßnahmen nutzte. Bitte keine kostbare Zeit mit Nichtstun vertrödeln, hieß es durch die Blume.

Marc tat sich zu Beginn seiner Auszeit einfach nur selbst leid. Er nörgelte am Unternehmen herum und bezweifelte, dass er jemals wieder gesund werden würde. Vor allem aber graute es ihm davor, ins Unternehmen zurückzukehren und auf einer niedrigeren Hierarchiestufe wieder einsteigen zu müssen. Das würde den Eindruck erwecken, als hätte er versagt, und damit konnte er nicht leben. Die Zeit zu Hause bei Frau und Kindern förderte schließlich neue Einsichten zutage. Marc war nicht mehr Marc. Marc war ein Rädchen in der großen Unternehmensmaschine geworden. Er hatte sich eine Zwangsjacke anziehen lassen, in der er seine fröhliche und lebenslustige Art nicht ausleben konnte und seine kreativen Neigungen unterdrücken musste. Instinktiv gespürt hatte er das schon lange, aber er war ja auch abhängig vom großen jährlichen Geldzufluss, der ihm den gewohnten Lebensstil ermöglichte. Marc saß als Gefangener im goldenen Käfig des Familienunternehmens, aus dem es scheinbar kein Entrinnen gab.

Die Angst, auf sich selbst gestellt nicht gut genug zu sein, um seinen Ansprüchen entsprechend genügend viel Geld für seine Familie verdienen zu können, hatte ihn ein Berufsleben akzeptieren lassen, das nicht zu ihm passte und das ihn buchstäblich zur Salzsäule hatte erstarren lassen. Seine Wirbelsäule war ebenso steif, ungelenk und schmerzhaft geworden wie seine Gedanken. Während seiner Auszeit dämmerte ihm, dass auch außerhalb des Familienunternehmens ein Berufsleben auf ihn warten könnte, in dem er Familie, berufliches Talent, Neigungen und Können, Frohnatur und Wohlstand vereinigen konnte. Als diese Idee in seinen Gehirnzellen Gestalt anzunehmen begann, explodierte seine Motivation und die Freude darauf, gesund zu werden. Mit ihm blühten auch Frau und Kinder wieder auf. Gemeinsam legten sie die Spielregeln für Marcs künftige Berufstätigkeit fest: ein fester Wohnsitz, ein Nest, in dem sich alle wohlfühlten, und Zeit füreinander. Langsam aber sicher gewann Marc die Selbstsicherheit und Lebensfreude seiner Jugend zurück.

Schließlich war er davon überzeugt, selbst sein kleines Unternehmen gründen oder in bestehende investieren zu können. Wie das genau aussehen sollte, wusste er zu Anfang noch nicht. Aber sein berufliches Engagement sollte Menschen helfen, gesünder zu leben oder sich von Krankheit zu befreien. Außerdem wollte Marc sein inzwischen gut entwickeltes unternehmerisches Talent gemeinsam mit motivierten Menschen einsetzen können. Mit diesem Entschluss hielt Marc noch etwas unsicher, aber erhobenen Hauptes, seine Abschiedsrede vor den Eigentümern des Familienunternehmens. Er hatte seine berufliche und körperliche Zwangsjacke selbst geöffnet und schlüpfte, wie es seinem Naturell entsprach, guten Mutes heraus. Seit dieser Zeit sind seine Rückenschmerzen fast gänzlich verschwunden und es gelingt ihm sogar, stundenlang schmerzfrei Ski zu fahren. Nur wenn er es mit Mitgliedern des Familienunternehmens zu tun hat oder sich fragt, was sie wohl über

ihn denken oder sagen, meldet sich sein Rücken wieder. Glücklicherweise hat er sich so weit freigeschwommen, dass dies nur noch
äußerst selten vorkommt.

Inzwischen ist Marc an zwei Unternehmen beteiligt, die im Ge-
sundheitssektor und in der Altenbetreuung tätig sind. Er muss zwar
wieder reisen, aber als Mitvorstand kann er sich auf die Bereiche
konzentrieren, die ihm besonders viel Spaß machen, insbesondere
auf strategische Fragen. Abgesehen davon hat er sein Leben so eingerichtet, dass er regelmäßig Zeit für Frau und Kinder hat, eigene
Hobbys pflegt sowie im Schulelternrat und als Coach einer Kinder-
fußballmannschaft der Gemeinschaft dient. Heute ist Marc bewusst,
dass die Großfamilie sehr fürsorglich und großzügig mit ihm um-
gegangen war, als deutlich wurde, dass er einen neuen Weg für sich
selbst finden musste. Andererseits ist er dankbar dafür, dass die
Familie ihn unternehmerische und menschliche Werte lehrte, die er
heute in einer neuen Berufswelt lebt.

Was Marc widerfuhr, können Sie täglich in vielen Unternehmen
beobachten. Menschen verrichten eine Arbeit, die ihnen nicht be-
hagt. Sie tun das entweder, weil sie überzeugt sind, das Geld, das sie
dort verdienen, zu brauchen, um so leben zu können, wie sie es gewohnt sind. Oder sie tun es um des Ansehens und des gesellschaft-
lichen Status willen. Aus der inneren Überzeugung heraus, beruflich
keine andere Wahl zu haben, beugen sie sich zahlreichen Zwängen.
Mit der Zeit beginnt ihr Körper dagegen aufzubegehren. Die Symptome werden erst unterdrückt, dann mit der großen Keule behandelt.

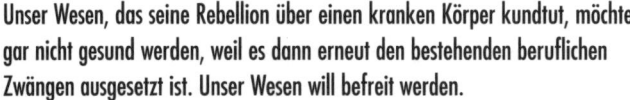

Unser Wesen, das seine Rebellion über einen kranken Körper kundtut, möchte
gar nicht gesund werden, weil es dann erneut den bestehenden beruflichen
Zwängen ausgesetzt ist. Unser Wesen will befreit werden.

»Und wie geht das?«, werden Sie jetzt sicherlich wissen wollen. Indem Sie Ihren Körper als das behandeln, was er ist: ein nach außen
offenes System, das ständig mit dem Energieverbund des Universums interagiert.

Die Energie im Universum bewegt und verändert sich kontinuierlich. Und Ihr Körper sollte in der Lage sein, diese Bewegungen mitzumachen. Es sind unter anderem Ihre Gelenke und Wirbel, die es Ihrem Körper ermöglichen, sich zu bewegen und ein agiles Wesen zu sein. Probleme mit den Gelenken und Wirbeln führen klassische Mediziner unter anderem auf Verschleiß, mangelnde und falsche Bewegung und ungeeignete Ernährung zurück. Seelisch betrachtet stehen Ihre Gelenke und Wirbel für die Fähigkeit, die Richtung zu verändern und sich mit Leichtigkeit an veränderte Situationen anzupassen. Wie beweglich oder steif Ihre Gelenke und Wirbel sind, spiegelt nach meinen Beobachtungen auch wider, inwieweit Sie in der Lage sind, sich auf Ihre innere Stimme einzulassen und mit dem Fluss des Lebens zu fließen. Wenn Sie die Macht in sich selbst nicht anerkennen, sondern einer Macht außerhalb von sich folgen, sind Ihre Gelenke und Wirbel schmerzhaft bis unbeweglich. Wenn Sie Menschen mit steifen Gelenken und Wirbeln in den verschiedensten Unternehmen zuhören, werden Sie feststellen, dass auch ihr Denken steif und unbeweglich ist. Genauso haben sie ihr Berufsleben eingerichtet: bisher kein Raum für Flexibilität.

Wenn Sie wissen wollen, wie es heute um Ihre gedankliche Flexibilität bestellt ist, testen Sie Ihre körperliche Flexibilität. Buchen Sie eine Stunde bei einem Physiotherapeuten und bitten Sie ihn, den Grad Ihrer körperlichen Beweglichkeit zu ermitteln und Ihnen ungeschminkt zu sagen, wie es darum steht. Passiv bedeutet in diesem Zusammenhang, dass der Therapeut die Beweglichkeit Ihrer Gelenke, Muskeln, Sehnen und Bänder testet, während Sie auf seiner Behandlungsliege liegen. Aktiv bedeutet, dass er Sie selbstständig und ohne seine Unterstützung Übungen ausführen lässt.

Ihre Beine dienen dazu, den Körper voranzutragen. Ihre Arme haben die Aufgabe, etwas zu umfassen, festzuhalten, zu beschützen und an sich zu drücken. Sie können sich einen Arm oder ein Bein brechen, weil Sie hingefallen sind. Das ist die physische Erklärung. Seelisch betrachten weist ein Bruch in Ihren Gliedmaßen auf einen Einbruch in Ihrem Leben hin, so sagen es uns die Humanenergetiker und Psychologen. Jemand, der sich ein Bein bricht, möchte nicht weitergehen. Jemand, der sich einen Arm bricht, umklammert krampfhaft, häuft an und betrachtet den Lebensprozess mit Verunsicherung. Der Bruch bietet die Gelegenheit, innezuhalten, seine eigene Verkrampftheit zu erkennen, loszulassen und sich erneut für den Fluss des Lebens zu öffnen. Und zwar nachdem man entschieden hat, wohin man beruflich gehen will und was einem dabei so lieb und teuer ist, dass man es an sich zu drücken wünscht.

Geleitet von dem Vorsatz, meinen Körper zu achten, stellte ich mir auch die Frage, wie und womit ich ihn unnötig belaste. Dabei entdeckte ich mein körpereigenes Wasser. Unser Körper besteht bei Männern bis zu 70 Prozent, bei Frauen bis zu 60 Prozent aus Wasser.

> **Das körpereigene Wasser löst andere Stoffe in sich auf, transportiert sie und baut so wieder Leben auf. Es besitzt ein Gedächtnis und Bewusstsein.**

Ihr körpereigenes Wasser ist ein hervorragender Träger der elektromagnetischen Schwingungen, die Ihre Atome selbst erzeugen und die Sie von außen aufnehmen. Sie können sich Ihr körpereigenes Wasser wie eine CD vorstellen, die Informationen aufnimmt und wiedergibt.

Der japanische Forscher Dr. Masaru Emoto hat festgestellt, dass Wasser auf Umwelteinflüsse, Naturkatastrophen, Bewusstsein sowie mentale Stimuli wie Gedanken, Worte und Musik reagiert. Er hat beispielsweise destilliertes Wasser in Flaschen gefüllt und einige Flaschen mit Worten wie »Liebe«, »Danke«, »Hass« und »töten« beschriftet. Einen Tag später untersuchte er mittels eines Dunkelfeld-Mikroskops, was sich an der Kristallstruktur des Wassers verändert hatte. Wasser, das er mit positiven Worten stimuliert hatte, wies schöne, komplexe Molekülstrukturen auf. Wasser, das mit negativen Worten wie »Hass« und »töten« stimuliert worden war, wies eine verfallene Struktur auf. Die Wasserkristalle in den unbeschrifteten Flaschen blieben unverändert. Sie können im Internet mitverfolgen, wie sich Wasserkristalle mit den unterschiedlichen Stimuli verändern.

> Das Wasser in unseren Körperzellen reagiert auf alles, was in unserer Arbeitsumgebung in Form von Gedanken, Worten, Taten, Gefühlen und Stimuli wie Klänge, Gerüche und Bilder auf uns einwirkt.

Entsprechend achtsam wähle ich inzwischen die Menschen aus, mit denen ich zusammenarbeite, und die Umgebung, in der ich mich aufhalte. Mein Körper dankt es mir täglich.

Auf meiner Entdeckungsreise zu meinem Körper investierte ich auch sehr viel Zeit darauf, zu verstehen, wie das menschliche Gehirn arbeitet und was die Wissenschaft uns heute darüber sagen kann. Entsetzt musste ich mir eingestehen, dass ich anfangs mehr über die Funktionsweise meines Autos wusste als über die meines Gehirns. Unser Gehirn ist der leistungsfähigste Computer, den wir uns vorstellen können. Je älter wir werden, desto mehr programmiert sich unser Gehirn selbst.

> Das Gehirn ist Meister im Kontrollieren dessen, was wir »Realität« nennen. Es manipuliert die Welt nach seinem Bild davon und verdrängt alles, was nicht in dieses Bild passt.

Gehirnforschern zufolge liefert uns unser Gehirn keinerlei Beweise dafür, dass das, was wir als Außenwelt wahrnehmen, überhaupt existiert. Unser Gehirn steht dem, was es als »da draußen« wahrnimmt, voreingenommen und selektiv gegenüber. Es unterscheidet nicht, ob wir etwas wirklich sehen, uns lebhaft an Bilder aus der Vergangenheit erinnern oder uns etwas als künftiges Ereignis intensiv vorstellen. All das ist für unser Gehirn gleich real. Verabschieden Sie sich also von der Vorstellung, dass Ihr Denken irgendeine objektive Sicht der Welt widerspiegelt.

Über Ihre fünf Sinne und das daran gekoppelte Rückenmark erreichen pro Sekunde 11 Millionen Eindrücke über den Körper, die Umgebung und die Zeit Ihr Gehirn. Sechzig davon nehmen Sie bewusst wahr. Sie suchen die Informationen aus, die Ihnen im Abgleich mit den bereits in Ihrem Gehirn vorhandenen Daten am nützlichsten erscheinen. Jeder von uns sucht sich andere

Daten aus, denn jedes Gehirn ist einzigartig vorprogrammiert. Den Millionen anderer Eindrücke nimmt sich Ihr Unterbewusstsein an.

Ihre Emotionen steuern, welche sechzig Eindrücke Sie selektieren. Ängstliche, ortsfeste, sicherheitsorientierte und kontrollierende Naturen selektieren daher ganz anders als mutige, wissensdurstige, reiselustige und flexible Menschen.

> Ihr Gehirn ist so verkabelt, dass Sie nur das wahrnehmen, was Sie für möglich halten.

Indem Sie es nicht für möglich halten, beruflich täglich Spaß haben zu können und damit auch noch gutes Geld zu verdienen, tricksen Sie sich selbst aus. Was Ihr Gehirn für die realistische Sicht hält, ist eine Mischung aus dem ständigen inneren Dialog in Ihrem Gehirn und dem Teil der Realität, den Sie bereit sind wahrzunehmen. Ihre berufliche Realität findet ausschließlich in Ihrem Gehirn statt, nicht *da draußen*.

Jeder Mensch stellt sich in seinem Gehirn sein eigenes berufliches »Holodeck« zusammen. Das Holodeck war in der Fernsehserie *Star Trek* das Fantasie- und Spielzimmer, das die Bordmitglieder per Computerbefehl nach ihren eigenen Wünschen gestalten konnten – eine virtuelle Welt, in der sie sich entspannen und amüsieren konnten. Das Holodeck der meisten Berufstätigen ist eher so gestaltet, dass sie dort ständig frustriert, leidend, enttäuscht, ärgerlich und wütend sind.

> Ihr Gehirn arrangiert die Vorstellung, die Sie sich von Ihrer Arbeit machen, ständig neu. Mit jeder neuen Erfahrung, die Sie machen, werden Ihre inneren Überzeugungen überarbeitet.

Das ist ein komplexer Prozess, an dem, rein physisch betrachtet, einhundert Billionen Neuronen Ihres Gehirns beteiligt sind. Ihre Überzeugungen bilden sich aus

- der ständigen Interaktion Ihrer Wahrnehmungen und Auffassungen;
- Ihren Erkenntnissen, das heißt, wie Sie Informationen verarbeiten;
- dem emotionalen Wert, den Sie jeder Information beimessen, und
- dem sozialen Konsens Ihrer Umgebung.

Diese vier Bausteine entscheiden darüber, wie das Weltbild Ihrer Arbeit aussieht. Das ist einfach und komplex zugleich.

Sie sind von vielen Dingen überzeugt und hinterfragen demnach nicht mehr, was Ihre Eltern Ihnen über Arbeit gesagt haben, was in den Nachrichten darüber berichtet wird, wovon Ihr Partner und Ihre Freunde diesbezüglich überzeugt sind, was im Internet, in Büchern und in Zeitungen steht, die Sie zu Ihrem Beruf zu lesen pflegen... Sie sind aber auch von Dingen überzeugt, die überhaupt keine physische Substanz haben. Die meisten von uns sind überzeugt, dass es so etwas wie beruflichen Erfolg gibt und definieren ihn für sich.

Lennart ist eines von drei Kindern eines Handwerkerehepaares aus Mecklenburg-Vorpommern. Er gehörte schon in der Schule immer zu den Besten, Fähigsten und Fleißigsten. Ein Stipendium der Studienstiftung des Deutschen Volkes ermöglichte es ihm, zunächst in Berlin und später in Münster Betriebswirtschaft mit Schwerpunkt Marketing zu studieren. Nach zwei Jahren im Frankfurter Büro eines großen internationalen Strategieberatungsunternehmens entschloss er sich, einen MBA in den USA draufzusatteln. Ein Jahr verbrachte Lennart an einer renommierten Business School in Chicago und bestand sein Examen mit Auszeichnung. Irgendwie flogen ihm die Dinge nur so zu. Oder hatte es damit zu tun, dass er einfach alles engagiert und mit Feuereifer anging? Seine Zeit in Chicago eröffnete ihm auch kulturell neue Horizonte. Lennart begann sich gemeinsam mit seinem aus England stammenden besten Studienfreund Sam für Kunst zu interessieren. Ihr stärkstes Bindeglied war jedoch die Motivation, in einem großen Unternehmen Karriere zu machen. Das hieß nach ihrer Definition, es so schnell wie möglich bis in den

Vorstand eines großen Unternehmens zu schaffen. Mal sehen, wem von beiden dies zuerst gelingen würde.

Lennart ergatterte eine spannend klingende Anstellung im Vorstandsbüro eines börsennotierten Unternehmens. Das Vorstandsbüro fungierte als Stabsstelle des Vorstandsvorsitzenden, der erst kürzlich ernannt worden war. Sein Vorgänger und langjähriger Mentor wechselte zeitgleich auf die Position des Aufsichtsratsvorsitzenden. Im Vorstandsbüro liefen die Fäden der Macht zusammen und Lennart erhielt Einblick in das Geheimste des Geheimen. Er arbeitete fast rund um die Uhr und genoss es. Sein Freund Sam hatte eine attraktive Anstellung bei einer englischen Versicherung in der Londoner City gefunden. Jeden Sonntagabend tauschten sie sich per Bildtelefon über die abgelaufene Woche aus und gaben einander Tipps, wie sie die jeweils folgenden Herausforderungen angehen könnten.

Lennarts Traum vom Erfolg bekam allerdings schon nach einigen Wochen einen unangenehmen Beigeschmack. Er gehörte dem Team an, das den neuen Geschäftsbericht konzipieren und ausarbeiten sollte. Unverhofft ordnete der Vorstandsvorsitzende an, im Kleingedruckten zur Arbeit des Ernennungs- und Vergütungsausschusses einen Satz über einen Beratervertrag des Aufsichtsratsvorsitzenden einzufügen. Lennart konnte es kaum glauben. Allen Mitarbeitern war eine Nullrunde beim Gehalt verordnet worden. Nur der Aufsichtsratsvorsitzende erhielt neben seiner Vergütung noch einen mit mehreren hunderttausend Euro dotierten Beratervertrag. Auch die anderen im Team runzelten die Stirn. Niemand wagte jedoch, einen Laut von sich zu geben. Lennart begriff, dass der Aufsichtsratsvorsitzende nach wie vor der starke Mann war und der Vorstandsvorsitzende nicht viel zu melden hatte.

Ein Jahr später bekam Lennart die Chance, als Verantwortlicher mit direkter Berichtslinie zum Vorstand für das operative Geschäft ein für den Konzern wichtiges Veränderungsprojekt zu leiten. Er gab Vollgas. Endlich konnte er sich und seine Kompetenz für alle sichtbar beweisen. Mit seiner offenherzigen und ehrlichen Art gelang es ihm, das Projekt in für alle Mitarbeiter verdaubare Blöcke zu struk-

turieren und die Menschen zu bewegen, die Veränderung mitzu-
tragen. Lennart berichtete mit einfach strukturierten, einleuchten-
den und übersichtlichen Power-Point-Präsentationen an seinen Chef
und war ganz stolz auf sich. Das Hochgefühl verschwand, als ihm
die Chefsekretärin vertraulich zuflüsterte, der Vorstand habe seine
Abschlusspräsentationen mit seinem Namen versehen, um das ge-
lungene Projekt in der Vorstandssitzung so zu verkaufen, dass ihm
die Lorbeeren zufielen. »Arschloch!«, kommentierte Sam lakonisch,
als Lennart ihm beim sonntäglichen Telefonat davon erzählte.

Als Lennart felsenfest mit der Beförderung in eine Management-
position mit klar umrissenem Verantwortungsbereich im Marketing
rechnete, wurde ihm ein Mann mittleren Alters vorgezogen, der im
Unternehmen den Ruf eines farblosen Mitläufers genoss. Lennart
konnte es nicht fassen und hakte beim Personalchef nach. Der erklärte lapidar, es handle sich um einen langjährigen Kollegen, der
außerdem Frau und zwei Kinder ernähren müsse. Seine Zeit würde
schon noch kommen. Lennart beschlich das ungute Gefühl, dass
das, was er sich unter Erfolg vorstellte, von vielen Faktoren abhing,
die nichts mit ihm zu tun hatten. Na gut, sagte er sich, ich werde es
ihnen beweisen, und legte noch einen Zahn zu. Was de facto hieß,
dass er nur noch nach Hause ging, um die Wäsche zu wechseln.

Während einer Espressopause in der weiträumigen Lounge des
Unternehmens hörte Lennart zufällig, wie der Marketingvorstand
zum Personalchef sagte, er würde Lennart gern innerhalb der nächsten sechs Monate in seinen Verantwortungsbereich überwechseln
sehen. Er verfüge über ausgezeichnete Fach- und Methodenkompe-
tenz, bedingungslosen Leistungswillen und hohe Einsatzbereitschaft,
viel Einfühlungsvermögen und bekäme auch die schwierigen Kühe
vom Eis. Männer wie Lennart seien für jeden Vorgesetzten ein
Geschenk im doppelten Sinne. Sie leisteten fast so viel wie zwei
etablierte Manager zusammen und stellten bedeutend weniger An-
sprüche, weil sie in ihrem Drang nach Karriere perfekt zu manipulieren seien. Lennart empfand dies wie einen Faustschlag ins
Gesicht. So dachte der Marketingvorstand also wirklich über ihn.
Lennart fühlte sich benutzt und gedemütigt. Mit schwarzgalligem

Unmut mailte er einen aktualisierten Lebenslauf an vier Headhunter und verabredete sich auf ein langes Wochenende in London, um die Lage mit Sam zu besprechen. Wovon lohnte es sich beruflich überzeugt zu sein und was sollte er einem Vorgesetzten künftig noch glauben können?

> Je stärker die Emotion ist, die eine Erfahrung oder Idee bei Ihnen auslöst, desto nachhaltiger wird sie als Erinnerung abgespeichert und in das vorhandene Überzeugungssystem aufgenommen.

Stoßen Sie später erneut auf eine gleichartige Idee oder machen eine ähnliche Erfahrung, weiß Ihr Gehirn genau, wie Sie reagieren sollen. Die meisten Menschen erleben negative Emotionen wie Frustration, Enttäuschung und Wut in ihrem beruflichen Umfeld häufiger als positive. Auf der anderen Seite haben positive Emotionen einen höheren Energiewert und die höchste Wertigkeit im Überzeugungssystem Ihres Gehirns. Je höher die Wertigkeit einer Emotion, desto nachhaltiger ist sie in der Lage, Ihre Überzeugungen zu verändern.

Während seiner elitären Ausbildung hatte Lennart Erfolg als etwas definieren gelernt, das von ihm selbst abhängt und vorhersehbar ist. Intelligenz, Fleiß, Spaß und Einsatz, so seine Überzeugung, sichern gute Resultate, Fortkommen und Aufstieg. Nun machte er konträre berufliche Erfahrungen, die mit heftigen negativen Emotionen verbunden waren. Damit war sein Bild vom Erfolg angekratzt, wenn auch noch nicht aus den Angeln gehoben. Wenig später wechselte er, vermittelt durch eine Personalberatung, zu einem anderen Konzern in eine Abteilungsleiterposition. Hier schockierte ihn, dass er vom Zirkel der Mächtigen nicht wahrgenommen wurde, weil seine Aufgabe von eher untergeordneter Bedeutung war. Zwar kam er im Rahmen der High-Potential-Seminare mit den Vorständen und Bereichsvorständen in Kontakt, aber dort war er nur einer von vielen, die sich innerhalb weniger Stunden zu profilieren versuchten. Mit der Führungsaufgabe im operativen Tagesgeschäft fühlte er sich intellektuell unterfordert. Das änderte sich auch nicht, als er bereits nach zwölf Monaten einen erweiterten Verantwortungsbereich als Bereichsdirektor erhielt. Lennart musste sich eingestehen, dass er nicht über genügend Geduld und Sitzfleisch verfügte, um über die unternehmensinterne Karriereleiter in eine Vorstandsposition zu gelangen. Dennoch wollte er sein Ziel nicht aufgeben. Nachdem er mit Sam in London verschiedene Was-wäre-wenn-Szenarien durchgespielt hatte, entschied sich Lennart, sein Berufsziel weiterzuverfolgen, aber die Strategie zu wechseln. Er klopfte bei seinem alten Arbeitgeber, dem Strategieberatungsunternehmen, an und bekam dort sogleich eine Anstellung als Direktor, verbunden mit der Aufgabe, eine branchenspezifische Spezialisierung aufzubauen, die dem Beratungsunternehmen bisher noch fehlte. Lennarts Chancen, in absehbarer Zeit Partner des Beratungsunternehmens zu werden, stehen gut. Aus dieser künftigen Position heraus plant Lennart den Sprung in den Vorstandssessel eines namhaften Unternehmens zu schaffen.

In unseren Gehirnen herrscht eine komplexe Gemengelage aus den vier genannten Komponenten: Wahrnehmungen, Informationsverarbeitung, emotionale Wertigkeit und sozialer Konsens der Gruppe.

> ▨ Ihr Verhalten spiegelt das Verhalten Ihres beruflichen Umfeldes wider.

Das hat damit zu tun, dass Menschen den wesentlichen Teil ihrer Kommunikation darauf verwenden, andere dazu zu bringen, so zu denken und zu handeln wie sie selbst. Sie verwenden viel Zeit und Energie darauf, andere von dem zu überzeugen, was ihnen selbst am wichtigsten erscheint. Dabei ist die Logik ihre stärkste Waffe. Lennarts Konsensgruppe bestand bisher aus leistungsfähigen, intelligenten und ehrgeizigen jungen Männern und Frauen mit international universitärer Ausbildung. In einem Großunternehmen herrscht ein anderer Gruppenkonsens, an dem sich Lennart mit seinen Gehirnprogrammierungen heftig rieb, weil wenig Resonanz bestand.

Lennart hat fest gefasste Annahmen über seine Karriere und was es braucht, um sie zu realisieren. Man könnte aber auch von ganz anderen Annahmen ausgehen. Beispielsweise, dass in einem bestimmten Arbeitsumfeld die wichtigste Eigenschaft darin besteht, loyal gegenüber dem Unternehmen und den Vorgesetzten zu sein. Loyalität bezeichnet eine innere Verbundenheit, bei der es darum geht, gemeinsame Werte zu leben und zu vertreten, auch wenn man sie nicht vollständig miteinander teilt. Das Maß an Loyalität hängt von der beiderseitigen Erwartungshaltung ab. Loyalität sorgt nach meiner Erfahrung für langfristige Stabilität, denn gelebte Werte schweißen Menschen zusammen, ob es stürmt oder schneit oder ob die Sonne scheint. Dominiert die Loyalität in einem Unternehmen jedoch über längere Zeit die gelebte Kultur, führt sie schleichend zu Kumpanei, Selbstgefälligkeit, Erstarrung und stetig sinkenden Leistungen. Stehen die internen sozialen Beziehungen über allem, wird das Unternehmen auf Dauer nach außen hin verletzlich und damit instabil. Es kann am Markt nicht mehr mithalten, weil seine Leistungskomponente nicht mehr stark genug ist. Dem polar entgegengesetzt ist eine Unternehmenskultur, die Leistung um jeden Preis wertschätzt. Wer nicht mithält und sich ständig weiterentwickelt, fliegt raus oder wird zurückgestuft. Ein solches Unternehmen ist am Markt so lange stabil, wie die Mitarbeiter dieses Prinzip aus Überzeugung mittragen oder gar wünschen und für die Ausgemusterten entsprechender Ersatz rekrutiert werden kann. Das unternehmensspezifische Fachwissen verbleibt im Hause oder kann zumindest ständig von außen ergänzt werden. Spielen die Menschen nicht mehr mit, weil ihnen zu viel abverlangt wird, kann es geschehen, dass die fachliche Kompetenz das Boot schlagartig verlässt und so zum Kentern bringt. Zwischen diesen beiden extremen Polen – Loyalität und Leistung – sind Abertausende Varianten denkbar.

> Ihre beiden Gehirnhälften spielen beim Aufbau Ihrer beruflichen Annahmen gegensätzliche Rollen. Sie erzeugen Ihre erlebte Realität in unterschiedlicher Art und Weise.

Ihre linke Gehirnhälfte ist der Spezialist für logisches, analytisches, sequentielles und rationales Denken. Sie teilt die Welt in Gegensatzpaare ein: schwarz/weiß, sicher/gefährlich, dumm/intelligent, bekannt/unbekannt, richtig/falsch. Ihre rechte Hirnhälfte ist Meister der ganzheitlichen, unmittelbaren, intuitiven, visuellen, kreativen, integrierten, emotionalen und expressiven Wahrnehmung und Bewertung. Hier finden Sie den Ansatz zur Einheit allen beruflichen Seins, denn mit der rechten Gehirnhälfte betrachten Sie Ihre Arbeitswelt als Ganzes und denken in Bildern, Symbolen und Geschichten.

Um zu ausgewogenen Überzeugungen über Ihre Arbeit zu gelangen, ist es wichtig, beide Gehirnhälften gleichermaßen daran zu beteiligen. Die Aufgabe der linken Gehirnhälfte besteht darin, ein System bzw. Modell Ihrer Überzeugungen, etwa über das Verhältnis zwischen beruflicher Loyalität und Leistung, zu bauen und alle neuen Erfahrungen in dieses System einzuordnen. Jede neue Information und Erfahrung, die nicht in dieses Modell passt, wird von der linken Gehirnhälfte verleugnet, unterdrückt und aussortiert, um den Status quo nicht anzutasten. Machen Sie sich einmal den Spaß und kleiden Sie sich gänzlich anders, als Sie das gewöhnlich für Ihre Arbeit zu tun pflegen. Wenn Sie normalerweise förmlich gekleidet arbeiten, tragen Sie etwas deutlich Legereres. Wenn Sie eher freizeitmäßig angezogen zur Arbeit gehen, kleiden Sie sich formeller und schicker. Stellen Sie sich vor einen großen Spiegel, beobachten und erfühlen Sie, wie Ihr Körper, Ihr Gehirn und Ihre Emotionen darauf reagieren. Wenn Sie mutig sein wollen, begeben Sie sich so gekleidet zur Arbeit. Registrieren Sie aufmerksam, wie die anderen auf Sie reagieren, und ziehen Sie Ihre Schlüsse daraus.

Ihre rechte Gehirnhälfte übernimmt die Aufgabe, den beruflichen Status quo infrage zu stellen und nach Ungereimtheiten in Ihrem Überzeugungssystem zu suchen. Wenn eine Information oder Erfahrung, die nicht in das bestehende System passt, einen gewissen Schwellenwert der Intensität überschreitet, überarbeitet die rechte Gehirnhälfte das bestehende Überzeugungssystem und beginnt wieder bei null. Wenn Sie beispielsweise lesen, wie ein anderer Mensch sich beruflich freigeschwommen hat, beeinflusst das Ihr eigenes Überzeugungssystem nur leicht. Berührt die Geschichte Sie emotional, erhöht sich die Chance, dass Sie sich bewegen werden und selbst in Gang kommen. Treffen Sie einen solchen Menschen persönlich und sind von seiner charismatischen Ausstrahlung fasziniert, ist die Wahrscheinlichkeit, dass Ihr berufliches Überzeugungssystem ins Wanken gerät und sich neu erfindet, noch viel größer. Je intensiver die positive Emotion, mit der Ihre Erfahrung verbunden ist, desto eher schwenkt Ihr Gehirn um. Für mich traf das auf die Begegnungen mit meinem Rechtskundelehrer in der Schule sowie auf den intensiven Dialog mit Professor Han und meiner geistigen Ziehmutter Christa zu.

> Neurowissenschaftler haben herausgefunden, dass Sie von dem überzeugt sind, wovon Sie überzeugt sein wollen.

Wovon möchten Sie überzeugt sein? Dass Sie freudvoll und begeistert arbeiten und sich mit Ihren Talenten selbst verwirklichen können? Menschen, die so denken, arbeiten tatsächlich mit Spaß und bewegen etwas in der Welt. Gäbe es sie nicht, würden wir alle wahrscheinlich noch immer in Höhlen leben, statt zu fliegen, bei Kerzenschein sitzen, statt bei elektrischem Licht, und mit dem Pferdewagen durch die Welt kutschieren, statt mit dem schicken Flitzer zu fahren.

> Diejenigen, die Großes bewegen, entwickeln sich selbst weiter und übernehmen dafür die volle Verantwortung. Diejenigen, die Ihre beruflichen Träume nicht realisieren, machen andere oder das Schicksal dafür verantwortlich.

Mit achtzehn stehen Sie auf den Hügeln Ihrer Überzeugungen und blicken von dort erwartungsvoll in die Welt. Wenn Sie vierzig sind, gleichen diese Überzeugungen eher Höhlen, in denen Sie sich verstecken. Kommen Sie aus Ihrer Höhle. Verschaffen Sie sich neue, ungewohnte Ein- und Ausblicke. Aktualisieren Sie das System Ihrer beruflichen Überzeugungen. Halten Sie sich stets vor Augen, dass die Art und Weise, wie Sie Ihre Arbeit betrachten, erleben und beurteilen, eine zutiefst persönliche ist. Im Jahr 2010 lebten 6,9 Milliarden Menschen auf unserer Erde. Und genauso viele Sichtweisen der Welt gibt es. Jedes Gehirn ist einzigartig, die Überzeugungen, die es produziert und aufrechterhält, auch.

> Was Sie in Ihrem Arbeitsalltag »da draußen« sehen und erleben, ist nur das Spiegelbild dessen, was in Ihrem Inneren vor sich geht.

Die Außenwelt zeigt Ihnen, wovon Sie überzeugt sind, was Sie aufgrund Ihrer Erfahrungen für wahr halten und worauf Sie Ihre Aufmerksamkeit richten. So wie der Holodeck-Computer in *Star Trek* eine Welt erschuf, die es nicht wirklich gab, erschaffen auch Sie eine Berufswelt, die nur in Ihrem Kopf existiert. Wenn Ihre Augen ein Objekt betrachten, leitet Ihre Netzhaut das Bild an den visuellen Kortex im Gehirn weiter. Was Ihre Netzhaut wahrnimmt, sind die Bewegungen, sprich die Schwingungsfrequenzen von Atomteilchen. Im Gehirn werden diese Energiewellen zu einem Bild »verarbeitet«. Kein Mensch ist in der Lage, ein Objekt vollständig mit dem Auge zu erfassen. Dort, wo der Sehnerv an die Netzhaut anschließt, ist das Auge blind. Aber Sie sehen keine Bilder, bei denen etwas fehlt, oder? Das Bild, inklusive der durch den blinden Fleck geschaffenen Lücke, wird durch den visuellen Kortex in Ihrem Gehirn bearbeitet und ergänzt. Ihr Gehirn erledigt das für Sie, ohne dass Sie es bemerken.

Ihre Fähigkeit, zu hören, hängt davon ab, wie Sie Energie wahrnehmen, die auf unterschiedlichen Wellenlängen transportiert wird. Klang entsteht, wenn Atomteilchen im Raum zusammenstoßen. Ihre Fähigkeiten, Geruch und Geschmack wahrzunehmen, hängt davon ab, wie elektromagnetische Partikel, die an Ihrer Nase vorbeiwehen und die Geschmacksknospen Ihrer Zunge kitzeln, von den dort befindlichen Rezeptoren aufgenommen werden. Gleichzeitig wird Ihre Wahrnehmung von den in Ihrem Gehirn gespeicherten Annahmen, Überzeugungen, Emotionen, Erfahrungen und Erwartungen überlagert. Sie »sehen«, »hören«, »riechen«, »fühlen« und »schmecken« externe elektromagnetische Partikel, ergänzt um fehlende Daten sowie Urteile und Einwände für und gegen das vom Sinnesorgan erfasste Objekt.

Das gesamte Netzwerk Ihres Gehirns spiegelt Ihre Sicht der Arbeitswelt wider. Gedanken, die sich wiederholen, bestätigen und verfestigen bestehende Neuronenverbindungen. Neue Gedanken und Erfahrungen schaffen neue Verbindungen. Lange nicht genutzte Verbindungen lösen sich voneinander. Als Folge davon erschaffen Sie immer wieder die gleiche berufliche Realität, es sei denn, Sie denken, sprechen, fühlen und handeln anders, lernen Neues, brechen zu neuen Horizonten auf und erweitern die Verbindungen in Ihrem Gehirn. Wer quietschlebendig, übersprühend vor Tatendrang und himmelsstürmerisch in sein Berufsleben gestartet ist und mit den Jahren zu einem leidenschaftslosen Menschen ohne eigene Persönlichkeit verkommen ist, ist vermutlich auf die Überzeugungen von Menschen hereingefallen, die es nicht besser wussten.

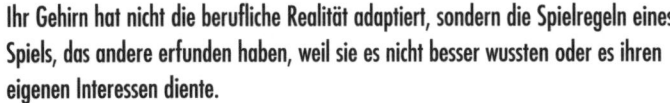

Ihr Gehirn hat nicht die berufliche Realität adaptiert, sondern die Spielregeln eines Spiels, das andere erfunden haben, weil sie es nicht besser wussten oder es ihren eigenen Interessen diente.

Die Wirklichkeit ist amüsanter, freudestrahlender, heldenhafter und spannender als der Ihre Persönlichkeit neutralisierende Einheitsbrei, der in vielen Unternehmen gekocht wird. In diese Wirklichkeit einzutauchen gelingt den Menschen am leichtesten, die träumen und konkrete Ideen entwickeln, wie ihr Berufsleben aussehen soll; Menschen, die reisen, Neues erfinden und ausprobieren; Menschen, die in wechselnden Bereichen arbeiten und zusammen mit den verschiedensten Nationalitäten. Sie haben die Polarität von Falsch und Richtig in der Arbeitswelt hinter sich gelassen und verstehen es, sich mit der Welt der Paradoxe zu arrangieren.

SCHREIBEN SIE, WENN SIE IHRE KÖRPERLICHEN MUSTER UND ÜBERZEUGUNGEN ENTLARVEN WOLLEN

1. Wo schmerzt Ihr Körper?

2. Wo ist er unbeweglich bis steif?

3. Auf welche Medikamente, Methoden oder Therapien greifen Sie zurück, um was zu
   - heilen?
   - auszugleichen?
   - unterdrücken?

4. Was würde Ihr Körper Ihnen heute sagen, wenn er sprechen könnte?

5. Was will Ihr Verstand
   - kontrollieren?
   - manipulieren?
   - verdrängen?

6. Was nimmt das Wasser in Ihren Körperzellen heute an
   - Gedanken
   - Worten
   - Einflüssen
   aus Ihrer beruflichen Umgebung auf?

7. Welche Überzeugungen im Spannungsfeld zwischen Loyalität und Leistung steuern Ihre berufliche Auffassung?

8. Unterscheidet sich Ihre persönliche Auffassung von derjenigen der meisten Menschen in Ihrer Arbeitsumgebung? Wenn ja, worin?

SIE SIND EIN FÜHLENDES WESEN, DAS DENKEN KANN

>»Das Denken kann aus sich selbst heraus nicht den Sinn dessen generieren, für das es eingesetzt werden soll.«
>
> *Gerald Hüther / Wolfgang Roth / Michael von Brück*

Sie sind keine denkende Kreatur, die ab und an ein paar Gefühle hat, die sie dann im beruflichen Kontext möglichst unterdrücken sollte. Im Gegenteil. Sie sind ein fühlendes Wesen, das denken kann. Das ergibt sich aus den Forschungen namhafter Neurobiologen wie Candace Pert.

Wenn dem so ist, wie weit haben Sie sich dann beruflich von Ihrer wahren Natur entfernt? Rechtfertigen Sie Ihr Arbeitsleben intellektuell und leugnen oder unterdrücken Sie Ihre Gefühle und emotionalen Bedürfnisse im Beruf? Dann bekämpfen Sie sich und Ihre Kapazitäten ständig selbst.

Auf der intellektuellen Ebene denken Sie über Ihre Arbeitsinhalte, den Arbeitsplatz mit seinen Anforderungen und menschlichen Dramen, über Karriereschritte und Ihre beruflichen Ambitionen nach. Dort sind Fähigkeiten wie Probleme lösen, Regeln und Anordnungen befolgen sowie Ziele erreichen angesiedelt. Was Sie erreichen wollen, welche Probleme Sie beruflich zu lösen gedenken, welche Regeln Ihnen sinnvoll erscheinen, welche Sie befolgen und welche Ziele Sie für lohnenswert halten, entscheidet sich hingegen auf der emotionalen Ebene.

> Berufliches Sinnstreben, Visionen, innere Werte, ethische Grundsätze werden durch Antriebskräfte gesteuert, die nicht im Gehirn zu lokalisieren sind.

Ihre Emotionen bestimmen Ihre Sichtweise und Ihre Erwartungen. Auf der materiellen Ebene sind Emotionen in Zellen eingeprägte Chemikalien. Der Hypothalamus im Gehirn produziert Peptide die er zu Aminosäureketten zusammensetzt. Für jede Emotion eine andere. Über die Hypophyse gelangen die Peptide in die Blutbahn, sodass jede Zelle sie über ihre Rezeptoren aufnehmen kann. Auf diese Weise kommt es zu biochemischen Prozessen in den Zellkernen und damit im gesamten Körper. Was ist nun eine Emotion? Emotion (lat. *emovere, emotum*) bedeutet *herausbewegen, erschüttern, stören*.

Emotionen sind Gemütsbewegungen. Ihr Gefühl sagt Ihnen, wie Sie diese erleben.

Sie bewegen sich, weil Emotionen Ihre Muskeln bewegen und in Gang setzen. Von demselben lateinischen Wortstamm leiten sich auch die Worte *Motiv* und *Motivation* ab, die *Antrieb* und *Bewegung* bedeuten. Emotionen sind also nichts anderes als Antriebe zur Bewegung.

Menschen, die den Sinn ihres Arbeitens erkannt haben, sind durch ein starkes »Warum« hoch motiviert und in Bewegung.

Dieses »Warum« ist die Quelle, aus der Sie Ihre Kraft und Ihren Antrieb für die Arbeit schöpfen. Verrichten Sie Ihre Arbeit überwiegend um des Einkommens willen, das Sie daraus erzielen, versiegt Ihre Motivation und damit Ihre emotionale Kraftquelle immer dann, wenn Sie der Ansicht sind, nicht gut genug bezahlt zu werden, oder wenn Sie andererseits so viel Geld beieinanderhaben, dass Sie nicht mehr arbeiten müssen. Brennen Sie hingegen für den Inhalt Ihrer Arbeit, ist Ihr »Warum« unendlich stark und bleibt die Quelle unvergänglich positiver Emotionen. Dann sind Sie von den Inhalten Ihrer Arbeit begeistert und hoch energetisch aufgeladen. Sie überwinden Hürden und ungeahnte Hindernisse sehr viel leichter als andere. Die Bewegung, die Sie über positive Emotionen und die damit gekoppelte Energie in Ihren Beruf tragen, versetzt Berge, im wahrsten Sinne des Wortes. Menschen, die dieselbe Arbeit verrichten, aber keinem emotionalen Drang oder gar inneren Ruf folgen, können sich in Ergebnis und Qualität ihrer Arbeit nicht mit den emotional Angetriebenen messen. Diese Menschen sind einzigartig und jeder, der ihnen begegnet, nimmt das sofort wahr. Wenn Sie dieses Hochgefühl oder Prickeln bei Ihrer Arbeit vermissen, leben Sie Ihre positiven Emotionen wahrscheinlich außerhalb Ihres Berufes aus. Wenigen scheint aufgefallen zu sein, dass die Spaß- und Freizeitindustrie in unseren Breitengraden in dem Maße gewachsen ist, in dem wir die Freude an unserer beruflichen Tätigkeit verloren haben.

Wir handeln wider unsere Natur, wenn wir Emotionen ausblenden, verleugnen und unterdrücken.

Tun wir das über einen längeren Zeitraum, nehmen wir unsere Emotionen mit der Zeit nur noch undifferenziert wahr. Dabei ist die Palette unserer Emotionen breit und vielfältig: fröhlich, erfrischt, freundvoll, glücklich, liebevoll, begeistert, mutig, euphorisch, vertrauensvoll, verliebt, eifersüchtig, angespannt, schlapp, traurig, hasserfüllt, neidisch, niedergeschlagen, wütend, argwöhnisch, fassungslos, feindselig, enttäuscht, angstvoll. Wenn die Skala der Emotionen, die Sie bei der Arbeit zulassen, beschränkt ist, trifft das in gleicher Weise auf die Flexibilität Ihrer Muskeln und die Anzahl Ihrer Möglichkeiten zu, Ihre Arbeit auszuführen.

Gefühle entscheiden über unsere Leistungsfähigkeit am Arbeitsplatz. Deshalb sollten wir lernen, sinnvoll mit ihnen umzugehen. Ansonsten machen wir es uns selbst unnötig schwer. Nach meinen Beobachtungen dominieren negative Emotionen wie Frustration, Neid, Missgunst, Wut, Enttäuschung und Angst den Arbeitsalltag vieler. Negative Emotionen setzen in Ihrem Körper das Hormon Cortisol frei. Ist das Cortisol-Level zu hoch, blockiert es den vollen Zugang zu Ihren höheren Gehirnfunktionen, weil es den Thalamus in seiner Funktion stört. Damit steht Ihnen nur der Teil Ihres Gehirns in vollem Umfang zu Verfügung, den Sie mit den Reptilien und Säugetieren teilen. Diese Blockade kann sechs bis zehn Stunden anhalten. In dieser Zeit machen negative Emotionen Sie schlichtweg so »dumm« wie einen Hund.

Positive Emotionen wie Freude, Begeisterung und Mut erzeugen das Hormon DHEA, das wie ein Schmiermittel für die höheren Gehirnfunktionen wirkt. Es sorgt dafür, dass Sie klarere und intelligentere Entscheidungen treffen und sie auch umsetzen.

Cortisol und DHEA gehen aus demselben Basismolekül hervor. Wenn Ihre Emotionen viel Cortisol produzieren, haben Sie wenig DHEA und umgekehrt. Spitzensportler, die Höchstleistungen erbringen wollen und zu faul sind, sich selbst mental so zu trainieren, dass ihre positiven Emotionen die negativen weit überwiegen, führen sich DHEA künstlich von außen zu – als Dopingmittel. Auch wenn es in anderen Berufen noch keine Dopingkontrollen gibt, das Geld können Sie sich sparen.

Trainieren Sie Ihr Gehirn und programmieren Sie es bewusst auf positive Emotionen.

1. Zählen Sie jeden Morgen als erste Arbeitshandlung zehn Dinge auf, für die Sie dankbar sind, und freuen Sie sich mit einem Lachen im Gesicht und einem warmen Gefühls ums Herz daran. Mindestens fünf Dinge auf Ihrer inneren Dankesliste sollten mit Ihrer Arbeit zu tun haben. Auch wenn die Ihnen im Moment mächtig stinkt, finden Sie bei sorgfältiger Betrachtung sicher irgendetwas daran, über das Sie sich freuen können.

2. Stoppen Sie alle negativen Gedanken und daran gekoppelte Emotionen, noch bevor sie so richtig Fahrt aufnehmen. Sagen Sie zu sich: »Stopp! Ein neuer Gedanke!« Es funktioniert, garantiert. Sie müssen es nur konsequent tun.

Leben Sie viele positive Emotionen bei dem, womit Sie täglich Ihr Geld verdienen!

Ihr Gehirn sortiert Informationen nach Emotionen. Das hat sich über Jahrtausende so entwickelt. Je größer die Zahl unterschiedlicher Emotionen, die Sie zu erkennen und zu leben vermögen, desto mehr verschiedenartige Informationen kann Ihr Gehirn aufnehmen und speichern. Beobachten Sie die Menschen um sich herum. Wer positive Emotionen lebt, ist in Bewegung, teilt sich darüber mit, verbal und nonverbal, und zieht Menschen an, um gemeinsam mit ihnen etwas zu voranzutreiben.

Wenn Sie kommunizieren, setzt sich Ihre Botschaft zu mehr als 90 Prozent aus dem Klang Ihrer Stimme und Ihrer Körpersprache zusammen. Der Inhalt dessen, was Sie sagen, hat folglich relativ wenig Gewicht. Sie geben mit Ihrem Körper und dem Klang Ihrer Stimme Emotionen bekannt. Sie legen fest, wer zu Ihnen gehört, wer zur Gruppe passt und wer ausgeschlossen wird. Sie entscheiden in einhundert Millisekunden, in einem Wimpernschlag, ob Sie einen Menschen für vertrauenswürdig und fähig halten. Erst danach schaltet sich Ihr Gehirn ein und sucht die entsprechenden Argumente für oder gegen diesen Menschen zusammen.

■ Berufliche Beziehungen aufgrund logischer Argumente existieren nicht.

Caroline arbeitet seit 15 Jahren für einen US-amerikanischen Multinational und verantworte mit Mitte vierzig den Bereich Business Services im europäischen Leitungsgremium eines der drei weltweiten Geschäftsbereiche. Die Belgierin hat Betriebswirtschaft in den Niederlanden studiert und nach einigen Jahren einen MBA in Chicago draufgesattelt. Caroline spricht fünf Sprachen fließend, hat in mehreren Ländern gearbeitet und in den Bereichen Finanzen und Strategie jeweils zu Beginn schwierigste Herausforderungen für den Konzern in Erfolge verwandelt. Caroline ist intelligent, fleißig und denkt in Möglichkeiten, statt in Problemen. Sie handelt, um dem Unternehmen zu dienen. Ihr eigener Vorteil oder ihr eigenes Fortkommen spielen in ihren Gedanken, Worten und Taten keine Rolle. Caroline steht für gelebte Werte wie Respekt, Fürsorge, Leistungsbereitschaft, die Emotionen Begeisterung, Freude, Vertrauen und Mut sowie ein feines Gespür für Menschen. Kaum jemand kann dem Funkeln in ihren Augen widerstehen, wenn sie leidenschaftlich und engagiert Fachliches präsentiert und so immer aufs Neue Menschen dazu bewegt, über sich hinauszuwachsen. Caroline inноviert ständig, treibt Veränderungen voran, ist fokussiert auf Teamarbeit, liebt und nutzt die Vielfalt von Menschen, Ideen, Kulturen und Prozessen. Kurzum, sie hat Spaß bei dem, was sie tut. Caroline konzentriert sich ganz auf die Teile der Arbeit, die sie durch ihren eigenen Einsatz beeinflussen kann. Sie lamentiert nicht, sie klagt nicht. Weder über andere noch über unerwartete Hindernisse.

Der Konzern, für den sie tätig war, vertritt ein bestimmtes Credo mit einer Hierarchie zu lebender Werte, was für Caroline bedeutete, dass sie in einer Wohlfühlumgebung arbeiten konnte. Caroline erkannte die Werte in genau der vorgegebenen Reihenfolge als Handlungsmaxime an und verstand es gleichzeitig, sie im Kontext der europäischen Kultur zu interpretieren. Den Freiraum dafür ließ ihr das amerikanische Mutterhaus. Es kam über die Jahre aber auch regelmäßig zu Situationen, in denen sie aus der Haut hätte fahren können und sich fragte, ob ihr Einsatz im Beruf nicht zu sehr auf Kosten der beiden Kinder und des Ehemannes ging. Auslöser dieser emotionalen Tiefs war stets das egoistische Führungsverhalten einzelner Vorgesetzter oder das Überbordwerfen des Wertekanons, in dem das Wohl der Gesellschafter an letzter Stelle steht, um des kurzfristigen wirtschaftlichen Erfolges willen. Aus Loyalität und Liebe zum Unternehmen schluckte sie ihre Frustration hinunter und fing sich stets wieder. Um den körperlichen Stress abzubauen, trieb sie in diesen Phasen mehr Sport. Es gelang ihr stets erstaunlich schnell, die negativen Emotionen wieder einzudämmen, weil sie spürte, dass sie ihr nicht weiterhalfen.

Dann bediente sich ihr neuer Vorgesetzter plötzlich ihrer Fähigkeit, eine Vision zu entwickeln und sie in eine gut umsetzbare Strategie zu übersetzen, und zwar für seinen eigenen Verantwortungsbereich und den von anderen Mitgliedern des Management-Teams. Ohne kenntlich zu machen, wer tatsächlich der schlaue Kopf war und die ganze Arbeit geleistet hatte. Obwohl Caroline gegenüber Dritten nie ein klagendes Wort darüber verlor, flüsterte man sich in den Fluren Europas zu, dass ihr Chef sich gegenüber seinem Vorgesetzten mit fremden Federn schmücke. Zu offensichtlich war, was sich hier abspielte. Die »atmosphärischen Störungen« zwischen

Caroline und ihrem Chef waren nicht mehr zu übersehen und auch nicht zu überhören, denn er attackierte sie immer öfter in Anwesenheit Dritter. War sie ihm zu gefährlich geworden? Wollte er sich für irgendetwas rächen? Sie kam nicht dahinter. Dann kündigte er ihr unvermittelt an, sie aus dem europäischen Führungsteam zu entfernen und ihr einen neuen Verantwortungsbereich zu geben, in dem sie »garantiert scheitern würde«. Das war der Tropfen, der Carolines emotionales Fass zum Überlaufen brachte. Sie hatte das Vertrauen in die Integrität und Führungsfähigkeit ihres Vorgesetzten unwiederbringlich verloren.

Noch bevor sie selbst in Aktion treten konnte, fügte es sich, dass ein Headhunter sie anrief und ihr eine Position in London andiente. Sie lehnte ab, denn das war mit Ehemann und Kindern von Belgien aus nicht machbar. Caroline zeigte sich jedoch interessiert, über Positionen auf dem Kontinent zu sprechen, allerdings unter der Voraussetzung, dass sie künftig an einem Tag in der Woche zu Hause arbeiten könne. Caroline liebt ihre Kinder über alles und will zumindest an einem Wochentag außerhalb der Schulstunden ganz für sie da sein können. Ein paar Wochen später unterzeichnete Caroline einen Arbeitsvertrag und war nun Verantwortliche für den Bereich Finanzen Westeuropa bei einem europäischen Traditionsunternehmen in Amsterdam.

Ihre Kündigung kam für die Mächtigen ihres alten Arbeitsgebers wie ein Donnerschlag aus heiterem Himmel. Einige Topmanager aus der Konzernzentrale in den USA riefen aufgeschreckt an und fragten, ob sich da noch etwas machen ließe. »Nein, zu spät«, erwiderte Caroline. »Ich liebe das Unternehmen, aber ich verlasse es, weil mein Chef ein A… ist und ihr ihn gewähren lasst. You don't leave a company, you leave your boss.« Keiner der obersten Konzernlenker nahm Caroline ihre Entscheidung und die deutlichen Worte übel. Sie wird nach wie vor respektiert und bewundert.

Berufliche Beziehungen entstehen, wenn wir spürbar emotional aufeinander reagieren.

Sie enden, wenn wir das emotionale Band verlieren, wie in Carolines Fall. Erspüren Sie Ihren Gesprächspartner. Nur so erfassen Sie ihn ganz. Wenn Sie sagen, »Ich verstehe, wie Sie denken«, haben Sie einen anderen Menschen nur in Bruchstücken wahrgenommen. Sie können seine Denkmuster entschlüsseln. Sie vermögen jedoch nicht zu erkennen, was ihn antreibt, ihm Energie gibt, ihn motiviert und was ihn andererseits erlahmen lässt und dazu führt, dass er Sie oder Ihre Ideen und Vorschläge ablehnt. Mit dem Verstand erfassen Sie Konzepte, Zahlen und Strategien, aber nicht die wahre Geschichte und den aktuellen Antrieb dahinter. Erst wenn Sie sagen können: »Ich fühle mit Ihnen« oder »ich empfinde dasselbe«, haben Sie einen anderen Menschen wirklich wahrgenommen und können entsprechend gut mit ihm zusammenarbeiten.

Wenn Ihnen jemand erklärt, warum er sich beispielsweise für oder gegen Ihren Vorschlag oder Ihr Angebot entschieden hat, warum er Ihre Anweisung nicht befolgt hat, Ihre Meinung nicht teilt oder was auch immer das intellektuelle Gespräch im beruflichen Kontext nach oben gespült hat, stellen Sie folgende Frage: »Was sind die emotionalen Gründe für Ihre Entscheidung, Meinung oder Handlung?«

Hören Sie aufmerksam zu, beobachten Sie wie sich Gesichtsausdruck und Körperhaltung Ihres Gegenübers verändern und bemühen Sie sich, die geschilderten Emotionen im eigenen Körper zu erfahren. Bedanken Sie sich bei Ihrem Gesprächspartner und bleiben Sie auf der emotionalen Ebene. Gefühle anderer können Sie nicht wegargumentieren. Sie können sich nur in sie hineinversetzen und Ihr eigenes Verhalten entsprechend anpassen.

Die Neurobiologin Dr. Candace B. Pert hat herausgefunden, dass alles, woran wir uns erinnern können, im psychosomatischen Netzwerk des gesamten Körpers abgespeichert ist, und zwar in den Rezeptoren der Zellen. Die Entscheidung darüber, was Sie erinnern und was in den Tiefen Ihres Unterbewusstseins unzugänglich vor sich hin schlummert, wird von den Rezeptoren der

Zellen getroffen. Ihr Gehirn ist nicht bewusst einbezogen. Wählen Sie also allein aufgrund Ihres Kopfkinoprogramms einen Beruf oder die Inhalte Ihrer Arbeit aus, kerkern Sie Ihr Wesen zwangsläufig ein.

Nicht etwa der Schnellste oder der Intelligenteste meistert berufliche Veränderungen am besten, sondern vielmehr der Anpassungsfähigste, der das *gesamte* System, in dem er sich bewegt, wirklich ergründet hat. Das sagen die Kybernetiker. Und was heißt es? Anpassen an den Arbeitsmarkt natürlich, denken die meisten, verbiegen sich entsprechend und akzeptieren Zwänge, die angeblich unvermeidbar sind, weil sie ein sicheres Einkommen garantieren und damit das Überleben im Kontext der eigenen Erwartungshaltung, auch wenn das bedeutet, dass sie morgens schon mit Widerwillen aufstehen, körperliche Schmerzen haben, depressiv werden oder es ihnen ständig die Zornesröte ins Gesicht treibt. Aber immer gibt es einen Weg, die Zwänge hinter sich zu lassen und sich wieder an das eigene Wesen anzupassen. Die Geschichte von Marc ist ein gutes Beispiel dafür.

Es gibt einen geheimen Schlüssel zum großen Ganzen Ihres Körpers, den Sie für Ihren Wandlungsprozess nutzen können: das psychosomatische Netzwerk Ihres Körpers.

> **Das psychosomatische Netzwerk des Körpers ist das bewegliche Gehirn, da es alle geistigen, seelischen und physischen Körperreaktionen miteinander verbindet und interagieren lässt.**

Wenn Sie das Wort *psychosomatisch* in seine Bestandteile zerlegen, erschließt sich die Einheit. *Psyche* heißt Geist und Seele, *Soma* bedeutet Körper. Während alle fernöstlichen Betrachtungen des Menschen, auch die medizinische, auf der Einheit von Körper, Geist und Seele basieren, finden wir es normal, schmerzende oder erkrankte Körperteile und Organe zu behandeln, ohne deren mögliche emotionale oder seelische (Mit-)Ursachen zu erforschen und ebenfalls zu beheben. Schlafstörungen, Tablette schlucken, Thema für die kommende Nacht erledigt. Wir finden es auch normal, dass Medikamente für isoliert betrachtete Schmerzen und Krankheiten wie Nackenschmerzen, Bluthochdruck, hohe Cholesterinwerte und andere Stresskrankheiten ungünstige »Nebenwirkungen« haben und das Wohlbefinden des gesamten Körpers negativ beeinflussen. Sie helfen sich auf dem beruflichen Weg zu sich selbst, wenn Sie anfangen, sich stets als ein Ganzes zu sehen: ein Wesen, das mit sich und der Außenwelt in Harmonie sein will.

»Wir Menschen sind Quantengeschöpfe«,

schrieb der ganzheitlich arbeitende Mediziner Prof. Dr. Rolf Stühmer. Daher interagieren wir beständig mit dem Gesamtenergieverbund im Universum, und das schließt alle Aspekte unserer selbst und unseres Körpers ein.

Das Schicksal der Gehirnforscherin Dr. Jill B. Taylor offenbart uns, wie sehr wir eins mit unserer Umgebung sind, wenn im Kopfkino kein Film mehr läuft. Jill erlitt im Alter von siebenunddreißig Jahren einen Schlaganfall. Eine Blutung blockierte die Funktion ihrer linken Gehirnhälfte. Acht Jahre kämpft sie sich ins Leben zurück. Dabei transformiert sie sich nicht nur von der Kranken zur Gesunden. In Ihrem Buch *Mit einem Schlag* beschreibt sie für Laien, was der Schlaganfall für das *Erleben* ihres Körpers und der Welt *da draußen* bedeutete. Für diesen Beitrag zum Wissen der Menschheit wurde Jill 2008 zu den hundert einflussreichsten Menschen unserer Erde gewählt.

Aufgrund der Blockade ihrer linken Gehirnhälfte konnte Jill
- die Grenzen ihres Körpers im Raum nicht mehr definieren.
- sich nicht mehr als Individuum und getrennt von anderen betrachten.
- keinen physischen oder emotionalen Verlust mehr erkennen.
- nur schwer eine logische Verbindung zur Außenwelt herstellen.
- verstehen, »dass die individuelle Wahrnehmung der Außenwelt und die Beziehung dazu nur die Folge neurologischer Schaltkreise« ihres Gehirns waren.

■ die Funktion der rechten Gehirnhälfte in Reinkultur wahrnehmen. Sie war »eingehüllt in Gefühle der Ruhe, Sicherheit, Eupho-
rie und Allwissenheit«. Sie erfuhr, was es heißt, nur »zu sein«. Sie
ging ohne Angst durch die Welt und betrachtete sich selbst als
»perfekt, vollständig und schön«.

Wenn jemand Ihre linke Gehirnhälfte außer Funktion setzte, würden auch Sie die Welt so wahrnehmen und erfahren.

> **Was würden Sie dafür geben, ruhig und entspannt, ohne Ängste und Sorgen
> Ihrer Arbeit nachgehen zu können?**

Dazu benötigen Sie glücklicherweise keinen Schlaganfall. Sie können dieses »Sein« auch erleben, wenn Sie Ihre rechte Gehirnhälfte
mit der linken synchronisieren. Der beste Weg, das Quantengeschöpf in sich zu erfahren, dieses energetisch feinstoffliche Verbun-
densein mit allem, förderliche Gefühle zu aktivieren und frei von
Angst und Unruhe zu sein, besteht in täglicher Gehirnhygiene. So,
wie Sie morgens und abends Ihre Zähne putzen, um sie sauber und
gesund zu erhalten, empfehle ich Ihnen, täglich zu meditieren, um
die Verbundenheit mit sich selbst sauber und gesund zu erhalten.
Zweimal ist besser als einmal, aber einmal ist besser als keinmal.
Was der Zahnarzt in puncto Zähneputzen rät, empfiehlt der Gehirn-
forscher in puncto Gehirnhygiene. Ich gestatte mir, das Thema
Meditation später noch einmal aus einer anderen Perspektive zu
beleuchten. Bis dahin könnten Sie Menschen, die beruflich bereits
das leben, was Sie sich wünschen, fragen, ob sie meditieren. Seien
Sie nicht überrascht, wenn sie mit Ja antworten, sondern halten Sie
gleich die Anschlussfrage bereit – die Frage, »wie« sie das genau
tun.

Ganz eng mit Ihren Emotionen verbunden ist Ihre körpereigene
Energie. Um leistungsfähig zu sein brauchen Sie nicht nur Wasser,
Nahrung, Licht, frische Luft und Bewegung, sprich, die substanziel-
le oder grobstoffliche Energie, die Ihr Körper daraus produziert und
damit überträgt (im Fall der Bewegung), sondern auch feinstoff-

liche Energie, die in allem enthalten ist, was wir zu uns nehmen und was uns umgibt.

In Ihrem Körper ist ein feinstoffliches Energie-Transformationssystem aktiv.

Dieses System besteht aus Energiewirbeln, die über Energiekanäle miteinander verbunden sind. Als Energiewirbel bezeichne ich die subtilen Energiezentren, die den grobstofflichen Körper mit feinstofflicher Energie versorgen. Sie sind mit unseren fünf Sinnen nur eingeschränkt erfassbar. Es handelt sich dabei um so etwas wie Transformatoren, die Energie aus unserer Umgebung aufnehmen und in die vom Körper benötigten Frequenzen umwandeln.

Profundes Wissen über feinstoffliche Energie wird in Kulturen, die den Menschen als ganzheitliches Wesen betrachten, seit Jahrtausenden gepflegt. Die alten Griechen nannten die feinstoffliche Energie *Pneuma* und *Odem*. Die Inder sprechen von *Prana*, die Chinesen von *Chi* (auch *Qi* geschrieben). Die Japaner nennen sie *Ki*, die Melanesier *Mana* und die Sioux-Indianer *Wakonda*. Auf dem Wissen über diese Energie basiert die indische Heilkunst Ayurveda ebenso wie die Traditionelle Chinesische Medizin. Inzwischen werden Meditation, *Yoga, Tai-Chi* und *Chi-Gong* auch bei uns eingesetzt, um Menschen ganzheitlich in Balance zu bringen. Ein japanischer Weg ist *Reiki*. All diese Methoden dienen dazu, energetische Prozesse in Ihrem Körper zu harmonisieren, vorhandene geistige und seelische Talente zu offenbaren und zu stärken, Kopf und Herz ins Gleichgewicht zu bringen sowie den Körper gesund zu erhalten, und helfen Ihnen, Freude bei dem zu erleben, was Sie tun. Es sind mögliche Wege zum eigenen beruflichen Wesen.

Auch unsere westlichen Forscher haben sich mit dem feinstofflichen Energiefeld unseres Körpers auseinandergesetzt und beschrieben, was sie sehen und messen konnte. Die Kette reicht von Pythagoras, den wir aus Schulzeiten besser als »Erfinder« der Formel $a^2 + b^2 = c^2$ kennen, über Paracelsus, den Arzt, Alchemisten, Astrologen, Mystiker und Philosophen, und Graf Wilhelm von Reichenbach bis hin zu Valerie Hunt. Dr. Hunt konnte nachweisen, aus welchen Farbtönen sich das feinstoffliche menschliche Energiefeld zusammensetzt, denn sie fand eine Übereinstimmung zwischen den Farbfrequenzen – gleich Lichtfrequenzen, gemessen in Hertz – und den verschiedenen Teilen des feinstofflichen menschlichen Energiefeldes. Zuvor war dieses Bild nur intuitiv geschulten Menschen zugänglich gewesen. Mittlerweile kommt auch unsere klassische westliche Naturwissenschaft zu Erkenntnissen, welche die Existenz der feinstofflichen Energiezentren im menschlichen Körper bestätigen.

Jeder Mensch hat sieben Hauptenergiezentren und zahlreiche Nebenenergiezentren.

Ich beschränke mich hier auf die Hauptenergiezentren und bezeichne sie der Einfachheit halber als Ihre sieben Energiezentren. Sie liegen entlang der senkrechten Mittelachse Ihres Körpers, also entlang der Wirbelsäule und am Kopf beziehungsweise knapp über dem Kopf und sind über einen Energiekanal verbunden, durch den die Energie von unten nach oben aufsteigt. Nummeriert werden sie gemeinhin von unten nach oben. Auch Ihre Emotionen sind feinstoffliche Energien, die ihre Spuren in der grobstofflichen Substanz Ihres Körpers hinterlassen wie Jahresringe in einem Baum.

Ihre feinstofflichen Energiezentren kommunizieren ständig mit Ihnen, auch wenn Sie nicht zu den feinfühligsten Naturen zählen sollten.

Wenn Ihr Körper energielos ist, nehmen Sie das auch beruflich wahr, sowohl physisch als auch psychisch. Bevor ich Ihnen genau erkläre, wie Sie feststellen können, welches Energiezentrum jeweils dafür verantwortlich ist, benötigen Sie ein Grundwissen über Ihre sieben Energiezentren: über ihre Lage im Körper; die Farbenergie, die sie von außen benötigen; die Farben, die sie nach außen messbar ausstrahlen, und darüber, welche Teile Ihres Körpers sie unter anderem mit Energie versorgen. Dazu dient die folgende Übersicht.

Nr. und benötigte (ausgestrahlte) Farbe	Befindet sich auf Höhe	Energiespender für
7. Gelb (Weiß)	Scheitel	Großhirnrinde, rechtes Auge, Zirbeldrüse
6. Grün (Indigo)	Stirn	Kleinhirn, linkes Auge, Ohren, Nase, Nervensystem, Hypophyse
5. Blau (Blau)	Kehle	Bronchien, Kehle, Stimmbänder, Lunge, Schilddrüse, Hals, Zunge, Mund, Nacken, Schultern, Arme, Hände
4. Rosa (Grün)	Brustmitte	Herz, Blut, Blutkreislauf, Vagus-Nerv, Thymusdrüse
3. Rot (Goldgelb)	Sonnengeflecht	Magen, Leber, Galle, Nervensystem, Darm, Bauchspeicheldrüse
2. Violett (Orange)	Bauchnabel	Geschlechtsorgane
1. Weiß (Rot)	Steißbein	Knochen, Haut, Nägel, Wirbelsäule, Beine, Knie, Füße

Ein geöffnetes Energiezentrum dreht sich und zieht aus der Außenwelt feinstoffliche Energie und Informationen in Ihren Körper. Es transformiert sie dort in körpereigene Energie und verteilt sie wie oben dargestellt. Ein in seiner Funktion beeinträchtigtes Energiezentrum gibt Energie nach außen ab und lässt keine feinstofflichen Energien und Informationen herein. Das hat wesentliche Konsequenzen. Die durch das jeweilige Energiezentrum unterstützten Teile Ihres Körpers sind dann energetisch unterversorgt. Sie erleben sie als energielos und unangenehm oder haben sogar Schmerzen in diesen Bereichen. Gleichzeitig verwechseln Sie die von Ihnen ausgesandte Energie mit dem, was draußen ist, weil Sie Ihre Innenwelt mit der Außenwelt gleichsetzen. Sie projizieren das, was in Ihnen vorgeht, nach außen und sammeln in der Außenwelt Erfahrungen, die der ausgesandten Energie Ihres inneren Bildes der Realität entsprechen.

Was das für Ihren Beruf bedeutet, möchte ich ganz konkret anhand des ersten, vierten und fünften Energiezentrums darstellen.
Wenn Sie noch mehr über Ihr feinstoffliches Energiesystem wissen
möchten, empfehle ich Ihnen das im Literaturverzeichnis angege-
bene Buch von Barbara Ann Brennan.

Auf Höhe Ihres untersten Halswirbels (7. Halswirbel) und Ihres
Kehlkopfes öffnet sich das fünfte Energiezentrum nach hinten und
vorn. Der Teil, der sich nach hinten öffnet, wird auch »Berufsener-
giezentrum« genannt. Diese Öffnung dient Ihnen dazu, sich in Ihrem
beruflichen Umfeld anzupassen und anzugleichen. Dort entscheidet
sich im feinstofflichen Energieaustausch, mit welchen Emotionen
und welchem Selbstwert Sie anderen Menschen beruflich gegen-
übertreten. Hier sitzt, feinstofflich betrachtet, auch »die Angst im
Nacken«, jene Angst, zu versagen, welche die meisten Menschen
davon abhält, sich neuen Aufgaben zuzuwenden, die ihrem Wesen
eher entsprechen. Auch die Angst, zu sagen, was Sie denken, und
offen für das einzutreten, wovon Sie überzeugt sind, wird diesem
Energiezentrum zugeordnet.

Ist Ihr fünftes Energiezentrum geschlossen, schirmen Sie sich trotzig von Ihrem
Arbeitsumfeld ab, um zu verbergen, dass es Ihnen an Selbstwertgefühl mangelt.

Sie empfinden Ihre Arbeit als Last. Sie lernen wenig dazu und kommen nicht vom Fleck. Da Sie all dies in Ihre Außenwelt projizieren,
machen Sie dort fortlaufend Erfahrungen, die Ihre Sicht der Arbeitswelt scheinbar bestätigen. Haben Sie ein geringes berufliches Selbstwertgefühl, behandelt Ihre Umgebung Sie genau so. Sie bleiben
zurück, während andere gefördert werden. Steht das fünfte Haupt-
energiezentrum hingegen nach hinten weit offen, fühlen Sie sich
mit Ihrer Arbeit wohl und am richtigen Platz. Entsprechend einzigartig sind die Ergebnisse Ihrer Arbeit.

Ihr viertes Energiezentrum, das Herzenergiezentrum, ist Ihr
wichtigstes Hilfsmittel, wenn es darum geht, sich selbst als fühlendes Geschöpf anzunehmen und dieses Gefühl auch zum Ausdruck
zu bringen – sich selbst und anderen gegenüber.

Wenn Ihr Herzenergiezentrum weit geöffnet ist, bewältigen Sie Ihre Aufgaben mit Leichtigkeit und sehen andere Menschen dabei als Unterstützer an.

Ist Ihr Herzenergiezentrum verschlossen, sind Sie nicht in der Lage, anderen etwas zu geben, ohne dafür etwas zurückzufordern. Sie haben den Eindruck, dass andere Menschen Ihnen Böses wollen und im Weg stehen. Sie meinen, kämpfen oder über andere hinwegsteigen zu müssen, um Ihre Ziele zu erreichen. Sie neigen zu der Auffassung: »Ich bin hier der Boss und alles hat so zu geschehen, wie ich es mir vorstelle.« Sie sehen Ihr Arbeitsumfeld als einen feindseligen Ort an, an dem nur die Stärksten überleben. Daher verkneifen Sie es sich, Gefühle oder, wie viele sich ausdrücken, »Schwäche« zu zeigen. Es fällt Ihnen auch äußerst schwer, zu weinen. Reiki und Bioenergetik haben mir dazu verholfen, mein Herzenergiezentrum wieder zu öffnen und umfassend arbeiten zu lassen. Heute tue ich die Arbeit, zu der mein Herz mich drängt. Ich lache und weine dabei spontan, wenn mir danach ist. Vor meinem inneren Auge sehe ich sogar die grüne Farbe, die das Herzenergiezentrum abgibt, wenn es gut arbeitet. Kann ich sie nicht intuitiv erfassen, weiß ich, dass mein Herzenergiezentrum nicht richtig in Gang ist, weil ich mir nicht gestatte, das zu leben, was mein Herz will. Wann immer ich das entdecke, weiß ich, was zu tun ist. Dann geht es regelmäßig auch darum, meine Angst zu überwinden – die Angst, vielleicht verletzt zu werden.

Ihr erstes Energiezentrum ist Ihr physisches Powerzentrum. Ist es geöffnet, verfügen Sie über viel Energie und Willenskraft, sich in der Arbeitswelt zu bewegen.

Sie haben Urvertrauen in sich selbst und das Gelingen Ihrer Unternehmungen. Das schließt das Gefühl ein, finanziell über die notwendigen Mittel zu verfügen oder sie zum rechten Zeitpunkt zu erhalten. Sie fühlen sich von Leben unterstützt und getragen. Ist Ihr erstes Energiezentrum geschlossen oder in seiner Funktion eingeschränkt, ist Ihr Körper schwach und erschöpft, gehen Sie physischen Aktivitäten möglichst aus dem Weg oder sind sogar krank, meist rebelliert auch die Haut. Sie vertrauen sich und dem Leben nicht und haben finanzielle Ängste. Sie erleben sich selbst als antriebsarm, unsicher, wankelmütig oder gar depressiv.

Ihr Körper teilt Ihnen auch in bildhafter Sprache mit, wie es um die verschiedenen Energiezentren in Ihrem Körper bestellt ist. Wenn Sie »verschnupft« sind und »die Nase voll« haben, ist Ihr sechstes Energiezentrum in seiner Funktion gestört und Sie befinden sich emotional auf dem Rückzug. Wenn Sie einen »Kloß im Hals« haben, unterstützt Ihr fünftes Energiezentrum Sie nicht darin, zu sagen, was Sie eigentlich zum Ausdruck bringen wollen, denn es ist geschlossen. Wenn Ihnen »kalt ums Herz« wird oder das »Herz in die Hose rutscht«, schließt sich Ihr Herzenergiezentrum. Ist Ihnen »eine Laus über die Leber gelaufen«, so weist das auf ein in seiner Funktion gestörtes drittes Energiezentrum hin. Geht Ihnen etwas »an die Nieren«, kommt Ihr Urvertrauen ins Wanken und die Stabilität, mit der Sie im Leben stehen, ist in Gefahr. Diese Liste lässt sich endlos fortsetzen. Der Volksmund hat über die Jahrhunderte viel Weisheit zu unseren feinstofflichen Energiezentren in markante Bilder gefasst. Überlegen Sie einmal, welche Ihnen spontan noch einfallen.

▨ Ihr Herzenergiezentrum beeinflusst Ihr berufliches Wohlbefinden wesentlich.

Neurologische Forschungen von Austin und Schore weisen nachdrücklich darauf hin, dass wir alles daransetzen sollten, hegende, gütige, liebende, leidenschaftliche und fürsorgliche Verhaltensweisen zu entwickeln, damit wir sie auch beruflich kultivieren können. Und dies gilt ganz besonders, wenn Sie ein Mann sind, der als Kind nicht heulen und keine Schwäche zeigen durfte, oder wenn Sie wie ich als Mädchen im Jungenmodus aufgewachsen sind. Zu der Einsicht, dass Letzteres auf mich zutraf, gelangte ich erst als gestandene Geschäftsfrau mittels eines Kinderbuches und zu einem Zeitpunkt, zu dem ich es am wenigsten erwartete.

Ich besuchte meine Freundin Stefanie im Ruhrgebiet. Kaum hatte ich mich am Küchentisch niedergelassen, kletterte ihre fünfjährige

Tochter auf meinen Schoß, kuschelte sich an mich und hielt mir ihr Bilderbuch hin: *Der geheimnisvolle Ritter Namenlos* von Cornelia Funke. Und während ich dem kleinen Mädchen vorlas, geschah das Unerwartete.

Der König hatte drei prächtige Söhne, die zu Rittern erzogen wurden. Seine geliebte Frau verstarb bei der Geburt ihres vierten Kindes, der Tochter Violetta. Da der König nicht wusste, wie er mit einem Mädchen umgehen sollte, ließ er sie gleichfalls zum Ritter ausbilden. Violetta gab in der großen und viel zu schweren Rüstung eine lächerliche Figur ab. Nur mit äußerster Anstrengung gelang es ihr, damit aufs Pferd zu steigen. Wahrscheinlich fiel sie viele Male wieder herunter, denn ihre Zofe kühlte auf den Bildern ein ums andere Mal die blauen Flecken und riet ihr, es doch lieber mit Sticken und Flötespielen zu versuchen. Ihre Fecht-, Schwert- und Lanzenübungen amüsierten ihre älteren Brüder so sehr, dass sie ihrem Schwesterchen einen unter Rittern üblichen Ehrennamen verpassten, über den sie sich vor Lachen kugelten: »Violetta Fliegenschreck«.

Die drei jungen Prinzen eroberten sich ihren Respekt durch kraftvolle Schwertparaden, waghalsige Reiterspiele und vor allem lautstarke Befehle an die Bediensteten. Violetta missfiel dieses Verhalten und sie litt unter den Demütigungen ihrer Brüder. Bald schlich sie sich nachts aus dem Bett. Heimlich und auf ihre Weise übte sie alles, was einen guten Ritter ausmacht. So leicht würde sie sich nicht geschlagen geben und eingestehen, dass sie weniger wert sei als ihre Brüder. Violetta, immer noch zart und zierlich von Gestalt, wurde so mit der Zeit behände und wieselflink. Bald ritt sie ihre verdutzten Brüder schwindelig. Das Lachen blieb ihnen im Halse stecken. Der König hatte den Eindruck, als Vater gänzlich versagt zu haben. Deshalb verkündete er, anlässlich des nahenden sechzehnten Geburtstages von Violetta ein großes Ritterturnier zu veranstalten. Der Gewinner bekomme sie zur Frau.

Doch der König hatte die Rechnung ohne seine Tochter gemacht. Violetta dachte nicht im Traum daran, einen Ritter, oder wie sie sich auszudrücken pflegte, einen dieser Blechköpfe, zu heiraten. Sie überredete ihre Zofe, während des Turniers in ihrem Kleid und mit verschleiertem Gesicht neben dem König auf der Ehrentribüne Platz zu nehmen. Violetta hingegen, die sich heimlich eine pechschwarze Rüstung mit Gesichtsblende hatte anfertigen lassen, sattelte ihr Lieblingspferd und nahm als »Ritter Namenlos« selbst am Turnier teil. Nachdem sie sämtliche Ritter mit ihrer Lanze aus dem Sattel geworfen hatte, lenkte sie ihr Pferd auf den König zu, senkte die Lanze und nahm den Helm ab. Freudestrahlend blickte sie in das verdatterte Gesicht ihres Vaters und sagte mit fester und für alle vernehmbarer Stimme: »Wohlan, ich wähle mir meinen Preis selbst.« Dann galoppierte sie davon und heiratete den Rosengärtner.

Da saß ich nun ziemlich perplex mit dem kleinen Mädchen auf meinem Schoß und wusste nicht, wie mir geschah. Das war auch meine Geschichte. Ich fühlte tief im Innersten mit »Violetta Fliegenschreck« mit und fand so viele Parallelen zu meinem eigenen Leben. Allein, ich war nicht mit einem Rosengärtner vermählt, sondern hatte im Alter von achtundzwanzig Jahren meine Jugendliebe geheiratet.

> **Weisheit in eigenen Angelegenheiten stellt sich ein, wenn Sie die urteilende Fähigkeit Ihres Gehirns mit der qualifizierenden Intelligenz Ihres Herzens synchronisieren.**

Wenn Sie Ihr Urteilsvermögen von Ihrem Herzen abkoppeln, also Gedanken und Gefühle trennen, laufen Sie beruflich Amok. Sie fragen dann nur noch: »Was springt für mich dabei heraus?« oder: »Wie kann ich mich hier selbst bedienen?« oder: »Wie schütze ich mich am besten?« Sie sehen dann nur noch Ihren Vorteil und nicht mehr das Menschliche um sich herum. Sie werden selbstsüchtig, vielleicht sogar habgierig, scheren sich einen Teufel um die Bedürfnisse der anderen und unterdrücken deren berechtigte Belange, zur Not mit Gewalt. Weil die meisten sich heute so verhalten, erleben sie den Berufsalltag als Schlachtfeld. Ein erster Schritt zum Durchbrechen dieses Kreislaufs ist, Farbe zu bekennen.

Ich hatte meinem Vater als kleines Kind drei Versprechen gegeben. Eines war, nie eine Uniform zu tragen. Mein Vater wurde im

Zweiten Weltkrieg als Sechzehnjähriger gegen seinen Willen und ohne Einwilligung seiner Mutter für eine Jugendpanzerdivision rekrutiert. Mit gerade einmal neunzehn Jahren fand er sich als Panzerkommandant bei der Landung der Alliierten in der Normandie wieder. Er überlebte den Einschlag einer Granate in seinen Panzer schwer verletzt und kam in amerikanische Kriegsgefangenschaft. Nachdem er misshandelt worden war, verlegte man ihn mit einer nassen Rippenfellentzündung in ein Lazarett. Französische Ärzte und Schwestern pflegten ihn gesund. Nach sechs Jahren im Krieg kehrte er im Mai 1947 nach Hause zurück. Er hatte sein gesamtes Leben lang das Gefühl, dass die Uniform ihm einen Teil seines Lebens geraubt hatte. Das wollte er seinen Kindern ersparen.

Entgegen dem Versprechen, das ich meinem Vater gegeben hatte, trug ich viele Jahre lang eine Uniform, nämlich die schwarz-grauanthrazitfarbene der Businesswelt. Inzwischen habe ich von den Humanenergetikern gelernt, dass ich meinem Körper damit die von ihm benötigten Farben und die Energien dieser Lichtfrequenzen entziehe. Die Farben, die unsere Energiezentren in Form von feinstofflichen Farbenergien aus der Außenwelt benötigen, spenden uns Energie und damit Gesundheit. Dabei spielen die Farben der Kleidung neben denen der Räume eine wesentliche Rolle. Schwarz ist keine Farbe des Lichtspektrums, sondern die totale Abwesenheit von Licht und damit auch von Energie.

> Schwarze Kleidung verschließt Menschen vor ihrer Umgebung. Wir schützen uns damit, verdecken unsere eigene Unsicherheit und stellen uns emotionsloser und weniger empfindsam dar, als wir sind.

Wo Leidenschaft und Emotionen die Menschen bewegen, finden Sie diese Farben äußerst selten und wenn doch, nur in kleinsten Dosen. Fußball ist auch deshalb Leidenschaft, weil die Trikots die Farben der Energiezentren aufnehmen: Rot, Goldgelb, Grün, Königsblau, Indigo und Weiß. Aus welchen Farben setzten sich die Heimtrikots der führenden europäischen Fußballteams zusammen? Muss ich noch mehr sagen?

Wer im Beruf regelmäßig graue Kleidung trägt, sucht entweder als graue Eminenz intellektuelle Kontrolle über sich und andere oder zeigt sich unentschlossen bis neutral. Wenn Sie die Energie der Farben zur Entfaltung Ihres Wesens und Ihrer Gesundheit nutzen möchten, sich aber nicht trauen, am Arbeitsplatz sichtbar Farbe zu bekennen, gibt es zwei Hilfslösungen für Sie. Entweder Sie statten Ihre Kleidung mit Innenfutter in den Farben aus, die Ihre Energiezentren benötigen. Oder/und Sie tragen in Ihrer Freizeit möglichst häufig Kleidung in diesen Farben.

Unsere moderne Wirtschaft stützt sich einseitig auf einen faktisch klaren und diszipliniert kalkulatorischen Ansatz. Da scheint kein Platz für etwas, das nicht logisch, planbar und berechenbar ist und nicht in Tabellen, Spreadsheets, Budgets, To-do-Listen oder Karriereplänen erfasst werden kann. So kreieren ängstliche Naturen sowohl für das Unternehmen, in dem sie arbeiten, als auch für den eigenen Berufsweg die optimale Illusion einer vorhersehbaren und beherrschbaren Welt. Doch das Universum, in dem wir arbeiten und etwas unternehmen, geht mit allem, was sich darin abspielt, über unseren rein planerischen Verstand hinaus. Gleichwohl verfügen wir über die Fähigkeit, auf der feinstofflichen Ebene mit der Zukunft zu interagieren.

Forscher des HeartMath-Instituts haben herausgefunden, dass wir bestimmte Ereignisse vor ihrem Eintreten antizipieren können.

Wir sind in der Lage, Ereignisse vorauszuahnen! Diese Fähigkeit ist in unserem Herzen (rosa/grüne Energie) angesiedelt. Wer also beruflich zu sich selbst finden und ganz gelassen seinem inneren Leitstern folgen möchte, sollte Zugang zu seinem Herzen erlangen, denn dort öffnet sich die Tür zu vielen Ihrer beruflichen Möglichkeiten. Wer sie antizipieren kann, steigert seine Fähigkeit, sinnvoll und angemessen zu agieren. Ihr Herz öffnet sich, sobald Sie mitfühlender werden – mit sich selbst, mit anderen Menschen, die Ihren Berufsweg kreuzen, und mit denjenigen, die Hilfe zur Selbsthilfe brauchen.

Ein eindrucksvolles Beispiel dafür gab mir der Patriarch eines kleinen Familienunternehmens im Sommer 2009 in Komatsu, einer Provinzstadt am Japanischen Meer. Seine Firma, die unter anderem als Zulieferer für Komatsu-Baumaschinen Präzisionsunterteile fertigt, bekam die Flaute während der Wirtschaftskrise zu spüren, aber der Patriarch und sein Sohn nutzten die ruhigere Zeit, um sich vermehrt Familie und Freunden zu widmen, noch mehr Geld an Bedürftige zu spenden, künftige Entwicklungen im Geschäft zu antizipieren und vor allem, um die Tür vor denen zu verschließen, die sich von Angst getrieben auf Kosten anderer bereichern wollten. Antizipiert wurde nicht im Büro oder im Betrieb, sondern in der Natur, beim gemeinsamen Essen und in der Stille. Gemeinsam mit zwei Geschäftsleuten aus Tokyo lud der Patriarch mich beispielsweise in ein Restaurant ein, das aus separaten Gasträumen bestand. Von unserem Speisezimmer aus konnten wir beobachten, wie die Meereswogen an den Strand rollten und wie sich die Äste der Kiefern im Wind bewegten. In die längste Wand unseres Separees war eine etwa ein Meter breite Nische eingelassen. Hier stand ein einzelnes Orchideengesteck. Versetzt darüber hing die gerahmte Tuschzeichnung eines Berges an der Wand. Sie verlieh dem ansonsten nur mit einem Holztisch und Stühlen eingerichteten Raum eine friedvolle und klare Atmosphäre. Wir sprachen, aßen und tranken knapp vier Stunden zusammen. Dabei entstanden Visionen, was zu tun sei, und Ahnungen davon, dass die Zukunft neue Entwicklungen heranspülen würde wie die Wogen des Meeres. Voller Vertrauen in die Zukunft verließen wir das Restaurant.

Wie gelingt es uns in Mitteleuropa, eine derart antizipierende Atmosphäre zu schaffen, eine Wohlfühlumgebung, welche die Natur, angenehme Farben, Formen, Gerüche, Geräusche, die Stille und Gefühle gleichberechtigt einbezieht? Nicht im Rahmen von Brainstorming Sessions in klimatisierten Räumen mit an die Wand geworfenen Charts voller Zahlen und einer prall gefüllten Agenda zum Abarbeiten. Auch nicht mit den Beinen auf dem Tisch und dem schwarzen Laptop auf dem Schoß. Die linke Gehirnhälfte liebt das, aber Ahnungen und Einfühlungsvermögen entstehen so nicht. Auf diese Weise gelingt es höchstens, die Erfahrungen der Vergangenheit in die Zukunft zu projizieren.

Meine Fähigkeit, zu antizipieren und mich einzufühlen, entsprechend zu planen und Neues zu erschaffen, erfordert einen Arbeitsraum mit verschiedenen Schreibstationen, Wohlfühlgegenständen, Farben und Gerüchen. Auf einem hüfthohen Bücherregal neben meinem Schreibtisch thront beispielsweise das Haus einer Seeschnecke. Die Schnecke selbst verspeiste ich bei dem besagten Essen in Komatsu. Jeder Blick auf das Schneckenhaus erinnert mich an die klare und friedvolle Atmosphäre, die während dieses Essens herrschte, und an die reinen fließenden Gedanken von damals. Die Bilder, Geräusche, Gerüche und Gefühle dieser Stunden tauchen vor meinem inneren Auge auf und beruhigen meinen Geist. Ab und an setze ich das Schneckenhaus an mein Ohr und lausche dem Meeresrauschen. Das macht mich feinfühliger gegenüber allen menschlichen Regungen und aufnahmebereit für Ahnungen. Gleiches gilt für Momente in der freien Natur oder Achtsamkeitsübungen in den frühen Morgenstunden, wenn die betriebsame Arbeitswelt noch nicht erwacht ist.

Eine einfache Achtsamkeitsübung, die Sie fast überall machen können, ist der Bodyscan. Zehn Minuten genügen. Es geht darum, jedem einzelnen Körperteil ganz bewusst Aufmerksamkeit zu schenken und sanft in sich hineinzufühlen, ohne zu urteilen. Setzen oder legen Sie sich hin und atmen Sie mit offenen oder geschlossenen Augen in jeden Teil Ihres Körpers, insbesondere dorthin, wo es vielleicht schmerzt. Übergehen Sie weder sich angenehm noch sich unangenehm anfühlende Stellen Ihres Körpers. Bemühen Sie sich nicht um Entspannung. Ihr Körper entspannt sich von allein, wenn Sie sanft mit Ihrer Atmung durch ihn hindurchwandern.

Wenn Sie Ihren Körper täglich auf diese Weise erfühlen, gewinnen Sie ein besseres Körpergefühl, größere Feinfühligkeit und eine deutlich gesteigerte Fähigkeit, zu antizipieren.

1. Welche Emotionen bestimmen Ihren Arbeitsalltag?

2. Welche Botschaften sendet Ihr Körper Ihnen über
   den Zustand
   ○ Ihres Herzens?
   ○ über Ihre Art, sich anderen mitzuteilen?

3. Nach welcher Arbeit sehnt sich das fühlende
   Wesen in Ihnen?

4. Wie viel Raum geben Sie Ihrem Herzen in Ihrer
   Arbeit bisher?

5. Welchen Raum könnten Sie ihm geben, wenn Sie
   mutig sind?

6. Welche
   ○ Farben,
   ○ Geräusche
   ○ Gerüche
   bestimmen Ihre Arbeitsumgebung?

7. Was können Sie an
   ○ Ihrer Arbeitsumgebung
   ○ Ihren Arbeitsmethoden
   verändern, damit Sie feinfühlig genug für
   Zwischenmenschliches und Ahnungen werden?

IHR WEG FÜHRT DURCH EINEN JAPANISCHEN GARTEN

»Das Bewusstsein um das ewig Neue in jedem
Augenblick macht uns zu lebendigen und agilen
Menschen.«

Rolf Stühmer

Ihr Berufsleben verläuft zyklisch, nicht linear. So wie alles im Universum zyklisch verläuft. Wenn Sie das nicht erkennen, wenden Sie wie Don Quichotte viel Zeit und Kraft auf, um gegen Windmühlen anzukämpfen. Vielleicht halten Sie Ihren Berufsweg sogar für eine planierte und asphaltierte Autobahn, auf der es möglichst schnell und zielstrebig von A nach B zu kommen gilt. So wie Lennart, der möglichst schnell in den Vorstand eines großen Unternehmens aufsteigen will. Oder wie ein anderer Klient, dessen einziges Streben darauf ausgerichtet war, früher, also in jüngeren Jahren als sein übermächtig scheinender Vater bestimmte Etappen auf dem Berufsweg erreicht zu haben. Wer so unterwegs ist, hat etwas Wesentliches bisher nicht begriffen.

■ Unser Berufsweg gleicht dem Gang durch einen japanischen Garten.

Japanische Wandelgärten spiegeln die natürliche Ordnung im Universum wider. Sie sind so angelegt, dass in ihnen universelle Wahrheiten sichtbar und erfahrbar werden. Auf dem Weg durch einen japanischen Wandelgarten erfahren wir die Zyklen der Natur, denen auch wir unterliegen, mit Körper, Geist und Seele. Ein achtsamer Rundgang durch einen solchen Garten bringt uns zur Ruhe und in unsere Mitte, denn hier kommen wir mit unserem ureigenen natürlichen Rhythmus, mit vergänglicher Schönheit und permanentem Wandel in Kontakt.

Hier wird vermieden, was in unserem Berufsalltag überhand-genommen hat: das Banale, das Offensichtliche, das Übertriebene, die unnötige Ablenkung, der Firlefanz und das Nebensächliche. Seien es alle Formen der machtgierigen Selbstinszenierung, um die hierarchische Position zu unterstreichen, Vergnügungen, die nichts mit der Arbeit zu tun haben, protzige Gebäude, Innenausstattungen sowie Dienstwagen, technische Spielereien und Schnickschnack jeder Art. Was kommt Ihnen dabei in den Sinn? Priorität haben in den Gärten hingegen sieben Grundsätze: Asymmetrie, Einfachheit, strenge Erhabenheit, Natürlichkeit, Beschaulichkeit, Tiefe und das Fehlen von jedwedem Beiwerk. Wo finden Sie dies heute in Ihrer Arbeit und an Ihrem Arbeitsplatz?

Japanische Wandelgärten dienen der inneren Einkehr, die uns erkennen lässt, wie die zyklischen Rhythmen auf uns wirken. Was uns beispielsweise auf unserem Berufsweg unerwartet offenbart wird und warum, wann wir gezwungen werden, umzukehren oder anders aufzutreten.

Machen wir uns also auf den Weg durch den Wandelgarten, der uns auf und ab, über Felsen und Hügel, über Stock und Stein, durch weiches Moos und zartes Gras, zu friedvollen Hainen und unver-hofften Aussichten führt. Wir gehen auf knirschenden Kieselsteinen und holprigen Wegen. Über glatte Trittsteine durchqueren wir einen rauschenden Bach und landen unverhofft auf einer Landzunge mit einer beschaulichen Aussicht auf einen friedlichen See. Doch schon werden wir gezwungen, umzukehren. Der Weg gleitet plötzlich in ein schlüpfriges Tal ab und führt anschließend eine Treppe hinauf, auf deren Stufen eine Kamelie ihre roten Blüten als Teppich für uns ausgestreut hat. Dann sind wir wieder an unserem Ausgangspunkt und fangen noch einmal von vorn an. Ein neuer Zyklus hat begonnen.

Im beruflichen Kontext erkennen wir, dass ein neuer Zyklus be-gonnen hat, sobald wir in der Hierarchie aufsteigen, eine neue Aufgabe übernehmen, den Arbeitgeber wechseln oder ein Unter-nehmen gründen. Die Anzeichen für den Beginn oder auch das Ende eines Zyklus sind jedoch meist sehr viel subtiler. Wir befinden uns noch in derselben Position, unsere Umgebung hat sich offenbar ebenso wenig verändert wie die Inhalte unserer Tätigkeit. Und doch hat sich vieles gewandelt. Die Chancen blühen nun an einer anderen Stelle. Plötzlich bezaubern uns ganz andere Düfte, Farben und Formen von Menschen, beruflichen Herausforderungen und Gewinnpotenzialen. Erst jetzt bemerken wir Formationen aus schroffem Gestein und tiefem Wasser, potenzielle Risiken auf unserem Weg, an denen wir auf vorhergehenden Runden hastig und naiv vorbeigeeilt sind. Wo der Untergrund für unsere Aktivitäten zuvor noch trocken und fest war, ist er nun vom langen Regen rutschig und nass. Vielleicht sinken wir sogar ein und bleiben eine Weile stecken. Auf den Beruf übertragen handelt es sich hier um Situationen, in denen frühere Erkenntnisse, lang gehegte Überzeugungen, Gewohnheiten und scheinbar bewährte Arbeitsweisen nicht mehr zum Ziel führen, wir Entwicklungen in unserer Außen- und Innenwelt übersehen oder Chancen unbeachtet an uns vorbeiziehen lassen.

Nichts ist wirklich plan- und vorhersehbar, auch im Beruf nicht. Wir mögen zwar große Ziele haben und einzelne Etappen auf unserem Weg abstecken, aber in Wirklichkeit können wir immer nur einen Fuß vor den anderen setzen und uns nur auf das einlassen, was sich gerade zeigt. Wer das nicht versteht, kämpft vergeblich. Dieser Kampf kostet Kraft, schmerzt, verletzt uns und entzieht uns unnötig viel Lebensenergie.

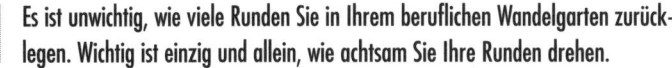

Es ist unwichtig, wie viele Runden Sie in Ihrem beruflichen Wandelgarten zurücklegen. Wichtig ist einzig und allein, wie achtsam Sie Ihre Runden drehen.

Ihr Maß an Achtsamkeit bestimmt darüber, ob Sie zu Ihrem beruflichen Wesen finden und ob der Spaß anhält oder gar den Olymp der Begeisterung erklimmt. Seien Sie täglich und bei jedem Schritt auf ihrem Berufsweg aufmerksam und annehmend. Nehmen Sie alle Eindrücke bewusst in sich auf, auch diejenigen, die Ihnen missfallen. Bemühen Sie sich, die Dinge umfassend zu verstehen – und urteilen Sie nicht.

Sie können natürlich auch unachtsam durch die Zyklen Ihres Berufslebens rasen, als seien Sie auf einer Autobahn unterwegs. Dabei entgehen Ihnen jedoch die kleinen Wunder, Verzückungen und bereichernden Überraschungen, die Ihr Herz anrühren und Ihnen den Weg zu Ihrem beruflichen Wesen weisen.

Es gibt keinen Ort, der Zukunft heißt und an dem es beruflich anzukommen gilt.

Es geht vielmehr darum, den jeweiligen Zyklus aufmerksam zu durchlaufen und zu beenden. Innerhalb eines beruflichen Zyklus wechseln Lernen, Wachsen, Stillstand und Neubeginn einander ab. Die Gesetzmäßigkeit gilt sowohl für einzelne Aufgaben und Positionen in der Hierarchie als auch für ganze Tätigkeitsfelder. Alles ist komplex und dennoch einfach, wenn Sie das Grundprinzip erst einmal erfasst haben. Auf Phasen der Aktivität folgen Phasen der Ruhe. Aber bei allem gilt:

Sie lernen, wachsen, stehen still und beginnen wieder etwas Neues.

Wird dieser berufliche Rhythmus gestört oder gewaltsam manipuliert, geraten Sie körperlich, geistig und seelisch aus dem Gleichgewicht. Ich habe alle oben aufgezählten Phasen selbst durchlaufen, obwohl ich mir dessen damals nicht bewusst war. Ich rebellierte sogar innerlich gegen Phasen der Ruhe und war lange Zeit ausschließlich auf der beruflichen Autobahn unterwegs. Es sollte immer weitergehen. Innehalten, Warten und Ausruhen war nun wirklich nicht mein Ding. Heute empfinde ich diese Zeiten des Innehaltens als ein großes Geschenk. Sie haben es mir erlaubt, mehr Tiefgang zu entwickeln. Wenn ich innehalte, nehme ich viel mehr von dem wahr, was wirklich um mich herum geschieht. Auf das Ausruhen folgt das Knistern eines Neubeginns. Es fühlt sich an, wie neu geboren zu werden.

Beruflich klammern sich die meisten zu lange an Äußerlichkeiten, die etwas Erreichtes symbolisieren.

Menschen neigen dazu, Dinge anzuhäufen. Das vermittelt ihnen den Eindruck, es geschafft zu haben und das Erreichte bewahren zu können. Deshalb geben viele nur sehr ungern freiwillig etwas von dem ab, was sie nach einiger Zeit als erworbenes Recht oder Gut betrachten. Aufsichtsrats- und Beiratsmandate sind solche Sammlerobjekte, an denen krampfhaft festgehalten wird. Manche sind dahinter her wie der Teufel hinter der armen Seele. Und weil sie zu sehr auf das Festhalten fokussiert sind, übersehen die meisten Amtsinhaber, dass sich der Zyklus weiterbewegt hat und ihre Beiträge nutzlos oder wertlos geworden sind. Es ist besser, sich selbst zu bewegen, als irgendwann bewegt zu werden. Letzteres geschieht nämlich erst dann, wenn man schon einige Zeit eine Last war und es selbst nicht erkannt hat. Außerdem nimmt man sich so selbst die Chance, in einer anderen Umgebung seine eigene Entwicklung zu fördern. Übung in einigen wenigen Dingen, die wir fokussiert ausführen, macht zwar den Meister, nicht aber wenn wir uns an Vergangenes und Überholtes klammern. Den schmalen Grat zwischen beiden zu erkennen, erfordert Selbstkenntnis und Achtsamkeit.

Dass sich alles bewegt und verändert, macht uns Angst. Deshalb spielen wir Vogel Strauß. Mit beruflichen Positionen, die materielle Sicherheit und Ansehen verheißen, bemühen wir uns, die Angst zu bekämpfen.

Nachdem ich mich Ende 2008 entschieden hatte, meinem Berufsleben eine neue Wendung zu geben, wusste ich lange nicht, wohin mein Weg mich führen sollte. Auch die Frage, wo ich künftig leben und arbeiten wollte, war nicht geklärt. Dass ich mich in Antwerpen wohlfühlte, hieß nicht, dass dieser Standort fixiert war. Die Frage gärte in mir und mein Verstand hatte keine Antwort. Ende Mai 2009 traf ich mich mit einem jungen Unternehmer zu einem Gespräch in Hamburg. Er brütete gerade über seinem nächsten strategischen Schritt und wünschte seine Vorstellung von sich selbst und seinem Weg mit mir zu spiegeln. Wir sprachen darüber, was es brauche, damit er sich in seiner Haut rundum wohlfühlen konnte, und stellten fest, dass wir beide dazu unter anderem Wasser in der Nähe nötig hatten. Spontan setzten wir unser Gespräch bei einem Spaziergang am Elbufer fort. Mit den Geräuschen des Wassers im Ohr brach es plötzlich aus mir heraus. »Ich muss zurück nach Hamburg.« Keine Ahnung, woher der Satz kam und was er zu bedeuten hatte. Es war so, als hätte ein anderer ihn gesprochen, aber er war eindeutig aus meinem Mund gekommen. Mein Gesprächspartner schaute mich verstehend an und erwiderte lachend: »Dann solltest du es tun.« In diesem Augenblick spürte ich ein warmes und befreites Gefühl in meinem Körper. Ja, das war es, was ich tun musste. Wann und wie? Das würde sich schon richten, aber zumindest hatte der Neuanfang nun einen Standort.

Mein Rückzug ins Vakuum des beruflichen Selbstfindungsprozesses stieß bei den meisten auf Unverständnis. Wie kann sie etwas Sicheres aufgeben, bevor sie etwas Neues hat? Wenige verstanden, welche Art von Unterstützung und Ermunterung ich in dieser Phase brauchte. Meine Freunde aus Japan schätzten die Situation richtig ein und handelten. Sie bestellten mich kurzerhand nach Tokyo. Hier gäbe es interessante berufliche Kontakte und wichtige Einsichten zu gewinnen. »Keine Widerrede«, hieß es am Telefon im Befehlston. Und obwohl ich Befehle hasse wie die Pest, buchte ich ein Ticket Brüssel, Frankfurt, Tokyo und zurück, weil ich spürte, dass diese Reise für meine Erneuerung wichtig war. In Japan erlebte ich, wie Menschen in einer Wirtschaftskrise agieren, wenn sie bis in jede Körperzelle davon überzeugt sind, alles habe eine Seele, sei miteinander verbunden und heilig. Und ich bekam es mit der überwältigenden Macht der Natur zu tun.

Die Japaner leben ständig mit Naturgewalten wie Erdbeben, Tsunamis und Wirbelstürmen. Jeder Einzelne kann schon morgen sterben, Angehörige verlieren, sein Hab und Gut in Trümmern liegen sehen und gezwungen sein, privat und beruflich wieder von null beginnen zu müssen. Im März 2011 haben uns das Erdbeben und der Tsunami in den Präfekturen Fukushima und Miyagi dies sehr deutlich bewusst gemacht. Während meines Aufenthalts in Tokyo bekam ich eine, wenn auch viel sachtere Kostprobe einer solchen Katastrophe. Am Abend nach meiner Ankunft lag ich völlig übermündet in meinem Bett im zehnten Stock eines Hotels, als ein Erdbeben sämtliche Gegenstände um mich herum in Bewegung setzte. Panisch machte ich mich auf den Weg zur Rezeption. Die junge Frau, die dort Dienst tat, schickte mich kopfschüttelnd wieder in mein Zimmer. Kein Grund zur Beunruhigung. Es sei nur ein Beben mittlerer Stärke, Routine sozusagen. Woher sie das wissen wollte, war mir schleierhaft. Ich hatte weiterhin Angst und mein Herz schlug bis in den Hals. Erst als ich bemerkte, wie ruhig und besonnen die japanischen Gäste des Hotels reagierten, folgte ich widerwillig ihrer Aufforderung. Wo sollte ich auch anders hin als in mein Zimmer?

Als meine Freundin mich am nächsten Morgen abholte, bat ich sie um Verhaltensregeln für Erdbeben. Sie meinte, ich könne nur die Tür zum Gang öffnen und so einen Fluchtweg sicherstellen, falls das Gebäude dem Beben nicht standhalte. Ansonsten solle ich mich unter einen Tisch verkriechen und der Natur ihren Lauf lassen. Keine achtundvierzig Stunden später konnte ich testen, wie weit es mit meinen Fähigkeiten, die Kontrolle über mein Leben aufzugeben, gekommen war. Wieder lag ich im Bett, als plötzlich alles zu schaukeln und zu vibrieren begann. Ich stand auf, öffnete die Tür zum Gang und stieg wieder ins Bett. Dann fand ich mich damit ab, dass mein Geschick nicht in meiner Hand lag und dankte im Stillen für alles Gute, das mir im meinem Leben bisher widerfahren war. Ein paar Minuten später war der Spuk vorbei und ich war so geläutert wie zuletzt während meiner Studienzeit in China. Winzig, unbedeutend und hilflos. Die Natur hatte mir gerade erneut meinen Platz im Zyklus vom Werden und Vergehen der Schöpfung aufgezeigt. Als wolle sie mich mahnen, es nie wieder zu vergessen.

In Tokyo verbrachte ich einen Großteil meiner Zeit in drei jahrhundertealten Wandelgärten. Nachdem ich mich an vier aufeinanderfolgenden Tagen jeweils zwei Stunden dort aufgehalten hatte, wurde ich ruhiger, achtsamer und damit einsichtiger. So fühlte ich mich mit jedem Tag sicherer auf meinem Weg, obwohl er inhaltlich noch sehr vage erschien. Was würde ich loslassen und in was meine Energie stecken müssen?

> Der inneren Stimme vertrauen zu lernen, scheinbare Sicherheiten loszulassen und das Neue anzunehmen, das sich im Zyklus zeigt, fühlt sich nur anfangs ungewöhnlich an.

Dass alles Materielle scheinbar unveränderlich, stabil und beschützend sei, ist ein Denkfehler. Ein Objekt ist nicht mehr als ein Energiebündel, das von unseren fünf Sinnen erfasst werden kann. Ein eigenes Haus oder eine Eigentumswohnung in der richtigen Lage steht symbolisch für eine stabile, heile Welt und ist ein Zeichen für beruflichen Erfolg. Sobald Menschen das erreicht haben, müssten sie eigentlich ruhiger und zufriedener sein. Weit gefehlt, denn nun greift die Angst in anderer Gestalt an. Was, wenn sie das Haus oder die Wohnung wieder verlieren und damit das Gefühl, es zu etwas gebracht zu haben, gleich mit? Sie könnten Arbeitsplatz und Einkommen einbüßen, einen Kredit nicht mehr abzahlen können oder als Selbstständiger scheitern. Was, wenn sie nach einer Scheidung mit ihrem Ex-Ehegatten alles teilen und ihm vielleicht Unterhalt zahlen müssen? Hier leistet unser Gehirn Überstunden in Schwarzmalerei. Und scheinbar bestätigten die Ereignisse in der Außenwelt diese Ängste. Ganze Branchen wandeln sich. Einen sicheren Arbeitsplatz bis zur Rente gibt es nicht mehr, noch nicht einmal im öffentlichen Dienst. Aus leeren Kassen kann niemand bezahlt werden, auch wenn er rechtlich einen Anspruch darauf hat. Genauso wenig dürfen wir einen sicheren Platz in der Unternehmenshierarchie erwarten oder davon ausgehen, dass ein Unternehmen ewig besteht. Um ihr bisheriges Einkommen und den gewohnten Lebensstandard zu halten, müssen die meisten Menschen immer mehr leisten, immer größerem Druck standhalten oder mit dem Wandel immer bewusster umgehen lernen.

Wenn ich mir das Verhältnis, das Menschen zu Immobilien haben, genauer betrachte, stelle ich immer wieder fest, dass es sie vor allem unbeweglich macht, sowohl beruflich, finanziell und örtlich als auch seelisch. Finanziell betrachtet gehen Menschen langjährige Zahlungsverpflichtungen ein, die auf der Kalkulation basieren, dass ihr Einkommen stabil bleibt oder sogar steigt. Sie fixieren ihren Lebensmittelpunkt an einem Ort, überzeugt oder zumindest in der Hoffnung, dass sich ihr Berufsleben nicht mehr entscheidend verändert. Diese Unterstellungen widersprechen dem Fluss des Berufslebens vieler Leistungsträger, den Zyklen des Arbeitslebens ganz allgemein, dem Laufschritt der Globalisierung und dem ständigen Energieaustausch im Universum. Es ist nur eine Frage der Zeit, bis es die Dinge wieder neu zu ordnen gilt. Da die meisten das bisher nicht sehen wollen, leiden sie in ihrer beruflichen Situation nicht zuletzt unter Backsteinen und Zement.

Die Steine, aus denen unsere Häuser, Wohnungen, Büro- und Fabrikgebäude bestehen, haben nichts dauerhaft Festes an sich. Wären wir in der Lage, den Tanz der Elektronen in den Backsteinen zu beobachten, wären wir Zeugen einer ungeheuer dynamischen Veränderung. Wer glaubt, den energetischen Wandel um der eigenen Position und Vorteile willen aufhalten, kontrollieren, beherrschen oder in seinem Sinne steuern zu können, wird bitter enttäuscht werden.

Wir verhalten uns zunehmend bewahrend, weil wir zu »besitzenden« Wesen geworden sind und im Gegensatz zu vielen anderen Nationen in einer Umgebung leben, die jahrzehntelang von großen Kriegen und Naturkatastrophen verschont geblieben ist. Sagte ein Mensch in früheren Zeiten »Ich bin besorgt«, so heißt es heute: »Ich habe ein Problem.«

Wenn Sie etwas »haben«, statt etwas »zu erleben«, nehmen Sie den Wandel in Ihrem Berufsleben nicht mehr wahr. Dann verwandeln Sie Erlebnisse und Gefühle in Dinge. Ihr Gehirn hat eine nicht existente Wirklichkeit programmiert und Sie selbst haben sich von dem entfremdet, was Ihrem Wesen entspricht. Erfahrung ist kein Ort, keine Position, keine Funktion, kein Land und kein Titel. Erfahrung ist auch kein rückblickendes sich Weiden an Gewinnen oder Lecken von Wunden, die schmerzlich an erlittene Verluste erinnern.

▨ Erfahrung ist der Brennpunkt Ihrer Aufmerksamkeit im Hier und Jetzt.

Der Besitz oder das »Haben« von Materie und Erinnerungen ist für viele Menschen zum seelischen Gefängnis geworden. Sie mögen vielleicht der Ansicht sein, dass »Haben« etwas zutiefst Natürliches ist. Zeigt sich Wohlstand nicht in den materiellen Dingen, nach denen wir streben und für die wir arbeiten? Dem ist nicht so. »Haben« ist nur eine Konstruktion des Verstandes.

Wir arbeiten, um ein finanziell und seelisch gut vergütetes, sinnerfülltes Berufsleben genießen zu können. Und weil Freude an der Arbeit und Sinngebung im Beruf viel schwieriger zu greifen und festzuhalten sind als materielle Dinge, hoffen wir, über materielle Sicherheiten und Erfolge Spaß und Sinn finden und auch bewahren zu können. Unsere beruflichen Platzhalter sind: Reichtum in Form von Gewinnen, Geld, Gütern und Statussymbolen, gesellschaftliches Ansehen, einflussreiche Kontakte und Machtpositionen. All diese Besitzstände erfüllen zwar kurzfristig ihren Zweck, sind aber mittel- und langfristig völlig sinnlos. Wären sie wirklich der Schlüssel zu beruflicher Erfüllung und Spaß an der Arbeit, müssten wir in Deutschland, Österreich, der Schweiz und Luxemburg zu den glücklichsten Berufstätigen auf der ganzen Welt gehören. Weit gefehlt. Mein Berufsleben hat mich mit einfachen und privilegierten, mit ungebildeten und gebildeten, mit armen und äußerst vermögenden Menschen zusammengebracht. Sie alle unterliegen beim Thema »Haben« den gleichen Irrtümern, die zu immer gleichem Leid führen.

Im Hebräischen, der Sprache der jüdischen Händler, Kaufleute und Unternehmer, gibt es keine aktive Form des Verbs *haben*. Statt »ich habe« heißt es hier *jesh li*, was übersetzt »es ist mir« bedeutet. Besitz wird so zu etwas, das auf Zeit zur Verfügung steht – eine Leihgabe. Tatsächlich ist das für uns alle so. Wir kommen nackt und mit leeren Händen in diese Welt und wenn wir den großen Zyklus unseres Lebens beendet haben, verlassen wir sie wieder nackt und mit leeren Händen.

Unsere westliche Industriegesellschaft steht seit Mitte des 19. Jahrhunderts auf drei Säulen: Privateigentum, Gewinnstreben und Macht. Erwerben, Besitzen und das Erlangen individueller Vorteile sind die »Rechte« der Arbeitenden und der Vermögen besitzenden

Menschen in der Industriegesellschaft. Die Idee der sozialen Mitverantwortung für das Eigentum ist mit der Zeit in den Hintergrund getreten. Wo und wie Privateigentum erworben wurde, geht niemanden etwas an, noch, was jemand mit seinem Privateigentum anfängt. Solange das Eigentumsrecht im Rahmen der bestehenden Gesetze ausgeübt wird, ist es absolut. Das Wort »privat« in »Privateigentum«, kommt vom lateinischen *privare,* was »berauben, abgesondert, getrennt« bedeutet, denn es schließt andere vom Gebrauch und Genuss aus. Sollte Besitz noch vor wenigen Generationen gehegt, gepflegt und gut bewahrt an die nächste Generation übergeben werden, wird er heute zunehmend konsumiert, verbraucht und sogar weggeworfen. Doch auch dieser Konsum- und Wegwerfzyklus hat ein Ende. Menschen besinnen sich wieder ihrer sozialen und ökologischen Verantwortung, ändern ihr Verhalten, engagieren sich in Hilfsprojekten und gründen Stiftungen. Viele neu gegründete Unternehmen stellen Güter her, bei denen alle an der Produktionskette Beteiligten auf ausgewogene Weise am Wohlstand teilhaben.

Sein ist im Gegensatz zu *Haben* ein komplexer Begriff. Wir verwenden ihn, wenn wir die Existenz von etwas darstellen wollen. In den indogermanischen Sprachen wird *sein* durch *es* ausgedrückt, was *existieren* und *in der Realität vorkommen* bedeutet. *Sein* drückt also eine tiefere Realität der Existenz aus. Das Wort verweist auf Authentizität und Wahrheit.

> Wenn wir sagen, jemand sei beruflich einzigartig oder ein Meister seines Fachs, so sprechen wir vom Wesen eines Menschen und seiner Arbeit und nicht von einer künstlich aufgebauten Fassade.

Menschen, die in dem, was sie tun, authentisch und wahrhaftig sind, ziehen uns magisch an. Menschen, die ohne künstliche Verpackung etwas darstellen und ausstrahlen, erleben wir als charismatisch. Es sind diejenigen, die abseits der Trampelpfade ihre eigene Spur ziehen, beispielsweise Jimmy Wales, der Gründer von Wikipedia, oder Nicolas Hayek, der Unternehmer und Entwickler von Swatch und Smart. Das Wort *Charisma* ist griechischen Ursprungs und bedeutet »Gnadengabe«. In der christlich-jüdischen Tradition bezeichnet es die von Gott geschenkten, immateriellen Gaben. Das berufliche Charisma eines Menschen ist ein Beweis dafür, dass sich sein übernatürliches Wesen in seinem Sein und Tun zum Ausdruck bringt.

> Wenn Sie freudlos und ohne inneren Antrieb arbeiten, werden Sie feststellen, dass Ihre Arbeitswelt vor allem von Äußerlichkeiten, Form, Fassade, Gewohnheit und Angst bestimmt wird.

Sie schielen dann mit einem Auge auf Ihre Arbeit und mit dem anderen auf das, was Sie sich davon erhoffen: Macht, Sicherheit, Geld, Wohlstand, Stabilität, Ansehen, Anerkennung, Kontakte, Zuneigung und vieles mehr. Aber so wie ein Jäger mit einem Schuss nicht zwei Hasen zugleich erlegen kann, können auch Sie auf diese Weise nicht das erlangen, was Sie eigentlich suchen.

Konsumieren bedeutet *Haben*. Ist das auch eine Ihrer Lieblingsbeschäftigungen, um sich für Ihre Arbeit zu belohnen? Die neuesten »Was auch immer« werden gekauft. Ständiges Konsumieren vermindert einerseits die Angst, es könne einem etwas weggenommen werden. Andererseits schenkt uns jedes neu erworbene Gut immer nur kurzzeitige Befriedigung. Denn alles sollte immer schöner, größer, teurer oder besser sein als das zuvor Besessene. Frei nach dem Motto: Ich konsumiere, also bin ich. Das führt regelmäßig zu einer weiteren Fehlfunktion im Denken. Beurteilen Sie Menschen in Ihrem beruflichen Umfeld aufgrund von sichtbaren Statussymbolen und degradieren sie damit gleichfalls zur Ware? Mal ehrlich, interessiert Sie der Mensch hinter der Wohlstandsware wirklich?

Wie eine Ware bemessen zu werden fängt für jeden von uns in der Schule an. Die verschiedenen Bildungsstufen unterscheiden sich hinsichtlich der Menge des vermittelten Bildungsgutes. Dieses steht meist in direktem Verhältnis zur Menge des Besitzes, der im Laufe des Lebens erworben wird. Die Schule zeichnete zu meiner Zeit vor allem die Schüler aus, die das dort vermittelte Wissen genau und vollständig wiederholen konnten. Dabei war es oft wichtiger, die kleinste Kleinigkeit zu wissen und die dritte Stelle hinter dem Komma zu kennen, statt das große Ganze erkennen und hinterfragen zu können. Haben Sie in der Schule gelernt, über sich selbst zu lachen und ihr Wissen freudvoll und begeistert für eine sinnerfüllte Tätigkeit zu nutzen? Haben Sie in Ihrer beruflichen Ausbildung gelernt, wie Sie eine anhaltend glückliche Liebesbeziehung mit langen Arbeitstagen verbinden können? Arbeiten Sie in einer beruflichen Umgebung, in der es selbstverständlich ist, dass man sinnvoll mit Geld und der Natur umgeht, Verantwortung für die Gemeinschaft übernimmt und bei allen Entscheidungen immer auch die Konsequenzen für nachfolgende Generationen im Blick hat? Ich musste alle drei Fragen mit Nein beantworten. Und Sie? Fragen nach Sein, Sinngebung, Werten und Wahrheit wurden in unserem klassischen Bildungssystem zu Nebenfächern herabgestuft.

> Derjenige, der beruflich im Sein verwurzelt ist, vertraut felsenfest darauf, dass sich alles in ständiger Veränderung befindet – er selbst und alles, was ihn umgibt.

Stellen Sie sich darauf ein, dass die nächste Phase des Zyklus bald vor der Tür steht und dass immer etwas Neues entsteht, wenn dasjenige vergeht, was nicht mehr dem Fluss Ihres Berufslebens entspricht. Es ist unmöglich, etwas auf ewig unverändert festzuhalten. Diese Erkenntnis gibt Ihnen den Mut, Bekanntes und Vertrautes loszulassen und Ihre Lebensführung entsprechend anzupassen. So vermögen Sie immer auf das zu »antworten«, was gerade wirklich geschieht. Das bedeutet, Verantwortung für seinen eigenen Berufsweg zu übernehmen. Nach dieser Einsicht zu handeln macht Sie krisenfest! Kein Verteidigen, kein Kämpfen, kein krampfhaftes Festhalten an beruflichen Phasen, die unwiderruflich zu Ende gehen.

Bewegen Sie sich erfüllt von dem Bewusstsein für das Zyklische im Berufsleben und für alle Aspekte Ihres Seins durch die Windungen des Weges. Schöpfen Sie Ihre Kraft und Ihre Freude aus jedem einzelnen Schritt. Und erwarten Sie nicht, dass am Ende des Weges eine Belohnung auf Sie wartet. Es gibt keine Belohnung außer den schönen Erinnerungen, die Ihr Herz auch nach Jahren noch erwärmen und Ihnen die Freudentränen in die Augen treiben.

SCHREIBEN SIE, WENN SIE SICH IM EINKLANG MIT DEN ZYKLEN INS SEIN BEWEGEN WOLLEN

1. Wo widersetzen Sie sich dem zyklischen Fluss Ihres Berufslebens?

2. Welche Situation und Ereignisse wiederholen sich in Ihrem Berufsleben immer und immer wieder?

3. In welchen Bereichen praktizieren Sie das »Festhalten« am vehementesten?

4. Was müsste sich fügen, damit Sie wagen würden, loszulassen?

5. Wo liegt der Brennpunkt Ihrer Aufmerksamkeit?

6. Welcher berufliche Wandel ist für Sie schon absehbar?

7. Was sollten Sie tun, damit Sie den Wandel annehmen und sich fließend mit ihm bewegen können?

ES BRAUCHT EINE ROLLE RÜCKWÄRTS

»Ich habe in meinem ganzen Leben noch nie eine
Sekunde gearbeitet. Ich habe mich immer amüsiert.«
Nicolas Hayek

Amüsieren statt arbeiten, empfiehlt der Erfinder der Swatch-Uhren
und spätere Verwaltungsratspräsident des größten Uhrenunter-
nehmens der Welt. Er verstarb Ende 2010 völlig unerwartet bei der
Arbeit – Entschuldigung, beim Amüsieren. Philosophen sprechen
von den drei Phasen, die wir Menschen auf dem Weg zu uns selbst
durchlaufen können. Erst sind wir *unwissend,* dann *wissend* und vielleicht einmal *weise.* Als Kinder sind wir unwissend und naiv. Gerade
darum gelingt uns mit viel Freude und Übermut vieles, was uns
versagt bleibt, wenn unser Kopf erst einmal zu wissend und kontrol-
lierend geworden ist und so viele Gründe kennt, aus denen wir
versagen könnten. Kinder strengen sich nicht an, um zu wachsen.
Sie tun es einfach, ganz natürlich. Weisen Menschen ist gemein,
dass sie ihre Lebenserfahrung dazu nutzen, wieder mit den Augen
und der Unbekümmertheit eines Kindes durch die Welt zu gehen. Sie
lachen, amüsieren sich, haben Spaß, leben ganz nach ihrem Herzen.

> **Menschen werden weise, wenn sie innerlich eine Rolle rückwärts in die Leichtigkeit
> ihrer Kindertage vollzogen haben.**

Für unseren Berufsweg würde ich die drei Phasen anders charakterisieren. Als Kinder erfassen wir unser einzigartiges Talent *unbewusst bewusst.* Wir leben aus, wonach unser Herz uns drängt, und
machen uns nicht klar, dass dies etwas mit unserem ganz individuellen Wesen zu tun hat, mit dem, was uns später im Beruf so besonders machen kann. Kinder leben, was sie fühlen und was sie
unverwechselbar macht. Wenn Sie sich an Ihre Kindertage zurück-
erinnern und Ihre Geschwister, Eltern, Pflegeeltern, Erzieher oder

damaligen Freunde über Ihre Vorlieben befragen, bekommen Sie äußerst relevante Hinweise auf Ihren beruflichen Schatz.

Ich war schon von Kindesbeinen an gut darin und mutig genug, mit wenigen Fragen oder Aussagen die Schwachstelle eines Systems oder den Kern einer persönlichen Problematik bloßzulegen.

Bei fast allen Menschen finden Sie solche Muster. J. K. Rowling, die Autorin der Harry-Potter-Bücher, erfand schon als kleines Kind ständig die amüsantesten und ungewöhnlichsten Geschichten. Jimmy Wales, der Gründer von *Wikipedia*, war bereits im Alter von vier Jahren von einer Enzyklopädie fasziniert und Marc wollte von Kindesbeinen an Menschen helfen, gesund zu sein.

Unser Kinderherz weiß, was es liebt, doch leider werden wir durch unsere schulische Erziehung, berufsspezifische Weiterbildung und nicht zuletzt durch die Erwartungshaltung Dritter meist auf dem logisch-analytischen Weg durch das Berufsleben geschubst. Wir sollen lernen, gradlinig, zielgerichtet, ergebnis- und erfolgsorientiert zu arbeiten. Wir sollen Realisten sein und sicherheitsorientiert denken und handeln. Das ist ein verdammt enges Korsett, in dem wir mit der Zeit *unbewusst bewusstlos* werden. Und dabei merken wir oft nicht einmal, wie wir nach und nach alles zum Schweigen bringen, was uns einzigartig macht und uns nur noch im Hamsterrad drehen.

> Wir leiden, weil zwischen dem, was unser Wesen gern hätte, und dem, was ist, eine beträchtliche Lücke klafft.

Wir verstehen die Welt nicht mehr, wenn wir ausgelaugt oder lustlos vor uns hinarbeiten, uns permanent fragen, was wir hier eigentlich noch tun, oder sogar durch eine gesundheitliche, private oder berufliche Krise aus der Bahn geworfen werden. Der Grund ist ganz einfach. Unser Wesen möchte etwas ausleben und wir gewähren es ihm nicht.

J. K. Rowlings Eltern hielten das ständige Geschichtenerfinden für eine »amüsante Marotte« ihrer Tochter. Diese Marotte würde nie genug Geld für den Lebensunterhalt oder gar die Rente ihrer Tochter abwerfen. Deshalb drängten sie darauf, dass Joanne eine Lehrerausbildung absolvierte, statt Literatur zu studieren. Als Kompromiss verständigten sich Eltern und Tochter auf ein Studium der modernen Sprachen.

Marc trat ins Familienunternehmen ein und schlug es sich aus dem Kopf, mit seiner Arbeit Menschen helfen zu wollen. Ich ließ mich am Lehrstuhl meines Doktorvaters zu einer Karriere als Wirtschaftsanwältin verleiten, statt mit Fragen und Aussagen einen Wandel herbeizuführen. Wir alle taten das aus freien Stücken, aber nicht aus tiefstem Herzen heraus. Ängstliche Mahnungen der Erwachsenen und eine furchtsame Stimme in uns brachten unser Wesen zum Schweigen und »schwups« zog sich die Zwangsjacke wie von selbst zu.

> **Es gibt eine erfolgversprechende Abzweigung vom logisch-analytischen Leidensweg. Sie besteht darin, beruflich bewusst unbewusst zu werden.**

Was heißt das? Es bedeutet, ganz bewusst wieder auf die innere Stimme aus unseren Kindertagen zu hören und mutig dem zu folgen, was sie uns leise zuflüstert. Sie schickt uns inspirierende Geistesblitze. Sie spricht nachts in farbenfrohen und prickelnden Träumen zu uns. Sie lässt am helllichten Tage Erinnerungen aufblitzen, bei denen wir eine Gänsehaut bekommen oder uns warm ums Herz wird. Sie richtet unsere Aufmerksamkeit auf andere Menschen, die ein ähnliches Talent haben, sodass wir sehen können, welche faszinierenden beruflichen Möglichkeiten uns offenstehen. Sie bringt uns unerwartet mit Menschen in Kontakt, die uns helfen können, unser Wesen zu leben. Und wenn wir dem wieder und wieder keine Beachtung schenken, konfrontiert uns unsere innere Stimme mit Verlust oder körperlichem Leid. Auf diese Weise zwingt sie uns, innezuhalten und unsere berufliche Situation zu hinterfragen.

> **Das Heilsamste, was Sie als Erwachsener für sich selbst tun können, ist, das Kind in Ihrem Berufsleben zuzulassen.**

Der Tüftler, der schon als Junge motorisierte Zweiräder frisierte, ist Steuerberater und Wirtschaftsprüfer geworden und wäre doch so gern Mechaniker mit einer eigenen Tuning-Werkstatt. Der Junge, der nächtelang auf seiner Gitarre spielte und Rockgrößen nachahmte, hat sich auf Druck der Eltern die langen Haare abgeschnitten. Nun verkauft er Produkte und Dienstleistungen, die ihn nicht die Bohne interessieren und bewundert heimlich Herbert Grönemeyer, Bruce Springsteen und andere Rockmusiker. Das stets die Wiesen und Wälder durchstreifende Mädchen hat nicht den Mut gefunden, Biologie zu studieren und Polarforscherin zu werden. Als einziges Kind hat sie die Erwartungen ihrer Eltern erfüllt und die Bäckereien übernommen, die schon seit drei Generationen in Familienbesitz sind. Nun lebt sie ihre Leidenschaft auf spektakulären Expeditionen aus, die sie in den Monaten zuvor akribisch vorbereitet.

Als sich das Manuskript zu diesem Buch in seiner finalen Phase befand, bat ich Theresa, eine angesehene Wirtschaftsjournalistin Mitte vierzig, um ihre Meinung. Sie sagte, die Welt müsse voller Künstler und Sportler sein, wenn alle ihrer Stimme aus Kindertagen gefolgt wären. Ein Punkt für Theresa – und auch wieder nicht. Ihre eigene Vorliebe aus der Kindheit belegt dies anschaulich. Theresa hat eine Leidenschaft für Fußball und das entsprechende Talent. Sie kickte von klein auf mit den Jungen ihres Alters, machte das Spiel, schoss die wichtigen Tore, und oft hatten die Jungen das Nachsehen. All dies zu einer Zeit, als Frauenfußball nicht existierte und damit auch keine berufliche Laufbahn in diesem Sport.

In Theresas Leidenschaft für den Fußball, ihrer Fähigkeit, das Spiel aufzubauen, es zu gestalten, alle mit einzubeziehen und wenn nötig selbst wichtige Treffer zu erzielen, offenbart sich eine »Teamkämpfer- und Führungsnatur«, die mit anderen zusammenarbeitet, sich anstrengt, sich reinhängt, alles gibt und gemeinsam gewinnen will. Nichts anderes lebt Theresa heute in ihrem Beruf mit Herzblut aus. Nach einem Betriebswirtschafts- und Publizistikstudium, Journalistenschule und ersten Lehrjahren als Wirtschaftsjournalistin mauserte sich Theresa alsbald zur Managerin bei Wirtschaftszeitungen und Magazinen. Heute kickt sie keinen Ball, sondern Fakten und Meinungen in der Wirtschaft. Dies mit derselben Hingabe und Begeisterung wie einst auf dem Rasen.

In seltenen Fällen wird Menschen erst in ihrer Lebensmitte ein einzigartiges Talent offenbart. Petra war Mitte vierzig, verheiratet und hatte zwei fast erwachsene Söhne, als sie als Bürokraft für eine Heilpraktikerin zu arbeiten begann. Im Laufe der Jahre entwickelte sie eine Sensibilität für die Probleme der Patienten, und jedes Mal wenn ein Patient in die Praxis kam, wusste Petra intuitiv, was diesem Menschen gerade fehlte und welche Heilmittel ihm Linderung verschaffen würden. Immer wenn die Heilpraktikerin die Patientenkarteikarte nach der Sitzung an Petra zurückgab, stellte sie fest, dass ihre Eingebungen richtig gewesen waren. Ein ums andere Mal lief es ihr kalt über den Rücken. Sie konnte es lange nicht glauben, zweifelte an sich und ihren Eingebungen. Schließlich fasste sie sich ein Herz und erzählte ihrem Mann und den beiden Söhnen davon. Die reagierten skeptisch bis verständnislos. Was für ein Hokuspokus! Spinnt sie jetzt? Eine befreundete Heilpraktikerin ermutigte Petra, eine energetische Ausbildung zu absolvieren.

Dann löste die Heilpraktikerin ihre Praxis auf. Die Liebe hatte ihre Schritte in eine andere Stadt gelenkt. Petra nahm all ihren Mut zusammen und beschloss, selbst Heilpraktikerin zu werden. Während der Ausbildung stellte sie jedoch fest, dass noch viel mehr in ihr schlummerte und es noch etwas ganz anderes gab, wofür ihr Herz schlug. Sie erweiterte ihren eigenen Erwartungshorizont und begann eine dreijährige Ausbildung zur Humanenergetikerin. In ihrer Ausbildungsgruppe ergaben sich Situationen, in denen Petras Gabe allen deutlich vor Augen trat. Das Kind der Ausbilderin wurde eines Tages mit Schmerzen im Bauch ins Krankenhaus eingeliefert. Die Ausbildungsgruppe fand sich zusammen, um gemeinsam zu meditieren. Plötzlich sprang Petra auf und sagte: »Eine orangengroße Geschwulst am Steißbein.« Genau das war es, was die Ärzte bei dem Kind fanden.

Petra verfügt über einen bemerkenswerten Zugang zu höher schwingenden feinstofflichen Energien. Sie besitzt die Fähigkeit, intuitiv zu erkennen, wo ein Mensch Schmerzen verspürt oder Blockaden aufweist. Sie empfindet die Schmerzen ihrer Klienten am eigenen Körper und kann die Energiestörungen mit ihren Händen ausgleichen. Nachdem Petra ihr Talent angenommen hatte und sich für es geöffnet hatte, konzentrierte sie sich in ihrer weiteren Ausbildung auf Fachgebiete, die sich mit feinstofflicher Körperenergie befassen. Heute arbeitet Petra als Humanenergetikerin ihrer eigenen Praxis nördlich von Hamburg. Sie hat ihr Wesen und ihre Berufung dankbar angenommen.

> Sie verstehen die Wunder Ihrer beruflichen Einzigartigkeit erst, wenn Sie bereit sind, dem Unerwarteten oder Unwahrscheinlichen eine Chance zu geben.

Dazu braucht es nur eine kleine Portion Mut und die Naivität des Kindes in Ihnen, das sich vorurteilsfrei auf etwas Neues einlassen kann. Vergessen Sie Sprüche wie »Der Spatz in der Hand ist besser als die Taube auf dem Dach«, die in Ihrem Kopf herumgeistern mögen, und all die anderen Vorurteile, die Ihr Gehirn zum Schutz bestehender Denkmuster aufgebaut hat. Es ist nur das Programm in Ihrem Kopfkino, nicht die Wirklichkeit.

> Fragen Sie sich lieber: Wie gehe ich mit den Wundern um, die mir auf meinem Berufsweg begegnen?

Den Menschen, die ihre einzigartigen Talente und Vorlieben entdecken, entwickeln und für ihren Lebensunterhalt einsetzen, fließen die Belohnungen der materiellen Welt reichlich und mühelos zu. Sie schlagen dann zwei Fliegen mit einer Klappe. Sie erfahren Freude, Sinn und Begeisterung bei dem, was sie tun, bewegen damit die Welt und bekommen auch noch gutes Geld dafür. Kämpfen sie jedoch mit vielen anderen und vielleicht noch auf deren Kosten um die einträgliche Beschäftigung, das schnelle Geld oder auch nur das bloße Einkommen, ist persönliches Leid die logische Konsequenz.

Als Kind brauchten Sie eine gewisse Zeit, um festzustellen, dass Sie ein von anderen, insbesondere Ihrer Mutter, getrennt lebendes Wesen waren. Es dauerte eine Weile, bis Sie sich selbst als »Ich« bezeichneten, statt in der dritten Person von sich zu sprechen. Neugierig und spielerisch wuchsen Sie langsam heran. Als Sie »ich«, »mir« und »mein« in Ihrem Sprachgebrauch etablierten, begann der Kampf. Bitte beobachten Sie einmal ein kleines Kind, das noch nicht »mein« kennt. Es spielt mit vielen Dingen und es macht ihm nichts aus, wenn Sie eines wegnehmen. Für ein älteres Kind hingegen ist es ein Drama, wenn Sie ihm »seinen« Ball, »seinen« Teddy oder was auch immer wegnehmen. Erwachsene leben dieses Muster in größeren Dimensionen aus, zum Beispiel im Beruf.

> **Das Einzige, was Sie wirklich als »mein« erfassen, festhalten und an sich drücken sollten, ist »mein Wesen«.**

Wenn Sie den Ort Ihrer Kinder- und Jugendtage verlassen und für sich selbst zu sorgen beginnen, beginnt der zweite Teil Ihrer Reise zu Ihrem beruflichen Wesen. Von nun an tun Sie alles um Ihre Persönlichkeit, Ihr »Ich« im Beruf ganz bewusst von dem der anderen zu unterscheiden und sich abzugrenzen. Dabei spielt es keine Rolle, inwieweit Sie sich an die Erwartungshaltung Dritter oder vorgelebtes Verhalten Ihrer Bezugsgruppe anpassen. Sie definieren Ihr »Ich« über äußerliche Abgrenzungskriterien: Ausbildung, Leistung, Erfolge, Kleidung, Auto, Arbeitsplatz, Wohnung, Interessengebiete, Freundeskreis, Hobbys, Netzwerke und so weiter.

Innerhalb des Unternehmens, in dem Sie arbeiten oder das Ihnen gehört, lernen Sie sich zu entwickeln und hierarchiegemäß abzugrenzen. Egal wie groß das Unternehmen sein mag. Ob Sie in einem Handwerksbetrieb, einem Geschäft, einer Forschungseinrichtung, einem Beratungsunternehmen, einer Arztpraxis, einem mittelständischen Produktionsunternehmen oder in einem Großkonzern arbeiten. Je nachdem, auf welcher Stufe der Unternehmenshierarchie Sie sich befinden, sind die Status- und damit Abgrenzungsmerkmale andere, aber in der Essenz identisch. Sie wollen Zugang zu vertraulichen Informationen, direkten Kontakt zum Chef oder das Recht, endverantwortlich zu entscheiden, alle möglichen Extras und vieles mehr.

Wenn all das erreicht ist, bei den meisten mit etwa vierzig, beginnt etwas in uns zu nagen und zu rumoren. Viele unserer beruflichen Hoffnungen, Wünsche und Träume sind noch nicht erfüllt oder erscheinen unerreichbar. Irgendjemand nimmt uns »unsere« Position weg. Ein neuer Chef beurteilt uns plötzlich nach ganz anderen Maßstäben. Die Anforderungen an unsere Leistungen werden immer höher. Wir müssen fürs selbe Geld immer mehr leisten oder werden zurückgestuft, weil wir es nicht mehr schaffen. Wir verlieren als Unternehmer Kunden und Aufträge, mit denen wir felsenfest gerechnet hatten. Die Entwicklung eines neuen Produktes geht nicht wie erwartet voran. Wir hatten vor, erst hart zu arbeiten und uns finanziell unabhängig zu machen und uns dann Zeit für Familie, Freunde und das Leben nehmen. Doch nun stellen wir entsetzt fest, dass wir menschlich vereinsamt sind. Unser Inneres wehrt sich lauthals gegen den Beruf, den wir noch ausüben, weil wir uns anderen oder dem selbst gezimmerten Image gegenüber verpflichtet fühlen. Wir beklagen uns bei anderen. Wir machen uns selbst zum Opfer und wollen es nicht wahrhaben.

Genau zu diesem Zeitpunkt klopft der Teil unserer Persönlichkeit bei uns an, der erkannt, akzeptiert, entwickelt und integriert werden will. Carl Gustav Jung, der Vater der analytischen Psychologie, nennt das im allgemeinen Kontext der menschlichen Entwicklung »seinem Schatten begegnen«. Ich nenne es den ersten Schritt, um eins mit sich zu werden, und das eigene Wesen annehmen.

Ihre vier Bewusstseinsfunktionen – Denken, Fühlen, Wahrnehmen und intuitiv Wissen – helfen Ihnen, sich selbst, die anderen, die Berufswelt und das große Ganze zu verstehen.

Unsere fünf Sinne geben uns den Zugang zur materiellen Welt. Was wir mit ihnen erfassen, bezeichnen wir als *Wahrnehmen*. *Denken*, *Fühlen* und *Intuition* öffnen uns das Tor zur inneren und äußeren immateriellen Welt. Im Bewusstsein bilden Denken und Fühlen ein Gegensatzpaar, ebenso wie Wahrnehmen und Intuition.

In der logisch-analytischen Lebens- und Berufsphase entwickeln wir nach Carl Gustav Jung maximal drei dieser vier Funktionen in unserem Bewusstsein, das heißt, wir nutzen sie mehr oder minder. Die vierte Funktion bleibt unzugänglich in unserem Unterbewusstsein, steuert und beeinflusst uns aber von dort. Allerdings nehmen wir das nur äußerst selten wahr. Bei einem Menschen, der drei der vier Funktionen in seinem Bewusstsein entwickelt hat, ist das diejenige Bewusstseinsfunktion, die den Gegenpol zur am stärksten entwickelten Bewusstseinsfunktion bildet. Bei einem Menschen, der denkend durch die Welt schreitet, sind die Gefühle unterentwickelt. Bei einem Menschen, der sich vorwiegend auf seine fünf Sinne verlässt, ist die Intuition unterentwickelt. Es gibt auch Menschen, die nur eine oder zwei Funktionen in ihrem Bewusstsein entwickelt haben. Entsprechend größer ist die Spielmasse, die im Unterbewusstsein verborgen liegt. Sobald wir diese »schlummernden Funktion(en)« entwickeln, öffnet sich das Tor, das uns bis dato den Weg zum Spaß bei der Arbeit versperrt. Dann werden wir eins mit uns selbst und finden unser Wesen wieder.

Bis das geschieht, durchleben Sie die Geschichte des Hausbesitzers, der jede Nacht im Keller Geräusche hört, die ihn ängstigen. Um sich die Angst zu nehmen, steigt er auf den Dachboden, schaltet das Licht an und stellt erfreut fest, dass er sich etwas eingebildet hat. Auf dem Dachboden des Denkens erscheint nach wie vor alles in Ordnung. In den, wie er glaubt, muffigen, kalten und feuchten Keller der Gefühle und Paradoxe, aus dem die Geräusche unzweifelhaft kommen, traut er sich nicht. Tatsächlich ist es im Keller aber weder muffig noch feucht oder kalt. Im Gegenteil. Hier brennt das Herdfeuer unserer Seele, an dem wir uns wärmen und wo wir Energie auftanken können. Deshalb ist es nicht nur ungefährlich, sondern sehr ratsam, nach innen zu schauen.

Denkende Menschen wählen den logisch-analytischen Weg, um sich mit der Welt und den Menschen auseinanderzusetzen. Auch denkende Menschen haben Gefühle, nicht dass wir uns hier missverstehen. Sie brauchen jedoch mehr Zeit, um sie wahrzunehmen, und erschließen sich Gefühle über ihr Denken. Wenn Sie einen kopfgesteuerten Menschen spontan nach seinen Gefühlen fragen, wird er zögern, nachdenken und dann vielleicht antworten: »Ich denke, ich fühle mich …«

Menschen, deren ausgeprägte Stärke die *Wahrnehmung* ist, erschließen sich die Welt mit ihren fünf Sinnen. Sie sind Meister des Geschmacks, der Farbe, des Geruchs, der Töne und der sichtbaren Formen. Was ihnen fehlt, ist der intuitive Zugang zu den Möglichkeiten, die im Kern einer Sache oder Aufgabe beziehungsweise im Wesen eines Menschen verborgen liegen.

Gefühlsmenschen und Menschen, die auf ihre Intuition vertrauen, sind in unseren Unternehmen in der Minderheit. Selbst wenn sie ihrem Wesen nach gefühlvoll und intuitiv sind, tun sie alles, um dies nicht zu offenbaren. Das trifft nach meiner Beobachtung vor allem auf angestellte Leistungsträger in mittelgroßen und großen Unternehmen zu. Sie haben Angst, ihre Gefühle zu zeigen, weil sie nicht gelernt haben, damit umzugehen und zu ihnen zu stehen. Unternehmer, die ihre Aktivitäten um die eigene Persönlichkeit herumgebaut haben, wie beispielsweise der Brite Sir Richard Branson, stehen dazu, Gefühlsmenschen zu sein. Der Gefühlsmensch fasst äußerst schnell aus dem Herzen heraus eine Meinung über etwas oder jemanden. Sein Instinkt ist ein exzellenter Kompass durch das Leben. Das Urteil mit Fakten zu unterbauen, empfinden Gefühlsmenschen als lästig und mühselig. Kleinkram, mit dem sie sich nicht beschäftigen wollen, der aber zum Arbeitsalltag gehört. Die Cleveren, wie Richard Branson, delegieren diese Aufgaben und verteidigen sich nicht, wenn man ihnen sagt, dass sie nicht logisch denken können. In einer Geschäftswelt, in der Denken und Analysieren hochstilisiert werden, ist das natürlich ein vernichtendes Urteil, mit dem nur Menschen umzugehen wissen, die sich selbst so annehmen können, wie sie sind. Richard Branson wird für seinen beruflichen Erfolg weltweit geschätzt und bewundert. Aber wir sollten ihn vor allem dafür bewundern, dass er sein Wesen beruflich auslebt. Es dauerte lange, bis ich mir eingestehen konnte, dass logisch-analytisches Denken nicht zu meinen Stärken gehört und ich sehr sorgsam darauf achten muss, auch alle Fakten zusammenzutragen. Mein Leben wurde um ein Vielfaches leichter, als mir auch das gelang. Gefühlsorientierten Menschen ist selten bewusst, dass die große Menge der Gedanken, die ständig in ihrem Kopf herumschwirren, nichts mit logischem Denken zu tun hat.

Der *intuitive* Mensch ist derart fasziniert von den Möglichkeiten, die einer Sache, einer Situation oder einem Menschen innewohnen, dass er Form, Struktur und Fakten vernachlässigt. Er tut gut daran, Geduld und praktische Vorgehensweisen zu entwickeln, um seine Ideen auch in die Tat umsetzen zu können oder sich mit Menschen zusammenzutun, die ihm das abnehmen.

> Sobald Sie alle vier Bewusstseinsfunktionen anerkennen und ihnen Raum in Ihrem Arbeitsleben geben, entsteht Harmonie bei dem, was Sie tun und wie Sie es tun.

Wenn Sie die bisher unterentwickelte(n) Bewusstseinsfunktion(en) nicht in Ihr Berufsleben integrieren, tut sich dort nichts und Sie verrichten Ihre Arbeit weiterhin mehr oder weniger freudlos. Sie verhindern die natürliche Entwicklung Ihres Berufslebens. Wenn Sie drei von vier möglichen Bewusstseinsfunktionen entwickelt haben, könnten Sie einwenden, dass drei von vier doch zu 75 Prozent Zielerreichung bedeuten, was im Arbeitsalltag häufig ein ordentliches Ergebnis bringt. Weshalb also den Finger in die Wunde legen? Nun, das hat etwas mit den Proportionen von Bewusstsein und Unterbewusstsein zu tun. Ihr Unterbewusstsein hat einen sehr viel größeren Einfluss auf Ihr Arbeitsleben als Ihr Bewusstsein. Es ist wie bei einem Eisberg. Seine eigentliche Masse liegt unterhalb der Wasserlinie und bestimmt sein Verhalten. So dominiert auch Ihr Unterbewusstsein Ihre Arbeit weit mehr, als Ihnen das lieb ist.

> In unserem Unterbewusstsein agiert all das, was wir über uns nicht wissen oder wahrhaben wollen, unser »Schatten« – also das, was wir meist nur bei anderen erkennen und dort generell als »böse« und »schlecht« verurteilen.

Der »Schatten« ist aber auch all das Großartige, das wir scheinbar nicht sind oder haben, alles, was wir aus kulturellen, moralischen oder persönlichen Motiven nicht zu leben wagen. Die Herausforderung besteht darin, sich offen und ehrlich mit diesem Teil der eigenen Persönlichkeit auseinanderzusetzen. Ziehen wir es hingegen weiterhin vor, uns selbst ständig in ein besseres Licht zu stellen und zu leugnen, was eigentlich in uns vorgeht, bleiben wir stecken. Wir weisen dann lieber mit dem Finger auf andere und projizieren auf sie, was wir an uns selbst nicht wahrhaben wollen. Der andere, der Kollege, der Konkurrent, der Chef, der Vorgesetzte oder der in die Medien geratene Wirtschaftsboss ist der Hasenfuß, der Gierige, der Heuchler, der Eiskalte, der Lügner, der Dieb, der Steuerhinterzieher, der Schamlose, der Verräter, der Intrigant, der Kleingeistige, der Wortbrüchige, der Dumme, der Dreiste, der Brutale, der Selbstsüchtige oder was auch immer.

> Was Sie bei Ihrer Arbeit, bei Ihren Kollegen und im Berufsalltag als nicht in Ordnung wahrnehmen, ist in Ihrem eigenen Inneren nicht in Ordnung.
> Was Sie an anderen bewundern, liegt als unentdeckter Schatz in Ihnen selbst.

Als Besserwisser, Heiliger, Moralapostel, Gutmensch oder Feigling sehen wir bei anderen, was wir in uns selbst verleugnen. Je mehr wir uns bemühen, andere mit unserem eigenen beruflichen Licht zu blenden, desto dunkler ist unser Schatten. Deshalb scheitern viele sogenannte Lichtgestalten in der Wirtschaft daran, dass die Skandale aufgedeckt werden, die ihr eigener Schatten ihnen beschert hat. Nur diejenigen, die ihr berufliches Wesen entfalten, um zu dienen, und dabei bescheiden und demütig bleiben, leben dauerhaft in Frieden mit sich selbst.

Unser Schatten gibt uns wichtige Hinweise auf unsere berufliche Einzigartigkeit. Wir bewundern andere Menschen für das, was sie beruflich leisten, sagen oder uns vorleben. Was wir jedoch wirklich bewundern, ist unser Schatten, der uns auf diese Weise mit leiser Stimme zuflüstert: »Erkenne, dass auch du zu Ähnlichem fähig bist, sobald du es wagst, zu dir selbst zu stehen.« Wir können uns also durchaus inspirieren lassen, sollten uns aber niemanden zum »Vorbild« nehmen. Denn es geht darum, wir selbst zu sein und nicht die Kopie eines anderen. Herbert Grönemeyer wagte, zu sich selbst zu stehen und Klavier und Theater zu spielen, statt »etwas Ordentliches zu lernen« und einen »anständigen« Beruf zu ergreifen. Der Komiker Hape Kerkeling wagte, sich als Zwölfjähriger für die Kinderrolle in dem Loriot-Sketch »Weihnachten bei Hoppenstedts« zu bewerben. Er bekam die Rolle nicht, blödelte dennoch weiter und trat mit siebzehn Jahren das erste Mal in Fernsehen auf. J. K. Rowling wechselte gleich in den ersten Tagen hinter dem Rücken ihrer Eltern das Studienfach und studierte Literatur, wie sie es schon immer gewollt hatte. Unser Schatten kann uns aber auch zuflüstern, etwas loszulassen und seiner Führung zu vertrauen, wie verrückt das zu Beginn auch erscheinen mag. Ich habe es gewagt, zehn Jahre internationale juristische Ausbildung und alle Erwartungshaltungen Dritter an meine Karriere als Anwältin über Bord zu werfen. Marc hat es gewagt, das sichere finanzielle Nest des großen Familienunternehmens zu verlassen. Petra hat es gewagt, dem unmöglich Erscheinenden zu vertrauen.

Bevor Sie den unterdrückten Teil Ihres Wesens nicht anerkennen und integrieren, können Sie keine gesunde Beziehung zu sich und Ihrer Arbeit entwickeln, denn es fehlt Ihnen an Selbsterkenntnis. Der Sinn Ihrer Arbeit, Ihr ganz persönlicher Berufsweg, bleibt undeutlich. Sie bleiben der Gefangene im System der anderen und deren Spielball, weil Sie sich selbst nicht erkennen. Wie oft schon haben mir Gesprächspartner gesagt, sie würden ja gern alles loslassen, dem Druck und der Unzufriedenheit entfliehen, aber für sie gäbe es nun wirklich keine Alternative. Beliebte Argumente waren, nicht genügend ausgebildet zu sein, es sich finanziell nicht erlauben zu können, schon zu kurz vor dem Ende der Karriere zu stehen, sich anderen gegenüber verpflichtet zu fühlen oder ohne ihre heutige Arbeit nur ein leeres Privatleben ohne liebenden Partner, wirkliche Freunde und echte Interessen vorzufinden. Für mich sind das Scheinargumente. Was sie wirklich sagen wollten, aber sich nicht zu sagen trauten, ist: *Ich fühle mich dem nicht gewachsen. Ich bin vielleicht nicht gut genug. Ich habe kein Recht, ich selbst zu sein. Ich habe Angst, zu scheitern. Ich vertraue dem Prozess des Lebens nicht. Ich fühle mich schuldig, wenn ich es wage und meine Familie zwinge, sich mit zu verändern. Ich fühle mich allein und isoliert. Ich leide lieber und gebe anderen die Schuld daran, als frei zu sein und die volle Verantwortung für mich selbst zu übernehmen.*

SCHREIBEN SIE, WENN SIE WISSEN WOLLEN, WAS IN IHNEN SEIT KINDESBEINEN DARAUF WARTET, SICH AUSLEBEN ZU DÜRFEN

1. Was haben Sie als Kind gern gemacht?

2. Welche Hinweise zu Ihrem Wesen können Ihnen
   - Eltern
   - Geschwister
   - Freunde
   - Erzieher
   - andere Menschen aus Ihren Kindertagen geben?

3. Vollenden Sie die nachfolgenden Sätze mit dem Gedanken an Ihre berufliche Idealvorstellung:

   - Ich wünschte, ich …

   - Es wäre hilfreich, wenn ich zulassen könnte, dass …

   - Ich würde mich besser fühlen, wenn …

   - Ich könnte mir … als ersten Schritt vorstellen.

   - Ich traue mich jetzt …

   - Ich bin zuversichtlich, dass … mich unterstützt, meinen Kindheitstraum zu leben.

   - Wenn … es geschafft hat, schaffe ich es auch.

DAS FELD IHRER MÖGLICHKEITEN IST GIGANTISCH

> »Maß und Messen entspringen dem menschlichen
> Verstand. Eine Realität, die über den Menschen
> hinausgeht und vor ihm existierte, kann nicht von
> seinem Verständnis abhängen.«
>
> *David Bohm*

Bedenken Sie, dass allem, was der Mensch erschafft – seien es nun Bauwerke, Unternehmen, Geschäftsideen, Arbeitsplätze und Arbeitsinhalte – ein Gedanke, also Bewusstsein, vorausgeht.

> **Erst kommt die zündende Idee, der Geistesblitz. Dann entsteht aus dem Immateriellen etwas Materielles, aus dem Feinstofflichen etwas Grobstoffliches.**

Eine Idee wird aus der gigantischen Vielzahl aller Möglichkeiten geboren. Diese Geburt erfüllt einen Menschen mit dem Drang, die Idee zu realisieren. Aus den positiven Emotionen fließen Energie und Bewegung. Die Idee wird in die Tat umgesetzt. Eine Bewerbung für ein Stelle, ein Konzept für ein neues Produkt, eine technische Zeichnung für eine bahnbrechende Erfindung, eine Marktanalyse für eine neuartige Dienstleistung, ein Businessplan für eine Geschäftserweiterung, eine Idee für ein Buch, ein Konzept für eine neuartige Heilpraxis. Je klarer die Idee ist und mit je mehr Energie sie geladen wird, desto eher nimmt sie Formen an. Je mehr Verantwortung der Ideengeber für ihre Verwirklichung übernimmt, desto deutlicher zeigt sie sich in seinem Leben.

> **Sobald etwas, das aus dem Nichts entstanden ist, länger existiert, neigen wir dazu, seinen Ursprung, seine Wandelbarkeit und unsere Verantwortung dafür nicht mehr wahrzunehmen.**

Wir halten die eingeschliffenen Arbeitsweisen, unsere Position, unsere Aufgaben, unser Einkommen, die Kundenbeziehungen, die gute wirtschaftliche Lage des Unternehmens oder seine Organisationsstruktur für etwas Stabiles – und sind entsetzt oder sogar starr vor Schreck, wenn sich scheinbar mit einem Schlag alles ändert. Dabei hätten wir sehen können, wie sich diese Veränderung anbahnt.

Alle Energiebündel im Energieverbund Universum stehen in permanenter Wechselwirkung miteinander.

In der Summe ist das 10^{40}-mal mehr Energie als alles, was an Energie in Materie gebunden ist. Oder anders betrachtet: Die Energiemenge in einem einzigen Kubikmeter Raum, den Sie vor sich sehen und als »leer« erachten, genügt, um das Wasser sämtlicher Weltmeere zum Kochen zu bringen. Klingt unwahrscheinlich, nicht wahr? Einerseits, weil sich Ihr Gehirn eine Zahl, die aus einer Eins mit 40 Nullen besteht, nicht wirklich vorstellen kann. Andererseits, weil Sie in dem erwähnten Kubikmeter Raum mit Ihren fünf Sinnen nichts wahrnehmen. Ihr Wahrnehmungsvermögen kann Ereignisse, die sich mit Lichtgeschwindigkeit auf Quantenebene zutragen, nicht erfassen.

Die Gesamtenergie des Universums bezeichnen Wissenschaftler als das »Vakuum« oder »Nullpunkt-Feld«.

Nullpunkt-Feld deshalb, weil die Fluktuationen der Energie auch dann noch nachweisbar sind, wenn die Temperaturen unter dem absoluten Nullpunkt von minus 273 Grad Celsius liegen. Bei dieser Temperatur ist jede Wärmebewegung unmöglich und es bleibt nach mechanischer Weltsicht nichts mehr übrig, was sich bewegen könnte. Und doch bewegt sich etwas. Das Nullpunkt-Feld ist ein gigantisches Energiefeld. Dieses »Energie- und Informationsfass« kann angezapft werden, zum Beispiel von Menschen, die ihrer Intuition folgen.

Für Menschen mit einem hoch entwickelten intuitiven Erkenntnisvermögen ist die Entdeckung des Nullpunkt-Feldes endlich der wissenschaftliche Beweis für das, was sie bisher als A-Feld oder

Akasha-Feld bezeichnet haben. *Akasha* ist Sanskrit und bedeutet *grundlegende Substanz* und *Raum-Äther*. Es handelt sich um die feinstoffliche Substanz, die das gesamte All erfüllt und in die sich alles einprägt, was auf der Welt geschieht und von Menschen gedacht, gefühlt, gesagt und getan wird. Im deutschen Sprachraum ist der Begriff *Akasha-Feld* durch die Arbeiten des Anthroposophen Rudolf Steiner bekannt geworden, aber in den *Veden* des Hinduismus, im Buddhismus und im altchinesischen Weisheitsbuch *I Ging* wird es schon sehr viel früher erwähnt. Man kann davon ausgehen, dass das Wissen über das Akasha-Feld bis zu 4000 Jahre alt ist. Es wird auch als *Buch des Lebens, Kosmischer Geist, Kollektives Unterbewusstsein* und *Aufzeichnungen der Seele* bezeichnet.

> Unsere westliche Weltsicht sucht nach dem Mess- und Quantifizierbaren, vor allem in der materiellen Welt. Die östliche Weltsicht baut auf einem einheitlichen Verständnis von allem auf, was wirklich ist.

Westen und Osten schauen von unterschiedlichen Standpunkten auf ein und dasselbe Phänomen. Es geht mir nun nicht darum, Ihnen detailliert zu beweisen, dass Nullpunkt-Feld und Akasha-Feld ein und dasselbe sind. Vielmehr möchte ich Ihnen zeigen, welchen Einfluss dieses Feld auf Ihr Berufsleben hat. »Die Wahrheit ist eine«, heißt es in den Veden, »die Weisen nennen sie mit vielen Namen.« Ihre persönliche Sicht der Dinge entscheidet, was Sie verstehen und akzeptieren wollen. Sie bestimmt auch Ihr Weltbild. Ich bemühe mich gerade, dieses Weltbild zu erweitern. Ihre persönliche Sicht vermag die Gesamtheit dessen, was »ist«, nur sehr begrenzt zu erfassen. Um einen für alle Menschen und Blickwinkel akzeptablen Begriff für dieses Feld zu wählen, spreche ich nachfolgend vom *Feld aller Möglichkeiten* und damit vom *Feld Ihrer beruflichen Möglichkeiten*. Und dieses Feld enthält alle Informationen, die Sie benötigen, um ein Arbeitsleben mit Spaß zu führen, ein Arbeitsleben, das den Bedürfnissen Ihres Wesens entspricht.

In den verschiedenen Wissensgebieten wird das *Feld aller Möglichkeiten* auch als *zeitloser Schatten des Universums, Spiegelbild des*

Universums, Fingerabdruck von allem, was je existiert hat, und *Anfang und Ende von allem im Universum* beschrieben. Das *Feld Ihrer beruflichen Möglichkeiten* enthält alles, was Sie auf diesem Gebiet wissen müssen und benötigen.

Quantenphysiker, westliche Mystiker und asiatische Weisheitslehren beschreiben übereinstimmend fünfundzwanzig Eigenschaften des Feldes. Die folgenden elf prägen das *Feld Ihrer beruflichen Möglichkeiten* wesentlich:

Es ist in ständiger Bewegung.
Es hat unendliches Organisationsvermögen.
Es ist unendlich kreativ.
Es ist pures Bewusstsein.
Es ist immer wachsam und vital.
Es verbindet alles mit allem.
Hinter dem scheinbaren Chaos herrscht vollkommene
  Ordnung.
Es beinhaltet alle Möglichkeiten.
Es harmonisiert alles.
Es sorgt dafür, dass sich alles im Universum auf ein
  höheres Bewusstseinsniveau zuentwickelt.
Es integriert alles zu einer Einheit.

Ihre fünf Sinne und die Funktionen Ihrer linken Gehirnhälfte helfen Ihnen, sich räumlich und gedanklich zwischen Meinungen, Körpern, Gegenständen und Objekten zu orientieren.

> Ihre rechte Gehirnhälfte, Ihr Herz und Ihr Sonnengeflecht verbinden Sie mit Ihrer Innenwelt und mit dem Feld Ihrer beruflichen Möglichkeiten.

In Ihrem Körper bilden rechte Gehirnhälfte, Sonnengeflecht und Herz die Tore, durch die Ihr Unterbewusstsein in den physischen Körper eintritt. Das Sonnengeflecht ist zuständig dafür, dass die lebenserhaltenden Funktionen des Körpers automatisch und reibungslos ablaufen. Ob Sie nachdenken oder nicht, Atmung, Herzschlag und Blutzirkulation laufen wie von selbst ab. Während Sie schlafen, ist nur noch Ihr Unterbewusstsein aktiv. Es erhält alle wichtigen Körperfunktionen aufrecht, wenn in Ihrem Kopfkino Sendepause herrscht. Und genau dann, wenn das ständige Geplapper Ihrer linken Gehirnhälfte aufhört, sind Sie in Kontakt mit dem *Feld Ihrer beruflichen Möglichkeiten*. Sie können das Programm in Ihrem Kopfkino auch zielgerichtet unterbrechen, indem Sie mit der Stille in sich selbst und um Sie herum in Resonanz treten. Es ist wissenschaftlich erwiesen, dass dies sehr gut gelingt, wenn Sie meditieren. Nichts für Sie? Dann überrascht es Sie vielleicht, zu erfahren, dass Ende November 2010 in der deutschen Hauptstadt ein interdisziplinärer Kongress zur Meditations- und Bewusstseinsforschung stattfand. Unter dem Motto »Neue Perspektiven für unser Wissen von uns selbst« kamen hier viele namhafte Wissenschaftler und Praktiker zu Wort. Und dieser Kongress fand nicht etwa in irgendeinem Forum am Rande der beruflichen Wirklichkeit statt, sondern auf der Hauptstraße der deutschen Wirtschaft: Unter den Linden, Berlin, im Atrium eines DAX-notierten Großunternehmens.

> Ahnungen, tiefe Empfindungen, intuitive Einsichten und Vertrauen in den Fluss des Lebens tauchen beim Meditieren scheinbar aus dem Nichts auf.

Plötzlich wissen Sie, wonach Sie wo suchen müssen, wen Sie fragen können, wann es an der Zeit ist, mutig zu springen, oder wo eine Gefahr lauert. Es ist die innere Stimme, die auf diese Weise Kontakt zu Ihnen aufnimmt. Bei mir stellen sich diese Eingebungen vornehmlich in den frühen Morgenstunden ein, wenn ich mich gleich nach dem Aufwachen hinsetze, um zu meditieren. Ich achte dann darauf, wie mein Herz reagiert. Fühlt es sich ruhig und warm, freudig und bewegt an, bin ich auf dem für mich richtigen Weg. Den konkreten Weg zur Umsetzung bis hin zum beruflichen Spaß ebnet Ihnen in einem zweiten Schritt Ihre rechte Gehirnhälfte. Hier entstehen kreative Lösungen und der grobe Plan. Berechnen, kalkulieren und Analysieren ist ganz zum Schluss die Aufgabe der linken Gehirnhälfte. Aber auch wirklich erst ganz zum Schluss.

> Mit Ahnungen, Empfindungen, Visionen und intuitiven Einsichten greift unser Unterbewusstsein auf universelle menschliche Urbilder zurück.

Auf der seelischen Ebene sind sich die Bilder, Träume und Ängste aller Menschen sehr ähnlich. Und das ist unabhängig vom kulturellen Hintergrund, vom Bildungsstand, von der Herkunft und vom Alter und davon, ob jemand Müllmann, Bundespräsident, Handwerker, Lehrer, Unternehmer, angestellter Manager, Forscher, Kinderbetreuer, Metzger, Altenpfleger oder Trainer ist. Carl Gustav Jung nannte diese menschlichen Urbilder *Archetypen*. Der Begriff setzt sich aus den altgriechischen Worten *arche* (Anfang, Beginn) und *typos* (Vorbild, Skizze) zusammen. Sie können Archetypen also auch als Blaupausen unserer menschlichen Facetten begreifen. Wie Jung erläutert hat, liegt unter der Schicht des persönlichen Unbewussten die Schicht des kollektiven menschlichen Unbewussten, also das universelle Unterbewusstsein der Gattung Mensch. Jungs Sichtweise wird von den Mystikern vieler Kulturen bestätigt, die das kollektive Unbewusste beziehungsweise die Archetypen als »universelle Sprache« des Menschen bezeichnen. Sie können auch von einem der menschlichen Rasse innewohnenden Gedächtnis sprechen. Alle Menschen haben Zugang zu diesen Archetypen, zum kollektiven Unbewussten.

> Beruflich beeinflussen uns vor allem zwei Archetypen: das Opfer und der Saboteur.

Den Archetyp des *Opfers* kennen wir alle. Die Schuld liegt bei den anderen. Wir erwarten, dass andere sich ändern. Den Gefallen tun sie uns nicht. Warum auch? Sie sind nicht verantwortlich für das Drama namens Berufsleben, das in unserem Kopfkino gespielt wird. Sie kennen es noch nicht einmal. Im positiven Sinn warnt uns der Archetyp des Opfers vor Gefahren. Immer wenn wir uns selbst in die Opferrolle hineinreden, wenn wir passiv bleiben, wo Handeln angesagt wäre, wenn wir das Ausweichprogramm für unsere Ängste aktivieren oder in übereilte Aktionen verfallen, wo ruhiges Abwägen erforderlich wäre, sollte unsere innere Warnlampe aufleuchten. Ich selbst habe mich mehrmals in die Opferrolle geredet und mit dem gehadert, was andere mir scheinbar angetan hatten. Ich wollte einfach nicht wahrhaben, dass ich für den Schlamassel, in dem ich steckte, selbst verantwortlich war. Besonders wenn sich die Geschicke in meinen Augen zu langsam fortentwickelten, neigte ich dazu, mich zum Opfer zu degradieren. Heute gelingt es mir Gott sei Dank, diese Art von Kopfkinoprogramm sofort zu stoppen, indem ich mich darauf besinne, dass ich zumindest mitverantwortlich bin für alles, was sich beruflich für mich materialisiert. Und dann übe ich mich in beharrlicher Aktion gepaart mit Geduld und warte ab, was aus der Außenwelt auf mich zukommt.

Der Archetyp des *Saboteurs* ist eine Mischung aus unseren Ängsten und einem niedrigen Selbstwertgefühl. Beides veranlasst uns, Entscheidungen zu treffen, die verhindern, dass wir erleben, wie mächtig, einzigartig und erfolgreich wir sein könnten. Wir haben Angst, dass andere bei Licht betrachtet auf jeden Fall besser sind als wir. Also lassen wir unser Vorhaben lieber gleich fallen. Oder wir sabotieren unser eigenes Potential, weil wir erwarten, dass unsere berufliche Eigenverantwortung mit Airbag, Fallschirm und weichen Kissen gegen Bruchlandungen gesichert ist. Zu dieser »Sicherheitsausrüstung« gehört vieles, was berufliche Ängste scheinbar zum Verschwinden bringt: Ausgleichszahlungen und goldene Handschläge für vorzeitig ausscheidende oder gescheiterte Manager; Prämien für Entscheidungsträger, damit sie der Übernahme ihres Unternehmens zustimmen; lange Kündigungsfristen; Renten- und Ruhegeldansprüche nach kurzer Dienst- bzw. Amtszeit, und vieles mehr.

▨ Wer beruflich frei sein will, muss aufhören, ängstlich zu sein.

Alles, was uns ängstigt, wovor wir zurückschrecken, was wir uns nicht zutrauen, begegnet uns, damit wir daran wachsen und es integrieren. Und das tun wir nur, wenn wir die Angst überwinden, uns der Herausforderung stellen und unser Selbstwertgefühl so auf ein höheres Niveau heben. Das, wovor Sie am meisten Angst haben, wird sich früher oder später als Ihr größter Schatz erweisen. Solange wir unseren Mut nicht zusammennehmen, sabotieren wir uns selbst und bleiben stecken. Wer beispielsweise den Schritt in die Selbstständigkeit wagt, steht vor der Herausforderung, sich selbst und den Wert seiner Arbeit schätzen zu lernen und sich entsprechend zu verkaufen. Warum sollte uns jemand gut bezahlen, solange wir selbst noch nicht in der Lage sind, unsere Dienste und Produkte für entsprechend wertvoll zu halten? Das ist ein schwieriger, aber durchaus machbarer Schritt. Mir hat damals der Hinweis eines Freundes geholfen, mich vor den Spiegel zu stellen und meine Dienstleistung zu dem Preis, den ich für angemessen hielt, so lange an mich selbst zu verkaufen, bis ich mich dabei rundum wohlfühlte.

> Selbstvertrauen ist die Vertrauensbeziehung zwischen Ihnen und sich selbst.
> Und um sie aufzubauen, müssen Sie wissen, wer Sie »sind«.

Bei mir zeigt sich der Saboteur heute vorwiegend in seiner unterstützenden Variante. Mutig und selbstbewusst begann ich im Januar 2010 einen neuen großen Abschnitt meines Berufslebens. Dazu galt es, meinen Wohnsitz zurück nach Deutschland zu verlegen und mich wieder in Hamburg zu verwurzeln. Nach zwölf Jahren im Ausland empfand ich das als echte Herausforderung. Es braucht Zeit, ist mit vielen Mühen, Frustrationen und endlosem Papierkram verbunden. Vor Blessuren und Enttäuschungen fürchte ich mich allerdings nicht mehr, seit ich erkannt habe, dass die Angst davor viel schlimmer ist als das Eintreten der Situation selber – so sie denn überhaupt eintritt. Meistens ist das gar nicht der Fall und dann hätte ich eine riesengroße Chance verpasst.

Blessuren und Enttäuschungen können unangenehm und schmerzhaft sein. Sie zwingen mich, innezuhalten und in den Spiegel zu schauen. Der erste Blick tut weh, beim zweiten lächle ich über mich. Anschließend nehme ich die Lektion an und wachse wieder ein Stückchen über mich selbst hinaus. Tatsächlich sind Blessuren und Enttäuschungen nur ein Teil des Spiels und ich nehme sie in Kauf, wenn ich mich in das Feld meiner beruflichen Möglichkeiten begebe und mein Potenzial auslebe. Auf meinem Berufsweg bin ich dafür sehr reich beschenkt worden. Hätte ich nicht den Mut gehabt, kurz nach dem Massaker in Beijing mein Forschungsstudium im unbekannten Wuhan anzutreten, hätte ich Professor Han nicht kennengelernt. Mein Berufsleben wäre ohne die Zeit mit ihm und ohne den Aufenthalt in China zu genau diesem Zeitpunkt völlig anders verlaufen. Ohne den körperlichen Kollaps wäre ich meiner unternehmerischen Ziehmutter nicht begegnet. Ohne den Sprung aus dem Anwaltsberuf in die Wirtschaft hätte ich meine menschlichen Fähigkeiten nicht so umfassend entwickeln können. Ich hätte die Welt nicht so intensiv erkundet und hätte nicht so viele inspirierende Menschen mit den vielfältigsten Überzeugungen getroffen und von ihnen gelernt.

> Die Archetypen des Opfers und des Saboteurs weisen Ihnen ein entscheidendes Stück Ihres Weges, wenn Sie ihre unbequemen Botschaften als Hinweisschilder willkommen heißen.

Neben den Archetypen des *Opfers* und des *Saboteurs* gibt es zahlreiche weitere Archetypen, die Ihnen sehr profunde Einsichten in Ihr eigenes Wesen vermitteln und Ihnen deutlich machen, was Sie besser als jeder andere zu tun in der Lage sind. Die Kenntnis Ihrer ganz persönlichen Kombination von Archetypen hilft Ihnen, Ihre berufliche Einzigartigkeit zu deuten und sie mit Spaß auszuleben.

Gwen war bis Frühjahr 2011 für Kollektion und Einkauf von Damen- und Kindermode einer europaweit tätigen Bekleidungskette verantwortlich. Zweimal in Folge wurde sie von der *Financial Times Deutschland* unter die zehn einflussreichsten Business Women Deutschlands gewählt. Die Zeitschrift *Cosmopolitan* interviewte sie kürzlich in ihrer Eigenschaft als erfolgreiche Geschäftsfrau und Mutter einer minderjährigen Tochter. Dann legte sie ihr Vorstandsmandat Knall auf Fall nieder, weil es Unstimmigkeiten über den weiteren Kurs des Unternehmens zwischen ihr und dessen Eigentümern gegeben hatte. Nachdem die Emotionen des Augenblicks verraucht waren, freute sie sich auf einen unverhofften mehrmonatigen Urlaub, den sie dazu nutzen wollte, ihre Kreativität künstlerisch auszuleben, Zeit mit Familie und Freunden zu verbringen und zu reisen. Obwohl ihr Ausscheiden aus dem Vorstand zunächst nicht öffentlich bekannt gemacht wurde, klingelte schon zwei Tage später ihr privates Mobiltelefon und es hagelte Angebote von zahlreichen europäischen Mode- und Einzelhandelsketten.

»Warum ist das so?«, fragen Sie vielleicht. Warum läuft der Markt ihr hinterher, während sich andere monatelang mithilfe von Headhuntern quälen, um etwas passendes Neues zu finden? Gwen ist Gwen, sie ist authentisch. Sie kennt ihre ganz persönlichen Archetypen und lebt sie im Beruf aus. Daher hat sie es schon lange nicht mehr nötig, anderen etwas beweisen oder mit ihnen konkurrieren zu müssen. Sie zieht die Aufgaben an, die zu ihr gehören, statt wie die meisten auf der Karriererennbahn abstrakten Zielen nachzujagen.

Zu Gwens dominanten Archetypen zählen der Visionär, der Midas, der Künstler, der Netzwerker und der Mentor. Als Visionärin sieht sie Möglichkeiten für Menschen und die Gemeinschaft, die hinter dem Horizont warten, und erkennt, was geschieht, wenn diese Möglichkeiten genutzt werden. Als Midas kreiert sie Wohlstand für ihr Umfeld. Als Künstlerin drückt sie mit Leidenschaft eine Dimension des Lebens aus, die über die fünf Sinne hinausgeht. Als Netzwerkerin kreiert sie Allianzen und Verbindungen zwischen sehr unterschiedlichen Gruppen von Menschen. Als Mentor unterrichtet sie, gibt Wissen weiter, beschützt und formt den Charakter der Menschen, die sich ihr anvertrauen.

Ganz richtig, Sie werden nicht allzu viele Menschen finden, die in der angeblich so knallharten Geschäftswelt so arbeiten. Besonders ist Gwen aber nur deshalb, weil sie ihre Einzigartigkeit erkannt hat, sie auslebt und damit ihr ganzes Potenzial ausschöpft. Wenn Sie sich die Mühe machen, Ihre Einzigartigkeit zu erkennen, zu verstehen, anzunehmen und zu leben, wird Ihnen in Ihrem Berufsleben Ähnliches widerfahren.

Caroline Myss, Pionierin auf dem Gebiet der energetischen Medizin und des menschlichen Bewusstseins, unterscheidet insgesamt 74 verschiedene Archetypen. Jeweils zwölf davon bilden für jeden von uns eine Gruppe, die uns einzigartig macht. Unsere zwölf persönlichen Archetypen zu kennen und sie bewusst auszuleben, eröffnet uns das machtvolle Potenzial aus dem *Feld unserer beruflichen Möglichkeiten.* Das heißt nicht nur, dass wir unser berufliches Potenzial entfalten können. Unsere bewusste Entscheidung, unsere Archetypen auszuleben, bewirkt auch, dass die Außenwelt alle Situation und Menschen an uns heranträgt, die wir dazu benötigen, und zwar ohne dass wir uns darum sorgen oder dafür kämpfen müssen.

Nachfolgend möchte ich Ihnen kurz die Archetypen vorstellen, die auf beruflichem Gebiet eine wichtige Rolle spielen. Archetypen haben eine Licht- und eine Schattenseite. Die helle Seite ist uns bewusster und vertrauter. Dennoch leben wir sie häufig nicht, weil wir Angst davor haben. Die dunkle Seite ist nicht per se unser Gegner, aber sie wird unser Feind, wenn wir sie ignorieren oder nicht verstehen. Sie schöpft ihre Energie aus unserem paradoxen Verhältnis zur Macht. Denn Tatsache ist, dass uns unsere potenzielle Machtfülle ebenso einschüchtert wie unsere gefühlte Ohnmacht. Mit der hellen Seite des Archetyps leben wir unser volles Machtpotenzial aus, sobald wir die Angst vor den Konsequenzen der eigenen Macht – Verantwortung für uns selbst und Mitverantwortung für das große Ganze – überwunden haben.

Auf der Schattenseite des Archetyps manifestiert sich unsere ungenutzte potenzielle Macht in feindlichen Attacken auf uns selbst und andere. Wir sabotieren uns selbst, solange wir Herz und Verstand voneinander getrennt agieren lassen. Unser Verstand gebärdet sich dann hyperrational und das Herz hyperemotional. Wenn wir uns selbst derart aus der Balance bringen, übernimmt unsere Angst die Herrschaft, lässt unsere feigen und bequemen Instinkte dominieren, schiebt anderen die Verantwortung für uns, unsere Arbeit und das Chaos in der Wirtschaft zu und lässt uns ohnmächtig verharren. So unterdrücken wir die potenzielle Machtfülle im *Feld unsrer beruflichen Möglichkeiten.*

Ich beschränke mich nachfolgend auf die fördernden Aspekte des jeweiligen Archetyps, damit deutlich wird, welche Macht er Ihnen verleihen kann. Die Bezeichnungen der einzelnen Archetypen haben nichts mit einem Beruf an sich zu tun. Sie verweisen auf Antriebskräfte und gelebtes Verhalten, das sich in unserer Art zu arbeiten manifestiert.

Alchemist:	Erzielt Resultate jenseits des Vorstellbaren.
Anwalt:	Setzt sich mit Hingabe für die Rechte anderer ein.
Athlet:	Wächst über physische Grenzen und Behinderungen hinaus.
Befreier:	Befreit sich selbst und andere von unzeitgemäßen Überzeugungen und negativen Gedankenmustern.
Begleiter:	Dient Stärkeren oder Personen mit viel Autorität als symbolischer Helfer.
Clown:	Hilft anderen, über Absurditäten, Heuchelei und Scheinheiligkeit zu lachen.
Detektiv:	Verfügt über eine scharfe Beobachtungsgabe und viel Intuition.
Diener:	Dient anderen aus freien Stücken und mit liebendem Herzen.
Dilettant:	Setzt sich als Amateur mit Fachgebieten auseinander, ohne darin ein Profi werden zu wollen.
Eremit:	Sucht bewusst die Einsamkeit, um sich in sein Innerstes zurückzuziehen.
Erzähler:	Bringt seine Erfahrung im Bewältigen von Herausforderungen in Geschichten und Symbolen zum Ausdruck.
Gestalter:	Sieht das Potenzial in allem.
Heiler:	Verwandelt Schmerz in Wohlbefinden.
Ingenieur:	Kann kreative Energie praktisch nutzbar machen und Lösungen für Probleme entwickeln.
Kind:	Sieht das Schöne in allen Dingen und glaubt, dass alles möglich ist.
König:	Dient seinen Untertanen mittels einer erleuchteten und wohltuenden Führung.

Königin:	Strahlt königliche Weiblichkeit aus und nutzt ihre Autorität, um andere zu beschützen.
Krieger:	Lebt physische Stärke, Fähigkeiten, Disziplin und Willenskraft aus.
Künstler:	Drückt die Dimension des Lebens aus, die den fünf Sinnen nicht zugänglich ist. Inspiriert andere, die Symbolik von Erfahrungen zu erfassen.
Lehrer:	Kommuniziert Wissen, Erfahrung, Fähigkeiten und Weisheit.
Liebender:	Verkörpert Leidenschaft, Hingabe und Wertschätzung für Menschen oder eine Sache.
Mentor:	Der Vertraute, der Rettungsanker und Herausforderer.
Midas:	Verwandelt mit seinen unternehmerischen oder kreativen Fähigkeiten alles in Gold und teilt dieses Gold gern mit anderen.
Mittler:	Respektiert alle Standpunkte.
Mutter:	Nährt alles geduldig und mit bedingungsloser Liebe, bringt neues Leben hervor.
Netzwerker:	Fördert die Gemeinschaft, indem er Informationen teilt.
Opfer:	Bewahrt davor, sich selbst und andere zum Opfer zu machen.
Pionier:	Verkörpert die Leidenschaft, etwas zu bewerkstelligen, was bisher noch nicht erreicht wurde.
Rebell:	Fordert die Autoritäten heraus, um soziale Veränderungen in Gang zu setzen. Lehnt alle Systeme ab, die nicht auch den inneren Bedürfnissen des Menschen dienen.
Retter:	Sorgt in Krisen für Stärke und Unterstützung. Handelt aus Liebe und erwartet keine Gegenleistung.
Richter:	Sorgt für eine faire Verteilung der Macht.
Saboteur:	Lenkt den Blick auf die Angst vor der eigenen Verantwortung und die Veränderung, die das Annehmen der Verantwortung herbeiführen würde.
Spieler:	Nimmt das Risiko des Unwägbaren in Kauf. Ist bereit,

	der eigenen Intuition zu folgen, auch wenn Dritte sie infrage stellen.
Student:	Ist bereit, ein Leben lang zu lernen.
Vater:	Erschafft und unterstützt das Leben. Ist der Leitstern einer Gemeinschaft.
Visionär:	Besitzt die Fähigkeit, zu sehen, was anderen bisher verborgen ist. Ist auch bereit, eine Vision zu verkünden, und zwar unabhängig vom seinem eigenen Vorteil.
Zerstörer:	Lässt heraus, was potenziell destruktiv ist, und schafft damit Raum für Neues.

Dies sind, wie gesagt, nur einige der Archetypen und nur ihre hellen Seiten. Mehr über die anderen Archetypen und über die dunklen Seiten der oben aufgeführten finden Sie in dem Buch *Sacred Contracts* von Caroline Myss (siehe Literaturverzeichnis, Seite 282.)

SCHREIBEN SIE, WENN SIE DAS FELD IHRER BERUFLICHEN MÖGLICHKEITEN AUSLOTEN WOLLEN

1. Zu welchen Zeiten im Laufe eines Tages schweigt das Geplapper in Ihrem Kopfkino?

2. Welche Ideen kommen Ihnen zu welchen Tages- und Nachtzeiten in den Sinn?

3. Was offenbart sich in diesen beiden Situationen?

4. Welche Fingerzeige haben Sie angenommen und was hat sich daraus entwickelt?

5. Wozu werden Sie von den Archetypen
   o Opfer und
   o Saboteur
   verleitet?

6. Welche Archetypen
   o entdecken Sie spontan bei sich?
   o sieht Ihr unmittelbares Umfeld in Ihnen?

POLARITÄT ARBEITET FÜR ODER GEGEN DEN SPASS

»Ich bin zu alt, um nur zu spielen,
zu jung, um ohne Wunsch zu sein.«
Johann Wolfgang von Goethe: Faust I

Die allermeisten Menschen arbeiten so, als zählten am Ende des Berufslebens nur sozialer Status, Macht und materieller Wohlstand. Auf dem Weg dorthin spielen sie Theater. Erfolgreich im Beruf, glücklich verheiratet, prächtige Kinder, wohlhabend, jung, dynamisch, gesund und braun gebrannt. Ihre erlebte und empfundene Wirklichkeit hinter der Fassade sieht indes ganz anders aus. Nicht öffentlich gescheitert zu sein wird schon als Erfolg deklariert. Viele Ehen bestehen schon lange nur noch auf dem Papier. Mehr oder weniger heimlich hat man sich emotional einem neuen Partner, ständig wechselnden Beziehungen oder der eigenen Einsamkeit zugewandt. Immer mehr Kinder leiden unter Lernstörungen und seelischem Kummer. Die Eltern bemühen sich, ihr schlechtes Gewissen durch Nachhilfestunden und den Kauf der immer neuesten Kleidung, Computer, Handys und Spiele für die Kinder zu kompensieren. Das Wohlhabendsein hat durch die Finanzkrise einen Dämpfer bekommen. Die Jugend – das wird jeden Morgen im Spiegel sichtbar – ist mehr und mehr dahin. Da helfen auch alle Cremes, Botoxspritzen und Retuschen nichts. Aus der Dynamik ist Einheitstrott geworden. Gesundheit täuschen wir mit einem breiten Lächeln vor. Die Bräune der Urlaubsreise mit dem »Da-muss-man-gewesen-sein«-Faktor verschönt die aufgesetzte Miene nur kurzzeitig. Möge jeder Leser sich an dieser Stelle für einen Moment seinen Gefühlen überlassen und spüren, was diese Beispiele in ihm zum Klingen bringen.

Und als wäre diese täglich inszenierte Selbstverleugnung nicht schon genug, geht es am Arbeitsplatz noch viel erbarmungsloser zur

Sache. Hier wird gekämpft, und sei es mit letzter Kraft. Die Arbeitswelt wird als Schlachtfeld empfunden, auf dem fast alle Mittel recht sind, um selbst gut dazustehen und den schönen Schein zu wahren. Im Geschäftsalltag nehmen wir Schönfärberei, Lug und Betrug, falsche und nicht eingehaltene Versprechen nicht einmal mehr als solche wahr. Man brüstet sich sogar noch damit, andere ausgetrickst, ausgestochen, übertrumpft, übers Ohr gehauen und abgedrängt zu haben. Die große Zahl derer, die auf der Strecke bleiben, wird als notwendiges Übel betrachtet und schlicht in Kauf genommen. Wer hat nicht Macchiavellis Buch *Der Fürst* gelesen und sich für schlau gehalten, als er dieses scheinbar so wertvolle Wissen über das rücksichtslose Machtstreben zum Einsatz brachte? Leider ist den wenigsten bekannt, dass Niccolo Macchiavelli, gefoltert und verbannt, das Ende seines Lebens am Rande der Macht verbrachte.

Wie viele Menschen hetzen angespannt durch ihren beruflichen Alltag. Selten sehen wir sie strahlen, lachen und entspannt arbeiten. Stellen Sie sich nur einmal für eine Stunde auf den Frankfurter, Wiener oder Züricher Flughafen und beobachten aufmerksam jeden, der einen Anzug oder als Dame ein Kostüm trägt und eine Aktentasche mit sich führt. Verkniffene Gesichtszüge, Denkfalten auf der Stirn, Tunnelblick und Stechschritt. Jeder Piep des mobilen Minibüros leitet die sofortige »Ich-bin-verfügbar«-Reaktion ein. Das können Sie überall beobachten, auf den Autobahnen, auf den Bahnsteigen, an den Gates, in den Lounges: erschöpfte Menschen mit Handy am Ohr, die Sätze wie die folgenden von sich geben: »Ich bin gelandet.« »Ich bin in der Lounge.« »Ich warte auf den Zug.« »Ich stehe schon wieder auf der A Blabla im Stau.« »Muss nur noch durch die Security.« Nach dieser Einleitung folgt das Weltbewegende: »Na, wie läuft's«? »Gibt's was Neues«? »Alles im Griff«?

Eine absolut Loriot-reife Szene beobachtete ich auf einem Flughafen. Wir Passagiere standen in einer großen Traube vor dem Gate. Kurz bevor wir einsteigen konnten, kam ein Herr durch die Sicherheitskontrollen genau gegenüber. Mit einer Hand pfriemelte er in gebückter Körperhaltung seinen Gürtel wieder in die Hose, mit der anderen setzte er seine Aktentasche auf den Boden zwischen die

Beine, holte sein Mobiltelefon aus der Jackentasche, wählte jemanden an und sagte: »Hier Klöber (Name geändert), ziehe meinen Gürtel wieder durch die Schlaufen der Hose, muss Schluss machen, das Gate öffnet.«

Ich stelle mir vor, was auf dem Grabstein all dieser Menschen stehen wird:

> Hier ruht
> Andreas
> Geboren 1958 als Mann
> Dahingegangen 2013 als Manager

Als was scheiden Sie dahin? Als egozentrisches Stresskaninchen? Wir sind überzeugt, mit den oben geschilderten Verhaltensweisen gut beraten und langfristig erfolgreich sein zu können, solange wir die primäre Gesetzmäßigkeit, die unser Universum durchdringt, noch nicht erkannt und voll verinnerlicht haben.

Die primäre Gesetzmäßigkeit im Universum ist die Einheit allen Seins, die sich im Gesetz der Polarität zu erkennen gibt.

Wir teilen die Welt aufgrund unserer sinnlichen Wahrnehmungen und intellektuellen Beurteilungen in Gegensatzpaare: ich – du, wir – die, gut – böse, geben – nehmen, ehrlich – unehrlich, fleißig – faul, dumm – intelligent, arbeiten – ausruhen, gewinnen – verlieren, investieren – sparen, Erfolg – Misserfolg, Macht – Ohnmacht, Unternehmensführung – Betriebsrat, Manager – Mitarbeiter, Arbeiter – Angestellter, Kunde – Lieferant, Kooperationspartner – Konkurrent, Erfolg im Beruf – ausgeglichenes Privatleben. Dies sind aber in Wirklichkeit keine Gegensätze, sondern jeweils die Gegenstücke einer Einheit mit sich polar gegenüberstehenden Eigenschaften. Für die Einheit allen Seins selbst fehlen unserer linken Gehirnhälfte die Worte und Konzepte. Die rechte Gehirnhälfte erfasst die Einheit mit Symbolen,

Ritualen, Mythen, Geschichten und Legenden. Daher wird Führungskräften auch stets empfohlen, sich zu guten Geschichtenerzählern zu entwickeln, wenn sie Menschen bewegen wollen. Die Einheit allen Seins im Energieverbund des Universums bringt sich beispielsweise im *weißen Licht* zum Ausdruck. Weißes Licht schließt alle anderen Farben des Spektrums ein. Die Bibel spricht deshalb nicht nur symbolisch vom *Licht der Welt*.

> Die Einheit allen Seins besteht in der Harmonie von allem, was ist. Harmonie bedeutet, Bestehendes zu vereinen und Gegensätze zusammenzufügen.

Harmonie entsteht nicht dadurch, dass wir ausgrenzen, was uns an uns selbst, an anderen, an unserem Unternehmen, an Geschäftspartnern, an Konkurrenten und jedem, mit dem wir beruflich in Kontakt kommen, nicht gefällt oder unangenehm ist.

Harmonia, die *Göttin der Eintracht* aus der griechischen Mythologie, ist die *Tochter des Kriegsgottes Mars und der Liebesgöttin Venus*. Schöner kann man meiner Meinung nach unsere tägliche Herausforderung im Berufsleben nicht in ein Bild fassen.

> Sie befinden sich beruflich in Harmonie, wenn sich Ihr ganz individuelles Licht und Ihr ganz individueller Schatten vereinigen und Sie akzeptieren, dass beide Pole zu Ihnen gehören.

Was Sie materiell erobern wollen, gilt es auch in Ihrer seelischen Entwicklung in Besitz zu nehmen. Steigender materieller Wohlstand ohne gleichzeitiges inneres Wachstum endet im Leid. Jede Form der Einseitigkeit rächt sich. Das Polaritätsgesetz strebt immer nach Ganzheit. Verstöße werden unnachgiebig geahndet. Je stärker die Einseitigkeit, desto größer und heftiger der Umschwung ins andere Extrem. Da gibt es kein Pardon, kein Entkommen, kein Austricksen, kein Heimlichtun.

In unserem Berufsleben haben sich bestimmte Ausdrücke und Verhaltensweisen eingebürgert, die deutlich erkennen lassen, dass wir das Polaritätsprinzip missachten. Wir streben beispielsweise danach, andere Menschen und Sachverhalte zu *be-herr-schen*. Der *Herr* ist männlich mit allen Attributen, die diesen Pol charakterisieren: stark, kantig, roh, kalt, aggressiv, abstrakt, dominant, unverwundbar und gestaltend. Die polaren weiblichen Qualitäten schwach, abgerundet, zart, konkret, duldsam, verletzlich und nährend, die in jedem Menschen gleichermaßen vorhanden sind, werden weitgehend ignoriert. Das Polaritätsgesetz trachtet beständig danach, beide Pole auszugleichen. Es zwingt uns, uns mit dem missachteten oder verleugneten Pol auseinanderzusetzen, wenn wir ihn nicht aus eigenem Antrieb mit dem dominant gelebten in Balance bringen.

Im Anwaltsberuf und auf meinem Ausbildungsweg dorthin missachtete ich meine Weiblichkeit und vor allem meine Verletzlichkeit sträflich. Dann führte mir das Polaritätsgesetz mit dem körperlichen Kollaps schlagartig und machtvoll das Gegenteil von Starksein vor Augen und zwang mich, auch diesen Teil von mir anzuschauen und in mein Berufsleben zu integrieren. Meinen verletzlichen Teil überhaupt anzuschauen, empfand ich als äußerst schmerzlich, ihn zu integrieren als lästig bis langwierig. Starksein, mein eingeübtes Muster, entfaltete sich zu automatisch und verlockend, bis ich das dahinterliegende Polaritätsprinzip verinnerlicht hatte. Je mehr ich mir erlaubte, auch schwach und verletzlich zu sein, desto mehr entdeckte ich eine Welt, die mir bis dahin verborgen geblieben war. Mit der weiblichen Sicht und den weiblichen Empfindungen erweiterte sich mein Weltbild. Plötzlich konnte ich viel besser mit dem Menschen um mich herum zusammenarbeiten. Warum? Ich übersah die andere Hälfte der Wahrheit nicht mehr.

Licht und Schatten gleichen einander aus. Das gilt für jeden Menschen, auch im Beruf. Je strahlender eine Lichtgestalt in einem Unternehmen ist, je wichtiger ein Amt und die Person, die wir damit identifizieren, desto dunkler ist der Schatten dieses Menschen, solange er sich nicht damit auseinandergesetzt hat. Der Vorstandsvorsitzende eines börsennotierten Unternehmens, der Vorzeigemanager der Nation, wegen Steuerhinterziehung verurteilt, weil er sein Geld am Finanzamt vorbei heimlich im Ausland angelegt hat. Unternehmenslenker angeklagt, weil sie Mitarbeiter überwachen und bespitzeln ließen. Mächtige Industriekapitäne und Politiker, in Insiderkreisen bekannt für ihre amouröse Abenteuerlust bis hin zu sexuellen Entgleisungen. Aufsichtsratsvorsitzende aufgeflogen, weil ihnen die Vergütung für ihr Amt nicht ausreichte und sie sich zusätzlich mit Beraterverträgen weiteres Einkommen für exakt dieselbe Tätigkeit gesichert haben. Betriebsratsmitglieder, die sich vom Unternehmen augenzwinkernd zu Lustreisen einladen ließen und so ihre Unabhängigkeit ebenso verloren haben wie ihre Glaubwürdigkeit. Die Liste können wir täglich ergänzen, wenn wir die aktuellen Wirtschaftsnachrichten verfolgen.

Und was machen wir in schönem Einklang mit der Presse? Wir zeigen mit dem Finger auf die bösen Wirtschaftsbosse, Funktionäre, Banker, Politiker und wen auch immer, ohne indes zu verstehen, was die wirklichen Ursachen sind. Es ist völlig gleichgültig, welchen Beruf ein Mensch ausübt. Auch kleine Lichter werfen Schatten in jedem Unternehmen, an jedem Tag und in jeder Position. Solange wir Licht und Schatten in uns selbst nicht anerkennen und ausgleichen, neigen wir zu materieller Einseitigkeit und faulen Tricks bis hin zu strafrechtlich relevanten Exzessen. Alles kommt mit der gleichen Vehemenz ans Licht, mit der das Polaritätsgesetz missachtet wurde.

Wenn Sie genau hinsehen, können Sie die Dynamik des Polaritätsgesetzes in vielfältiger Ausprägung in Ihrer beruflichen Umgebung und in vielen Unternehmen erkennen. Je stärker das Verantwortungsgefühl der Leitenden, desto organisierter die Verantwortungslosigkeit der Untergebenen. Je ausgefeilter und aufwendiger die Kontrollmechanismen, desto vertrauensloser die tägliche Zusammenarbeit. Je kleiner die Chancen des Einzelnen, zu gewinnen, desto größer die Verführung, in die Trickkiste zu greifen und zu manipulieren.

Wer Manager oder Unternehmer des Jahres geworden ist, hat dafür zumeist das Polaritätsprinzip auf der männlichen Seite ausgereizt. Der Gegenschlag des vernachlässigten Pols kommt garantiert und geht dann ebenso durch die Gazetten. Wer dagegen einen Preis für sein Lebenswerk erhält, durfte sicher schon einen oder mehrere

Ausgleiche der Pole in einem Berufsleben erleben und ist dafür durch tiefe Täler gegangen. Seine Person und sein Wirken sind mit den Jahren und mit viel Erfahrung entsprechend geläutert und ausgeglichen.

> **Im Durcheinander wohnt die Einfachheit. In der Unstimmigkeit verbirgt sich die Harmonie. Inmitten von Schwierigkeiten verstecken sich die Chancen.**

So ähnlich drückte sich bereits Albert Einstein aus, als er vor dem Hintergrund seiner wissenschaftlichen und menschlichen Erfahrung die Welt und ihr Getöse betrachtete. Um sich beruflich auf eine Welt der *materiellen und immateriellen, der beruflichen und privaten, der körperlichen und seelischen Einheit* einzustellen und sich leicht und gefahrlos im unsichtbaren Spinnennetz der universellen Gesetze zu bewegen, können Sie sich zwischen den Polen von Verstand und Vernunft aufrichten. Im alltäglichen Sprachgebrauch werden Verstand und Vernunft synonym verwendet. Die beiden Begriffe bezeichnen indes etwas grundsätzlich Verschiedenes.

> **Verstand ist das menschliche Vermögen, Begriffe zu bilden und diese zu Urteilen zu verbinden.**

Verstand bezeichnet die Denkkraft eines Menschen, sein logisch rationales Vermögen. Der Verstand betrachtet die Dinge immer gesondert und getrennt vom großen Zusammenhang.

Im Biologieunterricht haben wir beispielsweise gelernt, welches die Samen bestimmter Pflanzen sind, wie sie aussehen, wie groß sie sind, welche Farbe und Form sie haben. Aber niemand konnte uns erklären, warum aus dem Samen immer die gleiche Pflanze entsteht. Woher weiß der Same, welche Blume er hervorbringen soll? Biologielehrer haben uns viele Details erklärt, aber keiner konnte uns sagen, was Leben ist. Und so ging es in unserer beruflichen Ausbildung weiter. Viele Fakten, Details, Systeme und Modelle. Immer aufs Neue Geld verdienen, Rendite erwirtschaften, Marktanteile erobern, Konkurrenten aus dem Feld schlagen. Immer weiter rennen, machen, tun, besser sein als andere und Persönliches zurückstellen. Niemand hat uns erklärt, was das eigentliche Endziel, der tiefere Sinn für jeden einzelnen von uns in einem bestimmten Beruf ist. Woher also sollen wir wissen, was Berufsleben wirklich ist?

> Vernunft bezeichnet unsere Fähigkeit, zu beobachten, zu erfahren und aufgrund dessen auf universelle Zusammenhänge zu schließen, deren Bedeutung zu erkennen und entsprechend zu handeln.

Vernünftig handeln Sie beispielsweise, wenn Sie beginnen, über sich selbst und Ihre Arbeit zu reflektieren. Warum tun Sie, was Sie tun? Warum tun Sie es auf Ihre ganz eigene Weise? Gibt es hinter Ihren Anstrengungen einen tieferen Sinn?

Neben der menschlichen Vernunft nehmen Philosophen an, dass es eine objektive Vernunft gibt. Die objektive Vernunft ist nach Heraklit und Hegel das die Welt und den Kosmos durchwaltende, ordnende Prinzip, das sie als *Weltgeist*, *Logos* und *Gott* bezeichneten. Rupert Sheldrake spricht aus der Sicht des Biologen vom *morphogenetischen Feld*. Sie sehen hier deutliche Parallelen zu dem, was ich das *Feld Ihrer beruflichen Möglichkeiten* nenne. Aus unterschiedlichen Blickwinkeln beschreiben vernunftorientierte Menschen das *schöpferische Universum*, mit dem jeder von uns eins ist. Andere Philosophen verstehen Vernunft im Sinne von »vernünftigem Handeln«.

> Ihre Vernunft teilt sich Ihnen über die Intuition mit, welche Ihre rechte Gehirnhälfte, Ihr Herz und Ihr Sonnengeflecht als Eingangstore in den physischen Körper nutzt.

Aristoteles bezeichnete unsere menschliche Vernunft als »das rechte Maß« und Kant als den »Kategorischen Imperativ«, der da lautet: »Handle nur nach derjenigen Maxime, durch die du zugleich wollen kannst, dass sie ein allgemeines Gesetz werde.« Sie selbst setzen in Ihrem Berufsleben die Standards. Kein anderer. Kant formulierte seinen Kategorischen Imperativ in einer Zeit, in der viele überzeugt waren, die Welt sei da draußen und funktioniere wie eine Maschine. Heute, da wir wissen, dass wir in einem universellen Energieverbund aus Bewusstsein und Energie leben, lautet die Konsequenz der kantschen Erkenntnis für Ihren Beruf:

Jeder positive Gedanke hat positive Folgen für Sie, Ihre Arbeit, Ihre Kollegen und Konkurrenten, für unsere Wirtschaft und die ganze Welt.

Jedes friedfertige Miteinander, jedes rücksichtsvolle Verständnis, gedacht, verbalisiert oder physisch ausgeführt, ist nicht nur Miteinander und Verständnis für andere, sondern auch für Sie selbst.

Jedes Hochschätzen, jede Ehrlichkeit, jedes Fördern von anderen, egal wie weit entfernt sie sind oder wie wenig sie darüber wissen, bedeutet selbiges für Sie.

Was sind Sie also noch bereit, in Ihrem Beruf zu tun, zu unterlassen, zu sagen, zu schreiben, zu denken und zu fühlen, wenn es keine Geheimnisse mehr gibt und sich alles sowohl auf Sie selbst als auch auf die Gemeinschaft auswirkt? An dieser Stelle wäre es angesagt, das Buch aus der Hand zu legen, einen längeren Spaziergang zu machen, sich zu besinnen und zu verarbeiten, was Sie gerade erfahren haben: Es geht auch anders und Sie können auch anders.

Im Sommer 2008 arbeitete ich für ein börsennotiertes französisches Minenbauunternehmen an einer internationalen Unternehmensintegration. In diesem Zusammenhang musste ich unter anderem fünf verschiedene Standorte in Norwegen besuchen. Eines Nachmittags stand eine Autofahrt von Ost- nach Westnorwegen an. Die Vorstellung, allein im Mietwagen rund 280 Kilometer durchs Gebirge zu fahren, löste ein mulmiges Gefühl in mir aus – nicht nur weil ich nachtblind bin. An dem Tag, für den diese Reise geplant war, hatte der neue Technische Direktor des französischen Unternehmens seinen Dienst in Norwegen angetreten, doch statt sich gleich auf seinen neuen Schreibtisch und in die Arbeit zu stürzen, bot er an, mich zu fahren. Offenbar suchte etwas in ihm das Gespräch mit mir, ohne dass er dies zu erkennen gab oder zumindest offiziell machen wollte.

Jonas, so sein Name, ist ein norwegischer Minenbauingenieur, der sich über Stationen als Produkt- und Operationsmanager, Produktionsingenieur und Managing Director einer norwegischen Edelmetallmine hochgearbeitet hatte, bevor er in die Dienste des französischen Minengiganten trat. Als er den Vertrag mit dem Unternehmen unterzeichnete, war ihm nicht bekannt, dass eine Übernahme von anderen norwegischen Produktionsunternehmen bevorstand und damit auch ein Kampf um die neuen Spitzenpositionen im Management. Da Jonas weder den Stallgeruch seines neuen Arbeitgebers besaß noch in einer Position bei den übernommenen Unternehmen etabliert war, befand er sich zwischen den Fronten des Kampfgetümmels um Macht, Ansehen, Positionen und Zukunftsperspektiven.

Trotz all seiner beruflichen Erfolge stimmte mit Jonas etwas nicht. Das spürte ich schon in der ersten Minute, als wir uns begegneten. Auf der achtstündigen Autofahrt, die uns aufgrund einer Tunnelsperrung durch ein vierzig Kilometer langes Eisfeld in einen anderen Fjord und erst über einen gewaltigen Umweg zum Ziel führte, entwickelte sich ein wunderbares Gespräch. Jonas war kreuzunglücklich. Seit Jahren verbrachte er aufgrund scheinbarer beruflicher Notwendigkeiten die meiste Zeit getrennt von seiner Frau und den Kindern, die im Norden Norwegens lebten und die er nur selten zu Gesicht bekam. Außerdem verrichtete er eine Arbeit, die er eigentlich nicht mochte. Ein Satz, den ich damals von mir gab, öffnete ihm das Tor zu einer neuen beruflichen Welt, wie er mir Monate später mitteilte, als er mich auf Facebook wiedergefunden hatte. Der Satz lautete: »Das Geheimnis eines erfüllten Berufslebens besteht darin, unseren Traum zu leben und diesen Traum mit allem zu vereinen, was unserem Herzen ebenso wichtig ist.« Jonas' Vision von seinem Berufsleben sieht so aus: Er möchte ein Minenbauunternehmen nach neuartigen Grundsätzen aufbauen und führen. Und er möchte dies mit einem Privatleben verbinden, das sein Herz erfreut.

»Und jedem Anfang wohnt ein Zauber inne, der uns beschützt und der uns hilft, zu leben«

... schrieb Hermann Hesse. In jedem Ende einer beruflichen Situation oder einer eingefahrenen Handlungsweise, liegt der Beginn der Gegenbewegung. Für Jonas war unsere Autofahrt der Beginn eines neuen Berufs- und Privatlebens. Seit 2009 ist er Geschäftsführer eines Minenbauunternehmens für Kupfer und Edelmetalle hoch im Norden Norwegens. Er ist mit seiner Familie vereint und ruht seitdem deutlich mehr in sich. Gerade als wir uns Anfang Juni 2011 verabredet hatten, wechselte der Mehrheitsaktionär des Minenbauunternehmens und legte Jonas einen neuen Kurs für das Unernehmen auf. Eines ist sicher. Jonas wird seinem Traum weiter folgen, ob als Geschäftsführer dieses oder eines anderen Unternehmens.

Vertrauen Sie Ihren Träumen. Sie führen Sie aus der Polarität der Zwänge in Ihre Einheit.

SCHREIBEN SIE, WENN DAS POLARITÄTSGESETZ SIE IN IHRE EINHEIT FÜHREN SOLL

1. Welche Gegensatzpaare wie beispielsweise *arbeiten – freinehmen, geben – nehmen, gewinnen – verlieren, Herz – Verstand* spielen in Ihrem heutigen Berufsleben die wichtigste Rolle?

2. Wo leben Sie Extreme, also einseitige Pole?

3. In welchen Situationen Ihres bisherigen Berufslebens haben sich Gegensatzpaare
   O ruckartig
   O schleichend
   O sanft
   ausgeglichen?

4. Welche Erfahrungen haben Sie dabei gemacht?

5. Was können Sie heute konkret und aktiv unternehmen, um bestehende Ungleichgewichte wieder in Balance zu bringen?

ES GIBT JOBS, ARBEIT UND DIE GROSSE LIEBE

>»Wenn man ein Wozu des Lebens hat, erträgt man jedes Wie.«
>
> *Friederich Nietzsche*

Lieben Sie den Beruf, den Sie zurzeit ausüben? Blöde Frage, ich weiß. Vielleicht sogar hundsgemein, aber sehr berechtigt, sonst hätten Sie dieses Buch ja nicht in der Hand.

Der Sinn Ihres Berufslebens ist der, den sie ihm jeden Tag zu geben vermögen.

Der lange und steinige Weg dorthin besteht darin, sich Ihrem Wesen, Ihren Talenten, Fähigkeiten und Werten zuzuwenden und all das so weit voranzubringen, dass Sie es Tag für Tag im Beruf ausleben können. Der einfachste Weg zu einem sinnvolleren Umgang mit Ihrer Arbeit besteht darin, eine neue Einstellung zu Ihrer heutigen Tätigkeit zu gewinnen.

In Wien erblickte 1905 Victor Frankl als eines von drei Kindern einer jüdischen Beamtenfamilie das Licht der Welt. Er studierte in seiner Heimatstadt Medizin und Philosophie. Depression und Selbstmord fesselten den Neurologen und Psychiater. Er suchte nach dem Sinn des Lebens, um Selbstmorde vermeiden zu helfen. Dann bekam er selbst den brutalsten Anschauungsunterricht, den wir uns vorstellen können. Als Juden wurden er, seine Frau und seine Eltern 1942 deportiert. Man nahm ihm all seinen materiellen Besitz, einschließlich eines wissenschaftlichen Manuskripts, das er bis dahin als sein Lebenswerk betrachtet hatte.

Frankls Vater starb in Theresienstadt, seine Mutter in der Gaskammer von Auschwitz und seine Frau Tilly im Konzentrationslager Bergen-Belsen. Sein eigener qualvoller Leidensweg führte ihn nach

Auschwitz und später in ein Außenlager von Dachau, wo 1945 von den Amerikanern befreit wurde. Zurück in Wien diktierte er innerhalb von neun Tagen das Buch *Trotzdem Ja zum Leben sagen*. Das Buch erschien in vierundzwanzig Sprachen und wurde mehr als neun Millionen Mal verkauft. Der von den Nazis entwendeten wissenschaftlichen Abhandlung über die Vermeidung von Selbstmord durch Sinnfindung wäre ein solcher Erfolg wohl nicht beschieden gewesen. Wissenschaftliche Abhandlungen sind zu trocken und emotionsfrei, als dass wir uns dafür erwärmen können.

Victor Frankl bringt in seinem Buch auf zutiefst menschliche Weise das Leid der Häftlinge zum Ausdruck. Den Hunger, der ihre Körper ausmergelte, die beißende Kälte, die Schmerzen in allen Gliedern, die Angst, jeden Augenblick getötet zu werden, die Brutalität der Wächter, den Dreck und das Ungeziefer überall, die graue Hoffnungslosigkeit so vieler endlos erscheinender Tage. Gleichwohl zeigt er uns, was es heißt, jederzeit und unter allen Umständen eigenverantwortlich zu bleiben und sich nicht unterkriegen zu lassen, was immer auch kommt. Obwohl Victor Frankl in die tiefsten Abgründe des Menschseins geblickt und entwürdigt und malträtiert worden war, kehrte er nach dem Zweiten Weltkrieg als Optimist in seinen beruflichen Alltag zurück. Wie ist das möglich? Verglichen mit dem, was Victor Frankl zu bewältigen hatte, stehen wir vor weit weniger erschütternden Situationen. Wie auch immer Ihre Situation aussieht, es ist sinnvoll, sich eine Wahrheit vor Augen zu halten:

▓ Jede Arbeit vermag uns körperlich, geistig und seelisch auszulaugen.

In diesen Momenten oder Phasen helfen wir uns selbst, indem wir uns bewusst machen, dass wir innerlich frei sind, weiterzumachen oder aufzuhören. Wir können gehen, wenn es uns nicht mehr passt. Victor Frankl hatte diese Option nicht. In seiner eigenverantwortlichen Art zu Denken formulierte er es so: »Es kommt nicht darauf an, wo und wie du dich im Leben vorfindest, sondern vor allem, was du daraus zu machen imstande bist.«

Das Wort *Arbeit* bedeutete ursprünglich *schwere körperliche An-*

strengung, Mühsal, Plage. In der Zeit von Martin Luther richtete sich der Blick weg vom *Wie* und auf das *Wozu.* Als *Arbeit* galt nun jede *zweckmäßige Betätigung.*

Für Leistungsträger ist Arbeit heute überwiegend Mühsal. Endlos lange Arbeitstage, Einsatz ohne Unterlass, und das alles in einem immer schwieriger werdenden Umfeld. Viele halten einfach nur durch. Jeder glaubt, ein bestimmtes Einkommen nötig zu haben, um unter seinesgleichen bei Thema Wohlstand mithalten zu können. Ganz egal, ob sie in der beruflichen Hierarchie oben oder unten angesiedelt sind, dafür akzeptieren Leistungsträger vieles, was sie auszehrt. Und wenn sie immer unzufriedener und einsamer werden, schieben sie es auf ihr Umfeld. In börsennotierten Unternehmen kämpfen die meisten Leistungsträger nach dem Motto »Ich – Mir – Mein« gegeneinander und zum Schaden des Unternehmens. Solange ein positives Geschäftsergebnis dabei herauskommt, ist die Welt in Ordnung. In inhabergeführten Unternehmen dominieren der oder die Eigentümer das Geschehen. Angestellte Leistungsträger fügen sich hier schneller in die Rolle des loyalen Ausführenden, denn sie sind so eine Art Mitglied der erweiterten Familie und genießen deren Schutz. Aber auch sie leiden unter den Umständen. So verzehrt sich jeder in seiner ganz spezifischen Umgebung auf seine eigene Art und Weise.

Sie müssen sich entscheiden! Spielen Sie ein berufliches Spiel, das *Geld oder Leben* heißt? Oder sind Sie überzeugt, dass Ihnen ein Platz im Spiel *Geld und Leben* zusteht?

> Als Kleinkinder verwenden wir viel Mühe darauf, aufrecht stehen und gehen zu lernen. Ebenso viel Mühe bedarf es, als Erwachsener aufrichtig mit sich selbst und der eigenen Arbeit zu werden.

Was sind Sie breit, zu geben, und was erwarten Sie von Ihrem Arbeitsleben? Klafft hier vielleicht eine beachtenswerte Lücke? Menschen, die beruflich *Geld und Leben* spielen, begegnen uns in ganz unterschiedlichen Konstellationen. Die Chefin, die sich entschieden hat, eine herausragende Managerin ihrer chaotischen und launischen

Umgebung zu sein und aus dieser Grundhaltung heraus souverän mit allen Widrigkeiten umgeht, erinnert sich am Ende eines Arbeitstages nur an die Menschen und Vorkommnisse, die ihr Herz erfreut haben. Den Rest lässt sie an sich abtropfen, um ihren Fokus und ihre Energie auf dem Machbaren und Wünschenswerten zu halten.

> **Die glücklichsten Momente in unserem Berufsleben gibt es nicht gegen Bezahlung. Wir schaffen sie uns in jedem Augenblick selbst.**

Es sind diese Momente, in denen Sie die Grenzen der sinnlichen Wahrnehmung von Raum, Zeit und individuellem Bewusstsein hinter sich lassen. Es sind diese Momente, an die Sie sich erinnern werden, wenn sich Ihr Berufsleben dem Ende zuneigt. In diesen transzendenten Momenten fließt die Arbeit leicht und doch präzise vor sich hin und fördert atemberaubende Ergebnisse zutage.

Der Jazzmusiker John Coltrane und die drei Mitglieder seines Quartetts überschritten am Abend des 9. Dezember 1964 die Grenzen ihrer eigenen sinnlichen und musikalischen Erfahrung. In nur einer einzigen Session gelang es ihnen, den Titel »A Love Supreme« auf Schallplatte einzuspielen. Kein stundenlanges Proben, keine einzige Wiederholung, kein Schweiß, keine Anstrengung, kein Tontechniker, der »Noch mal bitte« sagte. Es fiel ihnen einfach zu.

Die damals mittellose Schriftstellerin J. K. Rowling hatte auf einer Zugfahrt von Manchester nach London ein ähnlich transzendentes Erlebnis. Nach eigener Aussage wurde ihr auf dieser Reise die Idee zu den Abenteuern des Harry Potter »eingegeben«. In London angekommen, begann sie sofort zu schreiben. In den nächsten siebzehn Jahren war das Schreiben an den Abenteuern des jungen Zauberers ihr beruflicher Lebensinhalt. Trotz Armut und widriger Umstände zu Beginn dieses Weges trat sie in einen dauerhaften inneren Dialog mit sich selbst.

Obwohl ich nicht unterstelle, dass Sie ähnliche Aktivitäten ausüben wie die genannten Personen, bin ich mir fast sicher, dass Sie auch schon einmal eine transzendente Erfahrung gemacht haben. Waren Sie schon einmal bis über beide Ohren verliebt? Ja! Bitte erinnern Sie sich, was Sie in dieser Zeit erlebt und vor allem gefühlt haben. Hatten Sie plötzlich Schmetterlinge im Bauch? Schwebten Sie losgelöst von Zeit, Raum, Arbeit, Ausbildung und Pflichten durchs Leben? Wurden Essen und Schlafen bedeutungslos? Kreisten all ihre Gedanken um diesen einen Menschen, den Sie als Ideal wahrnahmen? All dies hat nicht die andere Person ausgelöst, sondern Ihre eigene erweiterte Wahrnehmung. Sie sind in das *Feld Ihrer Möglichkeiten* eingetaucht. Die Verliebtheit bezog sich nicht auf die andere Person, die Sie vielleicht zum ersten Mal gesehen hatten. Sie haben den Teil Ihrer tiefsten Bedürfnisse zu diesem Zeitpunkt auf die andere Person projiziert. Ihr intensives Begehren war nichts, was der anderen Person eigen war. Das Begehren entsteht in der Person, die begehrt. Was Sie erlebt haben, war eine tiefe Verbundenheit mit sich selbst, die Sie bis dahin nicht kannten.

In einer Liebesbeziehung besteht die Kunst darin, die Phase der Verliebtheit in die dauerhafte große Liebe zu überführen. Auf Ihre Arbeit übertragen heißt das, die freudvollen Lichtblicke bei Ihrer Arbeit, die vielleicht mühselig und anstrengend ist, in eine dauerhafte Erfahrung von begeisterter Hingabe zu verwandeln.

Dauerhafte Liebe erfahren Sie, wenn Sie den anderen Menschen in seiner wahren Natur erkennen, sich in dem, was Sie denken, sagen, fühlen und tun wie Tag und Nacht ergänzen und so eins miteinander werden. Wenn Sie dem anderen Menschen aus tiefstem Herzen sagen können: »Ich brauche dich, weil ich dich liebe.« Sie geben etwas von sich selbst und in diesem Geben entdecken Sie sich selbst und den anderen Menschen. Diese Form der Liebe vermögen Sie nur auszudrücken, wenn Sie dem anderen Menschen fürsorglich, verantwortungs- und respektvoll sowie vorbehaltlos akzeptierend begegnen. Dann überschreiten beide ihre Grenzen von Zeit und Raum. Das führt nicht nur zu äußerst angenehmen Erfahrungen. Es führt vor allem zu Erlebnissen, auf die Sie am Ende Ihres Lebens mit großer Freude und Zufriedenheit zurückblicken werden.

Gleiches gilt für Ihre Arbeit. Kurzzeitige Freude entspringt den Erinnerungen an oder der Vorfreude auf Äußerlichkeiten: mehr Geld, eine Beförderung oder Belobigung, Anerkennung, Bewunderung,

Machtzuwachs, das Gewinnen eines Kampfes und was auch immer Ihnen lieb wäre. Dann lieben Sie Ihre Arbeit, weil Sie sie brauchen, und zwar für den Kick oder den Lohn, den Sie aus ihr ziehen. Aber Sie brauchen Ihre Arbeit nicht, weil Sie den Inhalt der Arbeit an sich lieben.

> Eine dauerhaft begeisternde Arbeit setzt voraus, dass Sie sich auf eine hingebende Liebesbeziehung mit dem Inhalt Ihrer Tätigkeit einlassen.

Sie müssen sich in den Inhalt Ihrer Arbeit vertiefen, darüber die Zeit vergessen, ganz in ihr aufgehen und zwar in jedem Augenblick. Jeder, der eines von J. K. Rowlings Büchern liest, erfährt diese Verliebtheit in ihren Worten. Solche Sätze kann man nicht einfach so aufs Papier hauen und fertig. Der große Wurf als Autorin oder Schriftstellerin gelingt so nicht.

In Tausenden von Stunden und Tagen hat J. K. Rowling Alternativen, Worte und Sätze, wieder und wieder gegeneinander abgewogen. Bis sich aus dem Tanz der Buchstaben eine knisternde Spannung aufbaute, die uns das Buch nicht aus den Händen legen lässt, obwohl wir uns vor Müdigkeit die Augen reiben oder schon lange irgendeiner Pflicht nachkommen sollten. Sie lebt dafür, uns mit ihren Worten zu berühren. Ihre Bücher haben eine ganze Generation wieder zum Lesen gebracht. Gleichzeitig zahlt J. K. Rowling einen hohen Preis dafür, dass sie ihren beruflichen Traum lebt. Was sich aus ihrer Liebe und dem Verlangen, zu schreiben, entwickelte, hat sie sich nicht träumen lassen.

J. K. Rowling begann als arbeitslose alleinerziehende Mutter am Rande des sozialen Gefüges. Heute gehört sie zu den am meisten angesehenen und vermögenden Menschen unserer Zeit. Als die Sozialhilfeempfängerin anfing, Harry Potters Abenteuer niederzuschreiben, fand sie kaum Beachtung. Seit der gigantische Erfolg einsetzte, gibt es viele Bewunderer, aber auch Neider und Einbrüche in ihre Privatsphäre. Reporter boten ihren Freunden Geld, damit sie über J. K. Rowling sprachen, und suchten in den Papierkörben der Zimmer, in denen sie sich aufhielt, nach Informationen über sie.

Paparazzi verfolgten sie mit Kameras und Teleobjektiv. Sie liebt all das nicht. Auch nicht die öffentlichen Auftritte, das Blitzlichtgewitter und das »Bitte lächeln« für die Kameras. Aber sie akzeptiert es als Teil ihrer heutigen Arbeit und dessen, was sie damit bei ihren Lesern bewirken kann. Was sie außer zu schreiben über alles liebt, ist der Kontakt mit Menschen, die ihre Bücher gelesen haben. Und davon gibt es reichlich.

Die gleiche Hingabe für die Inhalte ihrer Arbeit finden Sie bei Designern, Modeschöpfern und Künstlern wie Karl Lagerfeld, Giorgio Armani, Stella McCartney, den Etros, den Zegnas und vielen mehr. Bei ihnen fließt das Herzblut in jedem Augenblick, denn Schönheit in Form, Farbe und Gestaltung ist nicht ohne Leidenschaft, Begeisterung, Hingabe und Liebe zu den Inhalten der eigenen Arbeit möglich.

Wenn Sie nicht in Ihre Arbeit verliebt sind, erfahren Sie Spaß nur über den Umweg der Belohnungen und kurzfristigen Kicks. Sie verkaufen Ihre Zeit, nicht mehr. Vielleicht prostituieren Sie sich auch emotional. Sie tun, was Sie tun, um jemandem zu imponieren, zu gefallen oder auch, um jemanden zu erobern. Das ist alles legitim, doch eine anhaltend freudvolle und begeisternde Arbeit ist so nicht zu erlangen und schon gar nicht die große berufliche Liebesbeziehung. Ich selbst musste mich nach und nach zu den beruflichen Inhalten vortasten, die ich zutiefst liebe, die mich in aller Herrgottsfrühe energiegeladen und mit einem Lachen auf dem Gesicht aus dem Bett springen lassen und über die ich die Zeit vergessen kann. Zuvor hatte ich mich viele Jahre lang als eine Gefangene der äußeren Umstände betrachtet. Ich habe durchgehalten um des Einkommens willen. Ich habe mich angepasst und gegen den Strich bürsten lassen. Gleichwohl habe ich aus meiner eigenen Sicht in den verschiedensten Tätigkeiten stets alles gegeben. Erst wenn meine innere Stimme lauthals zu rebellieren begann, mir das Verhalten von Vorgesetzten unerträglich schien, ich mich auf Nebenwegen verrannte oder zu sehr verbogen hatte, um den Erwartungen anderer zu entsprechen, kam mein Einsatz für die Arbeit zum Erliegen. Die Erkenntnis kam jeweils schlagartig und überraschte viele genauso wie meine Kurskorrektur, weil sie sich nicht ankündigte.

■ **Freie Gedanken und Gefühle schaffen berufliches Wohlbefinden.**

Dazu ein kleines Experiment. Bitte konzentrieren Sie sich auf den folgenden Satz und wiederholen Sie ihn innerhalb von zwei Minuten fünfzig Mal: »Ich liebe jede Minute meiner Arbeit und akzeptiere alles, was dazugehört.«
Was stellen Sie an sich fest? Dass sich Ihr Verstand gegen diese Aussage wehrt? Ändert sich Ihre Stimmung? Stellen sich Wohlbehagen, Ruhe, Gelassenheit, Freude oder Ähnliches ein? Horchen Sie am Ende der zwei Minuten einen Augenblick in sich hinein.
Bitte konzentrieren Sie sich nun auf folgenden Satz und wiederholen Sie ihn nur zwanzig Sekunden lang: »Meine Arbeit ist stressig, zur Routine verkommen und ich habe es dabei fast nur mit selbstsüchtigen Menschen zu tun, vor denen es auf der Hut zu sein gilt.«
Was denken und fühlen Sie jetzt? Wahrscheinlich haben Sie das soeben noch wahrgenommene Wohlgefühl verloren und sind nun irritiert. Eine Sekunde genügt, damit ein Gedanke, ein Wort oder ein Satz Sie emotional »berührt«, »bewegt«, vielleicht sogar »aus der Bahn wirft«. Welche Worte und Gedanken Sie wählen, ist Ihre Entscheidung, Ihr freier Wille. Gedanken und Worte haben signifikante Auswirkungen auf Ihr Wohlbefinden und damit auch darauf, mit wie viel Spaß und welcher Begeisterung Sie arbeiten.

■ **Wählen Sie all Ihre Gedanken, Worte und Gefühle zum Inhalt Ihrer Arbeit mit der allergrößten Sorgfalt aus.**

Nur dann vermögen Sie eine Arbeit und eine Arbeitsumgebung zu kreieren, die Sie als die große Liebe erfahren. Solange Sie Äußerlichkeiten, insbesondere wo und für wen Sie arbeiten, Ihre Kleidung, Ihr Auto, die Restaurants, die Sie besuchen, oder Ihre Freizeitaktivitäten noch mit mehr Sorgfalt aussuchen als den Inhalt Ihrer Arbeit, wird aus der beruflichen großen Liebe nichts.

1. Beschreiben Sie, was Sie an Ihrer heutigen Arbeit stört. Unterscheiden Sie zwischen
   O dem Inhalt Ihrer Arbeit
   und
   O den Umständen, unter denen Sie diese ausüben.

2. Was müsste geschehen, damit Sie den Inhalt Ihrer heutigen Arbeit lieben können?

3. Was müsste geschehen, damit Sie die unerfreulichen Umstände Ihrer Arbeit akzeptieren können?

4. Falls der Inhalt Ihrer heutigen Tätigkeit nicht zur großen Liebe taugt ... Welche andere Arbeit würde Ihr Herz höher schlagen lassen?

KANN ICH (MIR) DAS LEISTEN?

»Man hat nur Angst, wenn man mit sich selber
nicht einig ist.«

Herman Hesse

WIE SIE SICH SELBST TREU WERDEN

»Ein Lehrer kann höchstens in die Richtung der
Wahrheit zeigen, er kann Ihnen aber nicht sagen,
was zu sehen ist. Sie werden ganz alleine aufbrechen
und sich selbst entdecken müssen.«

Anthony de Mello

Was ist es, das an diesem Punkt Ihres Berufslebens darauf wartet, durch das richtige Stichwort oder eine Begebenheit auf die Bühne Ihrer Arbeitswelt geholt zu werden? Hinweise darauf finden Sie in Ihrem bisherigen Leben.

Meister Yoda, der weiseste aller Jedi-Ritter aus dem Film *Krieg der Sterne*, hat ein lebendes Vorbild. Es ist der amerikanische Mythenforscher Professor Joseph Campbell. Seine Bücher sind die Basis für das Drehbuch zu *Krieg der Sterne*. Sein Wissen über uns Menschen und unseren ganz persönlichen Weg spricht aus dem Mund von *Meister Yoda*. Wie kauzig, schrullig oder verwunderlich sein grüngräuliches Äußeres mit den drei Fingern und den spitz abstehenden Segelohren, seine Sprechweise und seine Essgewohnheiten uns auch erscheinen mögen, die Worte, die er spricht, lassen etwas in uns anklingen. Da ist noch mehr in uns…

Die Szene, in der *Meister Yoda* Luke Skywalker mitten im nebligen Sumpf von Dagobah darin unterrichtet, die *Macht* zu gebrauchen, enthält eine wichtige Botschaft für Ihren Herzensberuf. Luke befindet sich konzentriert im einarmigen Handstand, *Meister Yoda* sitzt auf seinem Bein und Luke hebt mit seiner mentalen Kraft schwere Steine in die Höhe. Er weigert sich jedoch, mit derselben *Macht*, seinen im Sumpf versunkenen Kampfjet aus dem Morast zu hieven. Dies sei etwas ganz anders als Steine anzuheben. Der Kampfjet sei »zu groß«, erklärt Luke. *Meister Yoda* weist ihn zurecht: »Nur anders in deinem Denken. Größe ist unwichtig. Mein Verbündeter ist die Macht, die Energie, die uns umgibt und uns bindet. Fühle sie.

Wenn du nicht glaubst, dass du es kannst, versagst du.« Und dann vollbringt *Meister Yoda*, was Luke für unmöglich hält. Das kleine, körperlich schwache Wesen lässt den Kampfjet konzentriert aber mühelos aus dem Wasser schweben. Vielleicht erinnern Sie sich an diese Szene und das staunende Gesicht von Luke.

▨ **Es gilt die Kraft in Ihnen zu nutzen, von der Meister Yoda spricht.**

Der Held im Mythos steht anfangs vor scheinbar unüberwindbaren Hindernissen. Verbindet er sich aber mit der Macht in sich, nämlich mit seinem Talent, seinem Wesen, seinen ganz persönlichen Archetypen, dem unsichtbaren Spinnennetz der universellen Gesetze und dem Feld seiner Möglichkeiten, überwindet er sie. Es sind vier Herausforderungen, mit denen sich jeder von uns konfrontiert sieht, auch im Beruf:

1. Den Träumen und Vorlieben aus Kindertagen wieder mehr Vertrauen schenken als dem Verstand.
2. Nicht auf andere hören, die zu wissen glauben, was gut für einen sei.
3. Die Angst vor Niederlagen und Verletzungen überwinden.
4. Kurz vor dem Erreichen des Ziels nicht aufgeben.

Lässt der Held die Macht aus Unwissenheit oder Achtlosigkeit ungenutzt, hält sein Weg viele tiefe Täler, wenige Höhepunkte und sehr viel Leid für ihn bereit.

In der Mythologie gibt es zahlreiche Helden, deren Namen wir zwar schon gehört haben, die den meisten aber nicht wirklich etwas sagen, etwa Odysseus, Achilles und Parzival. Die Figuren der modernen Mythologie kennen wir hingegen alle. Sie heißen Luke Skywalker aus *Krieg der Sterne*, Frodo aus *Herr der Ringe*, Bastian aus *Die unendliche Geschichte*, Santiago aus *Der Alchemist*, Harry Potter, Karen Blixen aus *Jenseits von Afrika*, Jake Sully aus *Avatar – Aufbruch nach Pandora* und so weiter. Und warum gehört ihnen unser Herz? Weil sie von ganzem Herzen für etwas eintreten, auch wenn sie phasenweise darunter leiden, daran verzweifeln und große Risiken dafür in Kauf nehmen müssen. Sie alle sind zutiefst davon überzeugt, dass das, was sie tun, gut und richtig ist. Sie folgen ihrem inneren Leitstern.

Heute stehen Sportler, Musiker, Schauspieler, Politiker und einige wenige Manager und Unternehmer im beruflichen Rampenlicht. Auch unter ihnen gibt es solche, die gelernt haben, die *Macht* zu gebrauchen. Diese Menschen haben eine ungeheure Ausstrahlung, ganz gleich, was sie konkret tun. Es ist, als seien sie in der Lage, die Energie des Universums in ihrem Sinne strömen zu lassen. Was uns an ihnen fasziniert, ist, *wie* sie etwas tun. Sie kombinieren ihre wie auch immer gearteten Talente mit der Fähigkeit, Energien in die gewünschten Schwingungen zu versetzen. Das gelingt ihnen, weil sie verstehen, welche energetischen Gesetze uns und unsere Wirtschaft beherrschen.

■ Auf dem Weg zum eigenen beruflichen Wesen gibt es Früh- und Spätberufene.

Die erste Herausforderung besteht darin, sich an die Vorlieben und Träume zu erinnern, die man als Kind hatte. Graben Sie wieder aus, was Sie sich einst aus dem Kopf geschlagen haben. Es waren keine Hirngespinste.

Der Rennfahrer Michael Schumacher fährt seit seinem vierten Lebensjahr Rennen mit Fahrzeugen, die vier Räder und einen Motor haben. Das erste baute ihm sein Vater. Michael Schumacher hat seine Leidenschaft Schritt für Schritt ausgelebt, bis sie sein Beruf wurde. Hier hat sich ein Kind ausnahmsweise mal nicht beirren lassen. Dennoch wette ich mit Ihnen, dass er viele Tiefpunkte, unangenehme Situationen, Selbstzweifel und mehr überwinden musste, um der Stimme seines Herzens treu bleiben zu können.

Die zweite Herausforderung besteht darin, akzeptieren zu lernen, dass andere sich verletzt fühlen und wir sie gegen uns aufbringen können, wenn wir unseren eigen beruflichen Weg gehen wollen. Wenn wir jedoch die Macht annehmen, die ich als Eigenliebe bezeichnen würde, meistern wir diese Aufgabe.

Charlie Chaplin hat anlässlich seines 70. Geburtstages gesagt: »Als ich mich wirklich selbst zu lieben begann, habe ich mich von allem befreit, was nicht gesund für mich war, von Speisen, Menschen, Dingen, Situationen und von allem, das mich immer wieder hinunterzog, weg von mir selbst. Anfangs nannte ich das gesunden Egoismus, heute aber weiß ich: Das ist Selbstliebe.«

Wie aus ihren Tagebuchaufzeichnungen hervorgeht, sagte Mutter Theresa über sich selbst: »Ich wurde geboren, um Gottes Ärmsten zu dienen.« Um sich mit dieser Aufgabe liebevoll selbst anzunehmen, musste Mutter Theresa ihrem Orden den Rücken kehren und sich als selbstsüchtig beschimpfen lassen, weil ihre Maßstäbe höher lagen als die der anderen Nonnen. All dies förderte ihr persönliches Wachstum und bereitete sie darauf vor, ihre Talente auszuleben. Die Welt schaute ehrfurchtsvoll und bewundernd zu, mit welch zarter Hingabe und subtiler Macht diese so zerbrechlich wirkende kleine Frau in Kalkutta die Ärmsten der Armen pflegte und durch ihr Wirken die mächtigen Männer der Welt beeindruckte.

Die dritte Herausforderung auf dem Weg zu unserem Wesen besteht darin, unsere Angst vor Niederlagen zu überwinden, Verletzungen zu akzeptieren und beides hinter uns zu lassen. Hier kenne ich kein besseres Beispiel als Nelson Mandela.

Dieser früh berufene Politiker hat viel Zeit in der Warte- oder, besser gesagt, in der Reifungsschleife verbracht. Die politische Karriere war ihm aufgrund seiner Abstammung, seiner Bildung und seines Herzensdrangs sozusagen in die Wiege gelegt. Schon früh engagierte er sich für die Ziele des *African National Congress*, allerdings mit jugendlich aggressiver Grundhaltung. Dann nahm ihn das südafrikanische Apartheid-Regime als politischen Gefangenen und zwang ihn von 1962 bis 1990 zu einer unfreiwilligen Nabelschau. In dieser Zeit glich Nelson Mandela den aggressiven Teil seines Wesens mit dem Sanftmütigen aus. Das Polaritätsgesetz arbeitete langsam und wunderbar. Er wurde eins mit sich selbst und reif für die Erfüllung seiner überwältigend großen Aufgabe. Er ließ alle Verletzungen hinter sich, die ihm in dieser Zeit von seinen politischen Gegnern und den Gefängniswärtern zugefügt worden waren.

Seine berufliche Aufgabe ergibt sich übrigens auch aus seinem Namen. Den englischen Namen Nelson bekam er erst bei seiner Einschulung. Gleich nach der Geburt im Jahr 1918 hatte ihn sein Vater auf den Namen *Rolihlahla* getauft. Das bedeutet wörtlich »am Ast eines Baumes ziehen« und ist ein bildhafter Ausdruck für »Unruhestifter«. Treffender hätte man sein Wesen wohl nicht charakterisieren können. Auch nach seiner Freilassung und als erster demokratisch gewählter Präsident von Südafrika stiftete er Unruhe, nun aber die Unruhe der Versöhnung.

Die vierte Herausforderung besteht darin, kurz vor dem Erreichen unseres Zieles nicht aufzugeben, weil wir uns vielleicht vor dem fürchten, was passieren könnte, wenn wir tatsächlich beruflich bei uns selbst ankommen. Hier tauchen plötzlich Schuldgefühle auf, weil wir es schaffen könnten, während so viele um uns herum weiter vor sich hindämmern. Hier begehen wir dumme Fehler, die alles wieder zunichtemachen, weil wir alles übereilen und zu ungeduldig sind. Hier verzichten wir freiwillig auf die Freude des Vollbringens, weil wir fürchten, zu viel vom Leben zu verlangen. Hier geben wir auf, weil wir nicht wissen, was danach kommen wird. Oder wir zögern, weil uns bewusst wird, dass wir Gewohnheiten, Menschen und Umgebungen unseres bisherigen Berufslebens zurücklassen müssen, damit wir unseren Weg tatsächlich gehen können. Die vierte ist die schwierigste Prüfung. Wir sehen, dass wir nur noch einen kleinen Schritt gehen müssen, und bekommen Muffensausen. Hier ist nur eines angesagt: Kopfkino ausschalten und, geführt von der inneren Stimme, mutig und beharrlich weitergehen.

Ich bin mit diesem Hindernis konfrontiert, als die Arbeit am Manuskript in die entscheidende Phase des Feinschliffs geht. Ich frage mich, ob ich meine Worte und Beispiele so gewählt habe, dass ich all diejenigen erreiche, die ich berühren und aus ihrer selbst gewählten Begrenztheit holen will. Ist es mir gelungen, auch die ganz rationalen und vielleicht sehr frustrierten Zeitgenossen zu inspirieren?

Oder habe ich einigen die Chance gelassen, weiterhin vor sich, ihren Talenten, ihren beruflichen Träumen oder der Verantwortung für das eigene Berufsleben wegzulaufen? Doch irgendwann sind alle ängstlichen Stimmen verstummt. Ich bin bereit für das, was nun kommen mag. Und ich weiß nicht genau, was es sein wird.

Wenn Sie sich selbst beruflich treu werden wollen, gilt es eines zu akzeptieren:

▨ **Ihr Berufsleben ist ein mysteriöses Abenteuer, das gelebt werden will.**

Für dieses Mysterium gibt es eine jahrtausendealte Metapher: das »Rad des Glücks«. Das Rad besteht aus einem äußeren Rand, der Felge, und einer Mitte, der Nabe. Beide sind durch Speichen verbunden. Das Rad läuft durch die Zeit. Alles wiederholt sich im stetigen Kreislauf wie beim Rundgang durch den japanischen Garten. Menschen und Situationen werden an uns herangetragen und verschwinden wieder. Wer beruflich auf der Felge verweilt, wird regelmäßig emporgehoben und wieder zu Boden geschleudert. Die Felge versinnbildlicht die Jagd nach Äußerlichkeiten und Befriedigung unserer Egobedürfnisse.

Wenn wir in dem, was wir tun, bei uns selbst ankommen, sind wir in unserer Mitte, also auf der *Nabe* des Rades. In der modernen Psychologie wird dieser Zustand als *Flow* bezeichnet. Sportler, die in einer bestimmten Situation über sich selbst hinauswachsen, beschreiben ihn als Gefühl des Getragenwerdens, der Sicherheit und der Verbundenheit mit allem. Den *Flow* kennen wir auch aus beruflichen Situationen. Erfinder stellen ihr Kopfkino ab und landen intuitiv den großen Wurf. Ingenieuren fällt die Lösung für eine bis dahin für unmöglich gehaltene Brückenkonstruktion ein. Wie von unsichtbaren Händen geführt finden Menschen die für sie beste berufliche Umgebung, sei es als Angestellte oder als Selbstständige. Und das geschieht immer denen, die Eile, Hast und Ego-Trips eine Weile hinter sich gelassen haben.

Und wie macht man das? Wie gelangt man von der Felge zur *Nabe*? Kein Mensch gleicht dem anderen, jeder hat andere Talente und kann etwas anders ganz besonders gut. Selbst in Berufen, die eine gleichartige Ausbildung voraussetzen, unterscheiden sich die Fähigkeiten. Daher gibt es auf dem Weg durch das »Rad des Glücks«, von der Felge bis zur Nabe nur Hinweise, die jeder für sich selbst deuten muss.

Aus mir wäre, hätte ich viel innere Distanz gewahrt und meine Emotionen weitgehend unterdrückt, womöglich eine ordentliche Wirtschaftsanwältin geworden. Dann allerdings hätte ich meine Liebe zu den Menschen und mein Talent nicht ausleben können, das darin besteht, anderen beim Ergründen ihrer selbst zu helfen und sie mit Worten anzustupsen. Ich hätte eine auf Menschen fokussierte Managerin im Transport- und Logistik-Sektor sein können. Doch ohne Liebe zu den spezifischen Inhalten und Themen der Branche hätte ich wieder ein großes Stück meines forschenden und zusammenfügenden Wesens nicht zu leben vermocht. Ich hätte ein gefragter Leadership- und Integrationscoach bleiben und einigen wenigen helfen können, ihren Weg zu finden. Und höchstwahrscheinlich wäre ich mit jedem Jahrzehnt besser darin geworden.

All diese Wege hätten mich jedoch nicht zu meinem Wesen geführt, zur *Nabe* des Rades. Zu Beginn meines Berufsweges wäre ich an der Felge, später irgendwo zwischen den Speichen hängengeblieben. Nun habe ich zum ersten Mal die Mitte erreicht und kundschafte kindlich unbefangen aus, wie groß der Durchmesser meiner Nabe wohl ist, den ich zu gestalten vermag. Ich liebe Menschen. Ich helfe ihnen gern, beruflich zu sich selbst zu finden. Ich liebe es, für sie zu schreiben und mit ihnen über das zu sprechen, was ich im Arbeitsalltag beobachte, von Praktikern und Wissenschaftlern über unterschiedlichste Gebiete erfahre und aus dem Fundus menschlicher Weisheiten geschöpft habe. Ich genieße es, stundenlang mit einem anderen Menschen zusammenzusitzen, seine berufliche Situation mit ihm durchzugehen und ihn, Körper, Geist und Seele ansprechend, für all das feinfühlig werden zu lassen, was er übersieht – das Gute daran, das Schöne darin, das Ungenutzte davon. An der Nabe des Rades wartet unsere Lebensaufgabe auf uns.

> Ihre Lebensaufgabe ist das, was Sie besser können als jeder andere Mensch auf dieser Welt.

Das Annehmen der Lebensaufgabe gleicht immer einer Reise ins Unbekannte. Zunächst führt uns diese Reise in unser eigenes Inneres, dann in berufliches Neuland. Jenseits der vertrauten Umgebung, Tätigkeiten, Gedanken und Gefühle lauert ein scheinbar gefährlicher Drache, dem es mutig die Stirn zu bieten gilt.

> Unsere berufliche Heldenreise zu uns selbst gelingt immer dann, wenn wir anderen mit unseren Fähigkeiten dienen.

Dienen ist heute ein eher uncooles Wort. Eine *dienende Gesinnung* erachtete man in früheren Zeiten als Ausdruck von *Demut*. Zwar stecken in dem Begriff *Dienstleistung* noch heute die Worte *dienen* und *leisten*, aber so verstehen wir die meisten Dienstleistungen nicht mehr. Wenn wir uns aber moderne Helden wie Luke Skywalker oder Frodo oder auch Nelson Mandela anschauen, stellen wir fest, dass sie an allererster Stelle ausgezogen sind, um einem höheren Zweck oder der Gemeinschaft zu dienen. Sie taten dies, indem sie sich auf das konzentrierten, was sie am allerbesten konnten – etwas viel Größeres und Wichtigeres als ihre persönlichen Interessen. Dafür nahmen sie viele Unwägbarkeiten und persönliche Veränderungen in Kauf.

Dienen können Sie allein oder gemeinsam mit anderen. Tun Sie, was Sie tun, jedoch nur für sich selbst oder um der Belohnung willen, spielen Sie das Ego-Spiel auf der Felge. Sie werden mit schöner Regelmäßigkeit emporgehoben und wieder zu Boden geschleudert.

Jeder Held, auch Sie, hört irgendwann diese Stimme, die ihn zu sich selbst zurückruft. Meistens ignoriert er sie zunächst, zumindest für eine Zeit – zu unsicher, zu gefährlich, zu viele andere Ablenkungen, zu viele Auswege, die leichter zu bewältigen scheinen. Warum wir uns schlussendlich doch trauen, die Komfortzone der etablierten Scheinsicherheiten zu verlassen, spielt keine Rolle: aus schierem Mangel, weil ein Schicksalsschlag uns ereilt, weil wir es einfach nicht mehr aushalten oder weil wir unserem Herzen folgen wollen.

Versuche, Sie von Ihrem Vorhaben abzubringen, kommen von denjenigen, die Sie lieben und vor Schaden bewahren möchten, sowie von denjenigen, die auch gern zu sich selbst stehen würden, aber noch nicht den Mut dazu gefunden haben. Geben Sie keinen Zentimeter nach und gehen Sie lächelnd weiter Ihres Weges.

Werden Sie der, der Sie aufgrund Ihrer Gaben werden können.

Zu Beginn meiner jüngsten »Häutung« zum Jahreswechsel 2009/2010 erklärte mich Georg, einer meiner besten und ältesten Freunde, für »komplett durchgeknallt«. Georg hat auf allen Kontinenten dieser Welt berufliche Erfahrungen gesammelt, denkt logisch-analytisch, ist hochintelligent und gebildet in allem, was die fünf Sinne erfassen können – und so argumentierte er auch. Alle meine beruflichen Veränderungsschritte von der Wirtschaftsanwältin zu Managerin und Aufsichtsrätin und von dort zum Coach hätten für ihn einen Sinn ergeben. Doch dies alles loszulassen, um zu schreiben und zu sprechen, mache für ihn keinen Sinn. Wo bitte sei da die logische Fortsetzung? Und vor allem, wie wolle ich damit wohl mein Geld in gewohntem Umfang verdienen? Georg biss auf Granit, denn ich ließ mich nicht auf eine Diskussion darüber ein, wer recht hat. Stattdessen fragte ich ihn, ob er mich je so ausgeglichen, entspannt, engagiert, fleißig und begeistert bei der Arbeit gesehen habe. Er schüttelte nur den Kopf. Fleißig und engagiert, ja, so kennt er mich. Aber begeistert, ausgeglichen und entspannt zugleich bisher nicht.

Sie ahnen es sicher. Dieses Gespräch hatte ein Nachspiel. Georg fand inzwischen auch den Mut, sich beruflich von dem zu befreien, was ihn belastete und nicht mehr zu seiner persönlichen Entwicklung passte. Mutig hat er seine Anstellung als Vorstand eines börsennotierten Konzerns gekündigt und befindet sich jetzt am Beginn seines Transformationsprozesses. Georg definiert gerade, was er inhaltlich künftig tun möchte, und bringt seinen Körper wieder in

Form, allerdings mit Unterbrechungen, die er seinem starken inneren Schweinehund verdankt. Zögerlich widmet er sich auch seinen emotionalen Blockaden. Sein Arbeitseifer nach dem Motto »Rund um die Uhr und rund um die Welt« ist nach wie vor ein dominantes Denk- und Aktionsmuster. Das Ausruhen und Reflektieren gelingt ihm bisher nur phasenweise. Georg genießt es, gefragt zu sein als Ratgeber bei Übernahmen und als Aufsichtsrat. Von ehemaligen Mitstreitern auf seinem Karriereweg erhält er bewundernde Kommentare dafür, dass er selbst die Reißleine gezogen hat. Nun bin ich gespannt, inwieweit Georg sich traut, sein ganzes Wesen zu ergründen und zu leben. Sicher bin ich mir in einem Punkt: Durch den selbst gewählten Befreiungsschlag ist ihm der gesundheitliche Kollaps erspart geblieben. Hätte Georg seine verständnislose und abweisende Haltung gegenüber meiner beruflichen Herzensentscheidung beibehalten, wäre es schwer geworden, unsere Freundschaft aufrechtzuerhalten. Wir hätten dann vermutlich ständig aneinander vorbeigeredet. Nun aber ist er Weggefährte!

> Der Weg zum eigenen Wesen geht sich leichter, wenn man sich mit Menschen umringt, die gleichfalls von innen heraus wachsen wollen.

Wir alle brauchen Menschen um uns herum, die unseren inneren Antrieb nachempfinden können und uns auf unserem Weg unterstützen. Auch kritische Fragen und Feedback fördern unser Erblühen, solange sie unterstützend gemeint sind, und gehören daher unbedingt dazu. »Reichsbedenkenträger«, die ihre angstdurchfluteten Szenarien genüsslich für Sie ausmalen; Hasenfüße, die Ihnen immer nur sagen, dass sie »damit schon einmal Schiffbruch erlitten« haben, sowie die selbstmitleidige »Ich-armer-Wicht«-Fraktion sollten Sie möglichst aus Ihrem beruflichen Transformationsprozess ausschließen.

In meinen Lebenslauf finden sich viele rote Fäden, die sich nun in einem Tau vereint haben. Der erste Faden ist das rebellische, mutige, beharrliche und hinter die Dinge blicken wollende Wesen aus Kindertagen, das Menschen mit Worten bewegen und wachrütteln will. Dieses Wesen hat sich Schritt für Schritt gemausert und seine Fähigkeiten in den verschiedensten Umgebungen trainiert. All meine beruflichen Aufgabengebiete, alle Arbeitsplätze und alle Menschen, mit denen ich zusammenarbeiten durfte, haben mir Praxiswissen und komplexe Einsichten beschert. Der zweite Faden ist mein Drang, nicht nur zu reden, sondern auch zu schreiben. Es begann mit ersten Sachtexten als Schülerin. Dann folgten juristische Fachaufsätze, die veröffentlichte Doktorarbeit, ein Beitrag zur Festschrift für meinen Doktorvater, Geschichten in einem monatlichen Newsletter für meine Coaching-Klienten und ein Buch über die menschliche Seite von Unternehmensintegrationen. Im Moment schreibe ich kurze Beiträge für die Bücher und Blogs von Freunden, zwei eigene Blogs über ganzheitlich bewusstes Arbeiten und dieses Buch. Der dritte Faden ist meine tiefe Überzeugung, dass sich der Weg zum eigenen beruflichen Wesen erst beim Gehen offenbart und nicht im Voraus plan- und kalkulierbar ist. Es reicht mir, wenn ich die grobe Richtung kenne und den nächsten Schritt sehe, maximal den übernächsten. Alles auf meinem Weg ergibt sich, wenn die Zeit reif ist und ich achtsam bleibe für das, was die Welt an mich heranträgt. Mein Standardsatz dazu lautet: »Das schüttelt sich schon zurecht!« Und das tut es auch immer, wenn wir dem Mysterium seinen Lauf lassen.

Letzteres hat nichts mit Passivität oder Abwarten und Tee trinken zu tun. Im Gegenteil. Es gilt, sich auf dem Weg zu seiner Lebensaufgabe Tag für Tag und Schritt für Schritt weiterzubewegen. Der Schauspieler Will Smith hat dies mit einem ähnlichen Bild ausgedrückt. Er baue eine Mauer, indem er Stein für Stein setze und sich immer nur auf den jeweils nächsten Stein konzentriere. Mit der Zeit sei er selbst ganz überrascht, wie groß und mächtig die Mauer inzwischen geworden sei.

In dem Moment, in dem Sie das tun, wonach Ihr Herz Sie drängt, und sich auf das einstimmen, was das *Feld Ihrer beruflichen Möglichkeiten* für Sie bereithält, fallen Ihnen die Menschen, Situationen und Dinge zu, die zu Ihnen passen. Nehmen Sie es als äußeres Zeichen, dass Sie aus der Macht oder von der Nabe aus zu arbeiten beginnen.

Ab diesem Moment haben Sie auch verinnerlicht, dass Sie etwas Besonderes sind, einzigartig. Gleichzeitig ist Ihnen zutiefst bewusst, dass Sie nichts Besseres sind als alle anderen Menschen auf diesem Planeten, ganz gleich, ob sie auf der Bühne des Berufslebens Könige oder Bettler zu sein scheinen. Ihnen fällt jeweils eine andere Aufgabe zu als den anderen, keine bessere. Dies zu erkennen, macht uns demütiger.

■ **Wenn Sie etwas Besonderes sind, kann keiner mit Ihnen konkurrieren.**

Demjenigen, der das verinnerlicht hat, fällt es leicht, andere auf dem Weg zu ihren Zielen zu unterstützen und sich über ihre Erfolge zu freuen, als wären es die eigenen. Einem solchen Menschen wird es zur zweiten Natur, alle Menschen anzuspornen und zu unterstützen, aus ihrem Wesen heraus täglich ihr Bestes zu geben, und zwar zum Wohle aller.

Wenn Sie Ihre vollkommene Macht entfalten wollen, damit Sie mit Spaß und vor allem begeistert arbeiten können, brauchen Sie ein Ideal, einen klar erkannten und verfolgten Zweck Ihrer Arbeit. Es geht um Sie, und Sie sind einzigartig. Hüten Sie sich also, einem Idol nachzueifern. Damit können Sie sich und die Situation verstehen lernen, mehr aber auch nicht. Vor allem sollten Sie nichts und niemanden kopieren. Kopien sind immer schlechte Originale und jeder merkt das. Machen Sie sich daran, Ihr ganz persönliches Ideal zu definieren und es täglich auszuleben. Das Idealbild eines kräftigen Baumes ist bis in die kleinste Einzelheit im Samen enthalten. Von dort entfaltet sich alles mithilfe des nährenden Bodens, des Wassers und der Sonne.

1. Welche roten Fäden ziehen sich durch Ihr bisheriges Leben in Kindertagen und als Erwachsener im Beruf?

2. Welches Tau entsteht, wenn Sie Ihre roten Fäden verbinden?

3. Wo und wann sind Sie auf die vier Herausforderungen
   - sich nicht vom Herzensberuf abbringen lassen,
   - nicht auf Leute hören, die zu wissen meinen, was gut für einen ist,
   - Angst vor dem Versagen und
   - Angst davor, das Ziel erreichen zu können, gestoßen und wie haben Sie sich jeweils verhalten?

4. Was würden Sie am Ende Ihres Lebens gern sagen …
   - … über sich als Mensch?
   - … darüber, was Sie mit Ihrer Arbeit bewegt haben?
   - … über die Art und Weise, wie Sie am Wirtschaftsleben teilgenommen haben?
   - Und welche Rolle haben die Menschen, die Sie berührt und geliebt haben, dabei gespielt?

5. Was brauchen Sie noch, um Ihren ganz persönlichen Weg entschlossen gehen zu können?

WIE SIE MIT DEM FELD IHRER MÖGLICHKEITEN SPIELEN

»Erst die Möglichkeit, einen Traum zu verwirklichen,
macht unser Leben lebenswert.«

Paulo Coelho

Ihr beruflicher Traum ist so wirklich wie Ihre Gedanken darüber. Damit Sie sich diesen Traum erfüllen und ihn jeden Tag mit Spaß und Begeisterung in die Tat umsetzen können, müssen Sie vier Gesetzmäßigkeiten in Ihrem Gehirn abspeichern und aktiv leben:

1. Ihr individuelles Bewusstsein – Ihr Denken, Sprechen, Fühlen und Handeln – erschafft Ihre berufliche Realität.

2. Die von Ihnen ausgesandte Energie kehrt zu Ihnen zurück.

3. Ihre Motivation beeinflusst die Qualität der ausgesandten Energie.

4. Ihr individuelles Bewusstsein, Ihre ganz persönlichen Archetypen und das *Feld Ihrer beruflichen Möglichkeiten* sollten harmonisch aufeinander abgestimmt sein.

Der Physiker Werner Heisenberg lehrte uns, dass wir die Wellenfunktion durch unser individuelles Bewusstsein kollabieren lassen und dafür sorgen, dass bestimmte Teilchen sich für uns in Form von Geschehen manifestieren, während andere in der Welle verbleiben. Das individuelle Bewusstsein setzt die Ursache dafür, welches Teilchen sich zeigt. Ihr individuelles Bewusstsein schließt dreierlei ein:

1. Was Sie wissentlich, also absichtlich, denken, sagen, fühlen und tun.

2. Was Sie unbewusst, bedingt durch vorhandene Konditionierungen, denken, sagen, fühlen und tun. Das sind all die Gedanken, Worte, Gefühle und Handlungen, die Sie inzwischen gewohnheitsmäßig und mechanisch wählen, ohne über ihren Sinn oder Unsinn und die Konsequenzen für Ihr Berufsleben nachzudenken.

3. Was Ihr Unterbewusstsein von Ihnen unerkannt aussendet.

Auf diese Weise setzen wir Ursachen, die bestimmte Aspekte aus dem Potenzial der Welle, sprich dem *Feld Ihrer beruflichen Möglichkeiten* herauslösen. Wir geben damit alle anderen Möglichkeiten auf, weil wir uns auf einzelne Aspekte konzentrieren. Dasjenige, worauf wir unsere wesentliche Aufmerksamkeit richten, wird sich in unserem Berufsleben einfinden. Und dabei spielt es keine Rolle, ob wir uns dessen bewusst sind oder nicht.

Wenn Sie gezielt auf Ihren Berufsweg Einfluss nehmen wollen, gibt es nur eine erfolgversprechende Methode:

> Was Sie denken, sagen, fühlen und tun, muss eine Einheit bilden, muss in sich konsequent und stimmig sein.

Ist es dies nicht, wird das, was sich in Ihrem Berufsleben zeigt, entsprechend chaotisch und statisch zugleich sein. Jedenfalls stellt sich so nicht das ein, was Sie sich erhoffen: Spaß, Begeisterung oder sogar die Verwirklichung eines beruflichen Traums. Weil Sie Ihre eigene Realität erschaffen, ohne es zu wissen, neigen Sie dann schnell dazu, sich als »Realist« zu bezeichnen und zu behaupten, die Hürden und Hindernisse seien unüberwindlich. Oder Sie argumentieren, die Welt sei eben ungerecht und die anderen seien an allem schuld. Oder, man müsse für sein eigenes Stück vom Glück kämpfen. Oder, mit dem, was Sie gut können, ließe sich kein Geld verdienen, und all das andere Zeug, das schon immer in Ihrem Gehirn herumgespukt hat. Das dürfen Sie auch gern weiter denken und sagen. Sie müssen sich nur nicht wundern, wenn Ihnen diejenigen nicht mehr zuhören, die es verstanden haben, ihr berufliches Potenzial mit viel Spaß und Begeisterung auszuschöpfen.

Ich habe nicht gezählt, wie viele Menschen ich in den Jahren meiner Berufstätigkeit kennengelernt habe, die immer wieder darüber sprachen, etwas anders machen und wieder mit Spaß arbeiten zu wollen. Die allermeisten haben geredet, aber nicht gehandelt. Bevor ich die Mischung aus individuell bewussten und individuell unbewussten Einflüssen sowie dem kollektiven Unterbewussten durchschaut hatte, habe ich den Fehler gemacht, ihnen helfen zu wollen. Das endete immer damit, dass ich mich nach einigen Monaten enttäuscht zurückzog.

Wer mehr redet als handelt, möchte seinen unerfüllten Traum lieber weiterträumen.

Vor Kurzem suchte ein Privatsender für Sportprogramme in einem Casting einen neuen Moderator für den Sendebereich Fußball. Ein Jugendtraum vieler Manager. Zwei Herren aus meinem beruflichen Umfeld berichteten mir innerhalb einer Woche jeweils telefonisch, dass sie sich beworben hatten. Beide betrieben großen Aufwand, holten sich professionelle Hilfe für ein Bewerbungsvideo, absolvierten ein Medien-Coaching. Die Konkurrenz sei groß, sagten mir beide. Gut beobachtet. Meine Prognose war: Beide schaffen es noch nicht einmal in die Endauswahl, trotz professioneller Visitenkarte. Und so kam es auch. Einen der beiden Herren fragte ich nach dem Warum, als wir uns erneut begegneten und ich ihm meine Prognose freimütig mitgeteilt hatte. Er ist ein erfahrener und erfolgreicher Verkaufstrainer, geübt darin, sich zu präsentieren. Zudem betätigt er sich in seiner Freizeit als Stadionsprecher für einen Fußballverein. Er meinte, mit Feuereifer bei der Sache gewesen zu sein, als das Video entstand. Doch als er sich den Streifen einige Wochen nach dem Versenden aufmerksam angesehen habe, sei ihm klar gewesen: »Das wird nichts. Meine Augen funkelten nicht, mein Gesicht strahlte nicht. Jeder konnte sehen, der ist nur mit dem Kopf dabei.« Er habe aus dieser Erfahrung zweierlei gelernt. Erstens, tief in ihm rege sich der Wunsch, seinem Berufsleben eine neue Wendung zu geben. Zweitens, der Kopf allein finde die Lösung nicht. Wenn das Herz nur halb dabei sei, bleibe die Suche ergebnislos.

Für beide Herren war es nicht die große berufliche Liebe. Beide haben nicht gedacht, gesprochen, gefühlt und gehandelt wie ein Fußballreporter, nicht so, als sei dies die einzig wahre Flamme, die in ihnen brennt. Andererseits war es auch keine Frage von Leben und Tod für sie, denn das wäre die andere Alternative.

▨ Not macht erfinderisch und mutig, Überfluss macht selbstgefällig und träge.

Im *Feld Ihrer beruflichen Möglichkeiten* potenzieren sich gleich schwingende elektromagnetische Wellen in ihrer Wirkung weil sie sich, wie die Techniker sagen würden, »in Phase« befinden. Da Sie untrennbarer Bestandteil des *Feldes Ihrer beruflichen Möglichkeiten* sind, potenzieren Sie exakt die Energien, die Sie aussenden, wenn Sie mit gleich schwingenden Wellen zusammentreffen. Das beschleunigt und fokussiert ein einmal in Gang gesetztes Geschehen. Entgegengesetzt schwingende Wellen heben sich in ihrer Wirkung auf. Das führt zu Stagnation. Schwingen die elektromagnetischen Wellen Ihrer berufliche Wünsche also gleich mit denen, die das *Feld Ihrer beruflichen Möglichkeiten* für Sie bereithält, weil sie Ihrer Lebensaufgabe entsprechen, zünden Sie den beruflichen Raketenantrieb.

Durch Gefühle hervorgerufene elektromagnetische Wellen besitzen mehr Energie als Gedanken und Worte. Sie können das an sich selbst testen. Sagen Sie laut »Ich bin wütend«, wenn Sie nicht wütend sind. Und dann beobachten Sie einmal, wie der Körper eines Menschen bebt, der tatsächlich wütend ist. Wie er rot anläuft, schnaubt und beinahe explodiert. Oder sagen Sie zu sich selbst »Ich bin aufgeregt« oder »Ich bin begeistert«, wenn dies nicht der Fall ist. Ihr Körper bleibt still. Wenn Sie aufgeregt sind, arbeitet Ihr Körper auf Hochtouren. Einige laufen hin und her, bis die Sohlen qualmen, andere rennen ständig zur Toilette, wieder anderen stehen plötzlich Schweißperlen auf der Stirn oder sie bekommen feuchte Hände. Wenn Sie von Spaß und Begeisterung getragen sind, befindet sich Ihr gesamter Körper im emotionalen Höchstleistungsmodus. Stellen Sie sich bitte vor, dass Ihre Fußballmannschaft Sekunden vor dem Abpfiff das alles entscheidende Tor geschossen hat. Die Spieler schreien, jubeln, lachen, heulen vor Glück, rennen und springen ekstatisch umher, umarmen und küssen sich, reißen sich die Trikots vom Leib und führen Freudentänze an der Eckfahne auf. Und Sie, was machen Sie? Sitzen Sie gelangweilt und teilnahmslos auf Ihrem Sitz?

Menschen, die sich beruflich selbst im Weg stehen, zeigen kaum Emotionen. Diese Emotionslosigkeit können Sie an ihren Worten, ihren spannungslosen Körpern und den ausdruckslosen Gesichtszügen ablesen. Sie halten sich für nicht gut genug. Sie glauben, dass sie nicht über die richtigen Kontakte verfügen. Sie haben Angst, zu scheitern, weniger Geld zu haben oder Geld zu verlieren. Sie fürchten sich, zu versagen, zurückgewiesen oder ausgenutzt zu werden. Sie fragen sich, was die anderen wohl denken oder sagen. Sie tun sich schwer, Hilfe und Unterstützung anzunehmen. Ihre Körper sind energielos, weil ihnen die Emotionen fehlen.

Wer Angst hat, am nächsten beruflichen Schritt zu scheitern, sollte diesen Schritt so lange nicht tun, bis er anhaltend positive Erwartungen und Gefühle damit verbinden kann. Ich dachte von Kindesbeinen immer nur daran, wie etwas möglich zu machen sei, mein Mofaführerschein, mein Studium, die Auslandsaufenthalte, Praktika. Ich fragte, sammelte Informationen, bat um Hilfe – und der Weg zeigte sich. Wenige negative Gedanken und Gefühle sabotierten das, was ich mir vorstellte. Ohne es zu wissen und zu verstehen, löste mein Bewusstsein damit immer das aus dem Feld meiner Möglichkeiten, was mir half, meine Träume zu verwirklichen. Das Gute an dieser Methode ist, dass Sie jederzeit damit anfangen können.

Führen Sie den Wandel in sich selbst herbei und trainieren Sie Ihr Gehirn in puncto Erwartungen und Überzeugungen entsprechend. Lenken Sie Ihre Aufmerksamkeit und Ihre Gefühle in die gewünschte Richtung.

Wenn Sie sich Freude, Begeisterung, Respekt, Wertschätzung, Anerkennung, eine Beförderung, neue Herausforderungen, Zuneigung, Erfolg, Wohlstand oder die Verwirklichung eines Traumes wünschen, müssen Sie zuerst davon überzeugt sein, dass Ihnen dies zusteht. Dann gilt es, genau das auszusenden, was Sie sich wünschen, vorbehaltlos und beständig. Tun Sie so, als hätten Sie Ihr Ziel bereits erreicht, indem Sie sich entsprechend benehmen, denken, fühlen und handeln. Ist das leicht? Nein, zu Anfang nicht. Lohnt es sich dennoch? Das kann nur jeder für sich selbst entscheiden. Aber fragen Sie einmal diejenigen, die ihre *Macht* angenommen haben, ob sie bereit sind, sie noch einmal abzugeben? Ich kenne keinen.

> **Die Motivation, also »warum« und »wie« Sie einer beruflichen Tätigkeit nachgehen, beeinflusst die Qualität der ausgesandten Energie und damit das Ergebnis.**

Wenn Sie ein berufliches Ziel verzweifelt oder eilig erreichen wollen, entsteht negative Energie, die genau das abstößt, was Sie eigentlich anziehen möchten. Diese negative Energie können Sie unmittelbar in Ihrem Körper spüren, denn Ihre Muskeln ziehen sich zusammen und fließende Bewegungen werden verhindert. Außerdem tritt diese negative Energie mit dem Energieverbund im Universum in Wechselwirkung und beeinflusst die Gesamtenergie dort entsprechend. Ersetzen Sie »verzweifelt« und »eilig« durch *vertrauensvoll*, lassen Sie den Sachverhalt dann innerlich los und Sie kommen mit Sicherheit zur rechten Zeit an Ihr Ziel. Gehen Sie einfach Tag für Tag Schritt für Schritt vorwärts. Fokussieren Sie all Ihre Energie auf die inhaltliche Qualität dessen, was Sie tun, und hören Sie auf, andere oder ein Geschehen manipulieren zu wollen. Menschen, die ständig »rennen, machen, tun« und bei denen alles sofort geschehen muss, verwechseln dies in aller Regel mit einem guten Ergebnis. Verkrampfter Input liefert verkrampften Output. Solche Menschen ignorieren das Chaos und den Widerwillen, die sie mit ihrem Verhalten in ihrem Umfeld erzeugen. Gleiches gilt für diejenigen, die meinen, alles besser zu wissen oder zu können, die zu allem ihren Senf dazugeben und sich überall einmischen. Auch sie nehmen nicht wahr, warum sich ihre Umgebung gegen sie sträubt, und erreichen nur wenig. Auch wenn sie ihre Anstrengungen verdoppeln, kommt nicht wesentlich mehr dabei heraus. Ihre eigene Begründung für diesen Zustand ist dann meist, dass die anderen zu dumm oder zu faul sind. Tatsächlich sind sie die Dummen. Sie verstehen die Konsequenz der Botschaften nicht, die sie in das unsichtbare Spinnennetz aussenden, und machen sich so selbst die Arbeit sauer.

> **Vertrauen Sie darauf, dass Sie das Richtige in Gang setzen, wenn Sie aufrichtig denken, sprechen, fühlen und handeln.**

Das gewünschte Ergebnis stellt sich von selbst ein, solange Sie nicht darauf schielen. Im unsichtbaren Spinnennetz, wo sich die Fäden von Bewusstsein und Energie kreuzen, ereignen sich die Dinge außerhalb der wahrnehmbaren Kette von Ursache und Wirkung. Quantenphysiker bezeichnen dies als Nichtlokalität. Die Geisteswissenschaften nennen es Synchronizität. Ich habe mit Ihnen geteilt, welche Archetypen es der Managerin aus der Bekleidungsindustrie ermöglichen, ihr einzigartiges Wesen beruflich auszuleben. Da ich Ihre Archetypen nicht kenne, behelfe ich mir mit dem Vergleich von zwei Baumarten, um Ihnen die Gesetzmäßigkeit der Synchronizität aufzuzeigen.

> **Ein Apfelbaum kann nur Äpfel hervorbringen, aber keine Birnen, so sehr er sich auch bemühen sollte.**

Deshalb ist es äußerst wichtig, zu wissen, welche Art Baum Sie sind, bevor Sie Früchte hervorbringen können. Zu wissen, dass Sie ein Apfelbaum sind, reicht indes noch nicht. Sie müssen auch wissen, welche Sorte Apfelbaum Sie sind und was genau diese Apfelsorte an Licht, Luft und Wasser benötigt, um sich optimal zu entwickeln. Auch sollten Sie akzeptieren, dass Apfelbäumchen noch keine oder nur sehr kleine Früchte tragen. Je reifer und ausgewogener Sie innerlich werden, je mehr Sie in sich selbst ruhen und Ihre Einzigartigkeit kennen und leben, desto schneller bringen Sie große und außergewöhnliche Früchte hervor, denn Sie interagieren harmonisch mit dem Feld Ihrer Möglichkeiten.

Wenn Sie sich aufmerksam umschauen, erkennen Sie, welche Menschen in Ihrem Umfeld wissen, was für eine Art Baum sie sind. Beispielsweise gibt es Menschen, die genau wissen, dass sie im operativen Tagesgeschäft ihre ganze Brillanz entfalten. Sie streben deshalb nicht danach, hierarchisch höher angesiedelte Positionen zu ergattern, die beispielsweise strategisches Verständnis und Denkvermögen erfordern. Andere Menschen haben erkannt, dass sie ein Händchen dafür haben, schöne Dinge zu entwerfen und miteinander zu kombinieren. Sie verfügen aber über zwei linke Hände, wenn es darum geht, diese Dinge selbst herzustellen. Ich bin fast komplett unfähig darin, Instruktionen, die andere Menschen mir geben, einfach nur auszuführen. Ich will immer meine Version einer Aufgabe leben. Meine Kollegen am Forschungsinstitut schrieben mir zum Abschied ein witzig formuliertes Zeugnis, in dem sie diese Wesensart auf den Punkt brachten: »Instruktionen nahm sie mit Interesse zur Kenntnis, gelegentlich führte sie diese aus.« Ich tauge also nur zu einer Arbeit, die ich als Selbstständige und in Eigenverantwortung ausüben kann.

Selbstständige, die einem Beruf nachgehen, den viele andere auch ausüben, stehen regelmäßig vor der Herausforderung, sich abzugrenzen, um wahrgenommen zu werden. Die Lösungen, die sich das Ego dazu einfallen lässt, sind Äußerlichkeiten, von der auffälligen Werbung, die bei vielen nicht der Wahrheit entspricht, bis hin zum Heruntermachen der Konkurrenz. All das ist schmerzhaft, verkrampft, teuer und wirkt nur kurzfristig, wenn nicht sogar abschreckend. Wer bleibt schon Kunde von jemandem, der nicht hält, was er verspricht, und nicht ist, was er vorgibt zu sein? Fragen Sie sich lieber: Was kann ich in meinem Beruf besser als jeder andere, der diesen Beruf auch ausübt? Vertiefen Sie sich in diese Frage, erkennen Sie Ihr *Kriterium der Einzigartigkeit* und lassen Sie Ihre positive Energie dort hineinströmen. Machen Sie mit genau diesem Kriterium der Einzigartigkeit Werbung für sich, offen, ehrlich und respektvoll allen anderen gegenüber. Sie werden Kunden magisch anziehen, denn Ihr Energiefeld verströmt, was in Ihnen steckt.

Als Einwand höre ich regelmäßig, dass man immer einen Plan B haben müsse. Das halte ich für keine gute Idee, wenn es um die Wahl des Tätigkeitsgebietes selbst geht. Geht es jedoch mehr um die Frage, *wie* man das angestrebte Ziel erreicht, und heißt »Plan B« eher, dass sich der Weg beim Gehen offenbart, kann ich zustimmen. Viele Wege führen nach Rom und also auch viele verschiedene Pläne.

Der Schauspieler Will Smith sagte in mehreren Fernsehinterviews, er habe nur einen Plan A, was er mit seinem Leben tun wolle, und diesen verfolge er so hartnäckig, dass er auch bereit sei, dafür zu sterben. Wer stets einen Plan B im Hinterkopf habe, sagte der Schauspieler, sei nie ganz bei der Sache, und entsprechend falle das Ergebnis aus. Dem stimme ich vollkommen zu. Wer das bewusst ausgesandte Signal unterbewusst sabotiert, kommt nicht weit und glaubt dann zu allem Überfluss auch noch, er habe gut daran getan, einen Plan B als Rettungsschirm vorzusehen.

Vergessen Sie Plan B und das Hintertürchen und widmen Sie sich ganz dem, wonach Ihr Herz Sie drängt.

Will Smith bezeichnet sich selbst als »mittelmäßig talentiert«. Seine Fähigkeiten als Schauspieler überragen mittlerweile die der meisten Kollegen, weil er zielstrebig seine einzigartigen Fähigkeiten mit dem *Feld seiner beruflichen Möglichkeiten* in Einklang bringt und sich im unsichtbaren Spinnennetz sicher zu bewegen weiß.

1. Welche Energien senden Sie aus, und zwar
   - bewusst?
   - gewohnheitsmäßig?
   - unterbewusst?

2. Was zeigt sich daraufhin in Ihrem beruflichen Alltag?

3. Wie rein und integer sind das
   - *Warum* und das
   - *Wie*

   Ihrer heutigen Tätigkeit auf einer Skala von 1 bis 10? Je höher die Zahl, desto reiner und integerer.

4. Inwieweit sind Sie schon jetzt fähig, loszulassen und zu vertrauen?

5. Was für eine Sorte Apfelbaum sind Sie? Was können Sie besser als alle anderen Menschen, die Sie kennen?

6. Was sollten Sie als Nächstes in Angriff nehmen, damit Sie noch bewusster mit dem *Feld Ihrer beruflichen Möglichkeiten* synchron gehen? Welche gedanklichen Hintertürchen sollten Sie schließen? Auf welcher Art von Denken, Sprechen, Fühlen und Handeln sollte Ihr dauerhafter Fokus liegen?

WIE SIE SICH DAS FINANZIELL LEISTEN KÖNNEN

»Geld ist ein Beziehungsspiel.«

Karin E. J. Kolland

Handelt der Film in Ihrem Kopfkino davon, dass Sie es sich finanziell wirklich nicht leisten können, beruflich Spaß zu haben, Ihr Wesen auszuleben und Ihrem Herzen zu folgen? *Ich verfüge nicht über genügend Ersparnisse, finanzielle Sicherheit, Flexibilität oder Unterstützung. Ich habe Kinder in der Ausbildung, ein Haus abzubezahlen, Unterhalt zu leisten. Meine persönlichen Umstände erlauben es nicht. Ich liebe meine Arbeit, aber wenn ich mich am Arbeitsplatz so verhalte, wie ich wirklich bin, schmeißen die mich womöglich raus. Wovon soll ich dann meinen Lebensunterhalt bestreiten?* Lügen Sie sich ruhig weiter selbst in die Tasche, wenn Ihnen Ihr Leid wichtiger ist als der Spaß. Eine angestellte Managerin Anfang fünfzig, die ich als Coach begleiten sollte, ging mich in unserem ersten Gespräch zu diesem Thema noch viel härter an. Ich wisse nicht, wovon ich rede, sagte sie. Ab fünfzig sei es absolut illusorisch, noch einmal etwas Neues anzufangen oder zu finden. Wirklich?

Lesen Sie erst einmal weiter, bevor Sie sich die berufliche Chance Ihres Lebens entgehen lassen, weil Sie meinen, sich nicht mit den Menschen vergleichen zu können, die mir erlaubt haben, ihre Geschichten mit Ihnen zu teilen. Von all den Menschen, die mir in den vergangenen fünfundzwanzig Jahren gesagt haben, sie »würden ja gern, könnten aber nicht«, hatte kein einziger das energetische *Spiel des Geldes* verstanden. Sie wollten die Komfortzone ihres Kopfkinos nicht verlassen, ihre Gewohnheiten nicht infrage stellen, sich aber vor allem nicht eingestehen, dass alles im Leben seinen Preis hat. Sie hofften, dass die Fee mit dem Zauberstab alles mit ein paar Glitzerfunken über Nacht für sie erledigen würde. »Die eigenen finanziellen

Denkmuster betrachten oder gar infrage stellen? Wo kommen wir denn da hin?« Sie waren neidisch, weil andere es angeblich leichter hatten als sie, und sind in diesem Gefühl stecken geblieben. Sie wollten die eierlegende Wollmilchsau mit Airbag, Fallschirm und bitte noch gratis. Und dabei hätte ich es ihnen allen zugetraut, die finanziellen Voraussetzungen für ihren beruflichen Traum zu schaffen.

> Das Feld Ihrer beruflichen Möglichkeiten nährt und versorgt Sie,
> wenn Sie ihm Ihr Vertrauen schenken.

Diejenigen, die mir in diesen Jahren begegneten und die es wirklich ernst mit ihrem beruflichen Glück meinten, sind alle auf ihrem Weg und viele sind schon bei sich selbst angekommen.

Geld scheint das stärkste Argument im Abwägungsprozess zu sein und fehlendes Geld der auf den ersten Blick wichtigste Hinderungsgrund. Aber wenn es wirklich so wäre, hätte ich nicht den Hauch einer Chance gehabt. Meine Eltern mussten jede Mark dreimal herumdrehen, bevor sie etwas kaufen konnten. Sie verfügten nicht über die Mittel, mir ein Mofa zu kaufen, meinen PKW-Führerschein zu bezahlen, mir Reisen zu ermöglichen, mein Studium zu finanzieren, meine Auslandsaufenthalte zu sponsern, meine zahlreichen Umzüge und vieles mehr finanziell aufzufangen. Ich musste für alles selbst eine Lösung finden. Schauen wir also einmal genauer hin, wie das Hinzuströmen und Abfließen von Geld in Ihrem Beruf funktioniert und wie Sie generell zu Geld stehen?

Menschen beurteilen ihre finanzielle Situation sehr individuell, und zwar abhängig davon, mit wem sie sich vergleichen. Selbst diejenigen, die materiell über wenig verfügen und jeden Monat knapsen müssen, betrachten sich noch als wohlhabend, solange es Menschen in ihrer Umgebung gibt, die mit noch weniger Geld auskommen müssen. Anderseits kenne ich Multimillionäre, die sich nicht trauen, auch nur einen Tag stillzustehen, weil sie dann morgen weniger haben könnten als noch gestern. Aus unserem beschränkten Kopfkinoprogramm vermögen wir uns erst zu befreien, wenn uns jemand auf dessen Absurdität aufmerksam macht.

■ Entscheidend ist der »gefühlte« Wohlstand.

Wenn Ihnen beim Gedanken an Geld und Einkommen die Angst im Nacken sitzt, haben Sie die Wirkungsweisen von Geld als energetischem Ausgleichposten noch nicht ganz verstanden. Selbst vermögende Menschen, die technisch alles über Geld, Investitionen, Börsen, Zinsen, Renditen und Gewinne wissen, hegen in puncto Geld unsichere bis ängstliche Gefühle.

Not macht nicht nur erfinderisch, wie der Volksmund sagt, Not macht vor allem mutig, widerstandsfähig und risikobereit. Da die meisten Menschen in unseren Breitengraden keine wirkliche Not oder Existenzangst mehr kennen, ist ihr Einfallsreichtum beschränkt, ihr Mut verschüttet und ihr Engagement, gelinde gesagt, zaghaft.

Am Tag als Victor Frankl nach Auschwitz gebracht wurde, »desinfizierte« man ihn zusammen mit allen anderen Neuankömmlingen mit Pestiziden. Ausziehen, alle Kleider abgeben, enthaaren, duschen, besprühen. Über diesen Tag schreibt er in seinem Buch: »Ich mache einen Strich unter mein gesamtes bisheriges Leben. … dass wir jetzt wirklich gar nichts mehr haben, außer unseren nackten Körper (mit Abzug seiner Haare), dass wir jetzt nichts mehr besitzen, außer unsere buchstäblich *nackte* Existenz.« Mit all seiner mentalen Kraft überstand er die Zeit des Grauens und flüchtete sich nicht in den Selbstmord. Nein, er programmierte sein Kopfkino auf beruflichen Erfolg und sah sich im Geiste schon Vorträge über seine Zeit als KZ-Häftling halten. Materiell betrachtet begann sein neues Berufsleben nach der Inhaftierung bei null. Aus Trümmern, Schutt und beschädigten Maschinen bauten Menschen nach dem zweiten Weltkrieg blühende Unternehmen auf. Unsere Startbasis ist heute eine viel bessere. Bitte machen Sie sich dies bewusst, bevor Sie zu der Ansicht gelangen, was Sie haben, reiche nicht aus.

Viele angestellte, gut bezahlte Manager haben mir versichert, dass sie gern eine Managementaufgabe in einem Unternehmen übernehmen würden, bei dem sie sich am Kapital beteiligen und Mitunternehmer werden könnten. Doch als es dann zum Schwur kam, kniffen sie. Sie kauften lieber Häuser oder legten ihr Geld auf die hohe Kante. Risiko, nein danke! Als ich mich entschied, selbstständig zu werden, eine GmbH zu gründen und den Business-Club zu starten, hatte ich nicht genug Geld auf dem Konto, das mir diesen Start ermöglicht und den laufenden Unterhalt für sechs bis zwölf Monate gesichert hätte. Ich hatte im Elternhaus gelernt, dass man sparen muss, wenn man sich Wünsche erfüllen will. Schuldenmachen war also keine Option für mich nicht. Aber es gab einen Weg. Ich kaufte meine Rentenanwartschaften beim Versorgungswerk der Rechtsanwälte in Deutschland mit einem Verlust von 25 Prozent zurück. »Kaufmannsgut ist Ebbe und Flut«, sagt man in Hamburg. Was wir finanziell ansparen, ist nicht immer für die Ewigkeit. Zeiten und Zielsetzungen verändern sich. Diese Beobachtung entspricht dem Wirken des Polaritätsgesetzes und dem ständigen Wandel im Universum. Es ist also kein Risiko, keine Gefahr, sondern nur eine Gesetzmäßigkeit, auf die es sich einzurichten gilt. Sparen um des Anhäufens willen verstößt gegen diese Gesetzmäßigkeit. Es ist genauso, als würden Sie nur einatmen. Einatmen setzt aber Ausatmen voraus und umgekehrt.

In unserem Universum herrscht ein grenzenloser Überfluss an Bewusstsein und Energie – ganz gleich ob wir vom *Feld der beruflichen Möglichkeiten*, von der *Welle* oder vom *Nullpunkt-Feld* sprechen. Diesen Überfluss finden Sie auch in der Natur, jedenfalls dort, wo wir Menschen sie noch nicht zerstört haben. In den großen Industrienationen herrscht heute ein Überfluss an materiellen Dingen. Aber selbst hier haben nicht alle Menschen daran teil. Warum ist das so?

Quantenphysikalisch betrachtet liegt die Ursache darin, dass wir dem Mangel viel mehr Aufmerksamkeit schenken als dem Überfluss. Der Gedanke, es sei nicht genug für alle da, dominiert. Und etwas vom Kuchen abzubekommen, der aufgrund des eigenen Denkmusters nicht für alle reicht, wird gekämpft, werden Konkurrenten aus dem Weg geräumt und wird angehäuft, wovon es scheinbar nicht genug gibt.

Wenn sich viele Menschen auf Mangel und *Nicht genug für alle* konzentrieren, darüber sprechen, daran denken, sich deswegen Sorgen machen und entsprechend handeln, kreiert dieses Massenbewusstsein noch mehr Mangel. Sie sind ein Quantengeschöpf und Ihre Innenwelt, Ihr Bewusstsein, der Beobachter gestaltet über die Energie, die Sie aussenden, Ihre Außenwelt. Gleich schwingende, sich also in Phase befindliche Wellen, potenzieren zudem ihre Kraft. Deshalb fließt Wohlstand auch immer dorthin, wo im Denken, Sprechen, Fühlen und Handeln bereits Wohlstand gelebt wird.

> Mit »Mangeldenken« verknüpfte Energie potenziert das, was sie aussendet: Mangel und Kampf.

Indem Sie an sinkende Einkünfte, fallende Kontostände, Armut, *Nicht genug für mich*, Risiko, Gefahr, Arbeitslosigkeit, Pleite und ähnliches denken, sich davor fürchten und ständig darüber sprechen, kreieren Sie genau das in Ihrem Berufsleben. Wenn Sie denken, dass Sie selbst nicht aktiv werden müssen, weil Eltern, Angehörige, Vater Staat, die Gewerkschaften, die Arbeitgeber, die Verbände oder wer auch immer schon alles für Sie regeln wird, sollten Sie noch einmal nachdenken. Was *Sie* denken, fühlen, sagen und tun ist entscheidend.

Wie viele Menschen in Ihrer unmittelbaren Umgebung denken ausschließlich Überfluss oder *Wohlstand*? Menschen, die Wohlstand denken und fühlen, die über Wohlstand sprechen und auch entsprechend handeln, indem sie geben, bevor sie nehmen, werden Ihre eigene und die gesamtwirtschaftliche Situation verändern. Wer gibt, bevor er nimmt, sendet damit das Signal aus, dass er wohlhabend ist. Und das hat zur Folge, dass er noch mehr Wohlstand anzieht. Wer aber Wohlstand kreieren will, indem er anderen etwas wegnimmt, sendet selbst das Signal aus, dass es ihm an etwas fehlt, und zieht demnach den Mangel an.

Wie viele Vertreter der Politik, von Unternehmen, Verbänden und Gewerkschaften konzentrieren sich auf Überfluss und darauf, dass genug für alle da ist? Sie können die Verantwortung für Ihr Berufsleben heute auch als Angestellter oder Arbeiter nicht mehr vertrauensvoll an andere delegieren. Es genügt das auf Mangel, Sicherheitsdenken und Schadensvermeidung fokussierte Denken, Sprechen, Fühlen und Tun Einzelner, um die Chancen auf Wohlstand für viele ungenutzt vorbeiziehen zu lassen. Das auf Mangel, Getrenntheit, Egobedürfnisse und Gier basierende Denken, Sprechen, Fühlen und Handeln Einzelner kann ganze Konzerne ins Wanken bringen, finanziell aussaugen oder sogar von der Unternehmenslandkarte tilgen. Warum genügt es, dass Einzelne so agieren? Weil ihnen die Massen wie die Lemminge folgen. Je höher in der Hierarchie diese Menschen sind, desto eher unterstellen wir, sie wüssten, wie es geht. Nein. Die Verantwortung für Ihren beruflichen Weg zu Spaß, Begeisterung und Geld können Sie nur selbst tragen und annehmen. Also hören Sie auf, sich etwas vorzumachen und die Verantwortung dafür an andere abgeben zu wollen.

Zugegeben, wer heute über fünfzig Jahre alt ist und bei einem Unternehmen im deutschsprachigen Raum als Angestellter oder Arbeiter tätig ist, hat es schwerer als jüngere Menschen, noch einmal etwas Neues anzufangen. Ausgeschlossen ist es freilich nicht. Wenn Sie zu dieser Altersgruppe gehören und den Neuanfang nicht mehr wagen wollen, haben Sie auf jeden Fall die Wahl, Ihre heutige Tätigkeit mit anderen Augen zu sehen, also eine andere Einstellung dazu zu gewinnen. Eines ist gewiss: Auch wenn Sie sich noch so sehr an das Bestehende klammern, Ihr Berufszyklus geht früher oder später in die abnehmende Phase über, und das hat Vor- und Nachteile. Nehmen Sie also alle Seiten Ihrer Situation an und übernehmen Sie auch die Verantwortung für das, was Ihnen bis zu diesem Punkt in Ihrem Berufsleben widerfahren ist.

Sie können jeden Tag aufs Neue entscheiden, ob Sie sich freiwillig anpassen oder mit zunehmendem Alter unfreiwillig angepasst werden.

Wir leben in einer Gesellschaft, in der Leistung und Wettbewerb eine große Rolle spielen. Leistungs- und Wettbewerbsdenken basieren auf der Überzeugung, dass wir immer besser werden sollten und einander dazu anspornen können. Das ist einerseits gut, weil es zu Wohlstand, einer mit positiver Energie geladenen Grundstimmung nach dem Motto »Leistung lohnt sich« und einer entsprechend hohen Lebensqualität geführt hat.

Andererseits dominiert der »Mangelgedanke« – der Einzelne will immer mehr und es scheint nicht genug für alle da zu sein – die Motivations- und Gefühlslage in der heutigen Wettbewerbsgesellschaft. So verkehren wir Wettbewerb in sein Gegenteil. Er zerstört für die meisten mehr, als er für wenige einbringt. Menschen kämpfen ständig für etwas, als seien die berufliche Wirklichkeit und die globale Wirtschaft ein Schlachtfeld. Das Schlachtfeld existiert aber nur in Ihrem Kopfkino und hat nichts mit dem zu tun, was *da draußen* wirklich ist, nämlich Bewusstsein und Energie, mit denen Sie Ihre Wirklichkeit selbst gestalten.

Demjenigen, der bei den Macht- und Verteilungskämpfen lange Zeit immer nur gewonnen hat, steht die Niederlage ins Haus, denn das Polaritätsgesetz strebt nach Ausgleich. Das gilt für Individuen, die einen Karriereeinbruch erleben. Das gilt für Unternehmen, die nach einer wirtschaftlichen Hochphase durch eine Zeit mit weniger Geschäftsvolumen oder gar eine existenzielle Krise gehen. Das gilt für die Volkswirtschaften, die sich aus dem Zentrum der Macht in deren Peripherie entwickeln.

> Flexibel reagieren zu können, ist für Ihr Berufsleben wichtiger als alles, was Sie materiell angehäuft und an Ansehen erworben haben.

Und diese Fähigkeit wird angesichts der vor uns liegenden Herausforderungen – leere Staatskassen, steigende Kosten, schwindende Ressourcen, Globalisierungseffekte, ökologische Krisen und vieles mehr – von Tag zu Tag bedeutungsvoller. Ich möchte Sie an den Geschichten von Felix, Walter und Sigrid teilhaben lassen, drei sehr unterschiedlichen Menschen, die finanziell einiges auf sich nehmen mussten, um ihr Wesen beruflich ausleben zu können. Unabhängig von den jeweiligen Startvoraussetzungen verdeutlichen alle drei Beispiele, was es heißt, sich etwas »finanziell leisten zu können«.

Felix, Mitte vierzig, ein in Lateinamerika aufgewachsener Deutscher, begann seine Karriere nach einem betriebswirtschaftlichen Studium nebst Promotion bei einem Hamburger Transportunternehmen. Er wechselte alsbald ins Management eines Mobiltelefon-anbieters und anschließend als Geschäftsführer in die Umwelttech-nik-Branche. Felix' Traum selbst Unternehmer zu werden, begleitete ihn schon einige Jahre, aber so recht wusste er ihn nicht zu fassen. Er hatte stets den Eindruck, es fehle ihm die zündende Idee. Bei jedem unserer Treffen ermunterte ich ihn, seine Gedanken in Form eines Businessplans zu Papier zu bringen und Schritt für Schritt zu verfeinern. Doch Felix wagte lange Zeit nicht, den Stier bei den Hör-nern zu packen. Seine Gedanken und Gefühle pendelten zwischen seinem Traum und der finanziellen Sicherheit sowie dem Ansehen, das er als Angestellter genoss. Er hatte jung geheiratet, zwei Kinder bekommen und der Familie ein schönes, behagliches Nest gebaut. Das wollte oder durfte er nicht riskieren, zumal die Kinder nun ins Studium gingen. Außerdem bekam er immer wieder verlockende Angebote, sich als angestellter Manager weiterzuentwickeln und mit starken Unternehmerpersönlichkeiten zusammenzuarbeiten.

Bedingt durch Unternehmenskäufe veränderte sich sein Arbeits-umfeld in der Umwelttechnik-Branche mehrfach. Mit diesen Wech-seln verbunden waren stets neue Kontakte und Kenntnisse der ge-samten Branche, national und international. Schließlich wechselte Felix aufgrund einer Unternehmensübernahme in die Geschäftsfüh-rung eines Müllentsorgungsunternehmens, in eine »Parkposition«, wie er selbst sagte. Felix ist als Manager der Erneuerer- und Gestal-tertyp. Das Müllentsorgungsunternehmen brauchte jedoch einen Bewahrer und Administrator, sodass Felix die Zeit, die er brauchte, um sich endlich konkret mit seinem Traum zu beschäftigen, sozu-sagen auf dem Silbertablett serviert bekam. Er erkannte, dass sein Drang, selbst Unternehmer zu sein, ihn unausweichlich auf diese berufliche Situation zugesteuert hatte. Über die Jahre hatte er Erfahrung, Wissen und Kontakte in allem, was mit Umwelttechnik, Müllentsorgung und Verkauf zu tun hatte, gesammelt. Außerdem sagte sein Herz ihm, dass er in dieser Branche als Unternehmer einen sinnvollen Beitrag für die Welt leisten konnte. Nun war es an der Zeit, sich der empfundenen finanziellen Unsicherheit zu stellen, konkret zu planen, zu berechnen, zu kalkulieren und schlussendlich zu handeln. Er tat sich mit einem erfahrenen Verkaufschef aus der Umwelttechnik zusammen. Gemeinsam fanden sie einen privaten Investor, sodass ihnen der Gang zu Banken und Private-Equity-Gesellschaften erspart blieb. Inzwischen ist Felix geschäftsführender Gesellschafter seiner eigenen GmbH, die weltweit mit qualitativ hochwertiger Umwelttechnik handelt. Er ist bei sich angekommen und stellt fest: Es ist finanzierbar, wenn man nur wagt, rechnet und sich die richtigen Menschen zusammenfinden.

Walter arbeitete als angestellter Verkaufstrainer bei einem kleinen Trainingsunternehmen. Er war dreiundfünfzig Jahre alt, als wir uns begegneten. Zwischen ihm und dem Eigentümer kriselte es damals. Walter warb die Kunden, unterhielt die Beziehungen zu ihnen und trainierte sie. Er erhielt dafür ein festes Gehalt, während der Eigentümer den Großteil der Einnahmen für sich behielt. Walter wusste alles übers Verkaufen und über Verkaufsmanagement, der Eigentümer hingegen wenig. Vor Aufnahme seiner Trainertätigkeit hatte Walter Jahre erfolgreich als angestellter Sales Manager gearbeitet. Wir haben viele Male zusammengesessen und darüber gesprochen, was zu tun sei, und ich gebe zu, ihn heftig in Richtung Selbstständigkeit geschubst zu haben. Diese Variante kam in seinem damaligen Denkmuster zunächst nicht vor. Um sein eigener Chef zu werden, musste Walter einen Rechtsstreit mit seinem damaligen Arbeitgeber riskieren, seine Altersvorsorge neu ordnen, eine Zeit lang auf seine Ersparnisse zugreifen, seine Frau überzeugen, das Risiko mit ihm einzugehen, sein Trainerprofil bis zur Einzigartigkeit ausarbeiten, sich selbst auf Websites und mit eigenen Publikationen präsentieren und vieles mehr. Walter hat es gewagt und er hat gewonnen. Sein Vertrauen in seine Fähigkeit, sich und seine Dienste verkaufen zu können, habe ihm, wie er selbst sagt, den Mut gegeben, zu springen. Als Trainer und Coach habe er die Erfahrung gemacht, dass sich Menschen nach dem Sprung von einer Angestelltenposition in einen freien Beruf anfangs »zu fein seien« sich selbst zu verkaufen oder schlicht nicht wüssten, wie sie diese Hürde sinnvoll nehmen konnten. Walter hat in den vergangen sieben Jahren viel mehr Geld verdient als je zuvor in seinem Leben. Er kann deshalb auch viel mehr Geld als früher für seine Altersversorgung zurücklegen und hat vor allem Spaß ohne Ende an dem, was er tut. Der einzige Wermutstropfen, wenn das überhaupt einer ist: Walter kann sich vor Aufträgen nicht retten. Selbst während der Wirtschaftskrise lief sein Geschäft auf vollen Touren.

Vor rund fünfzehn Jahren war Sigrid dreißig, alleinerziehende Mutter von zwei Kindern und arbeitete als angestellte Kauffrau in einem norddeutschen Unternehmen. Sigrid wollte noch besser für sich und ihre Kinder sorgen und sich zugleich ihren beruflichen Traum erfüllen. Sie wollte Betriebswirtschaft studieren und anschließend Unternehmensberaterin werden. Also sammelte sie Informationen darüber, wie das finanziell zu bewerkstelligen sei. Beim BAföG-Amt gab man ihr die Empfehlung, es bleiben zu lassen. Sie solle sich um die Kinder kümmern und bei Verlust des Arbeitsplatzes oder Überlastung Sozialhilfe beantragen. Im Alter von dreißig Jahren noch ein Studium zu beginnen, sei unsinnig. Sigrid schlug den Rat aus. Da das BAföG nicht sofort bei Studienbeginn zur Verfügung stand, denn die Bearbeitung des Antrages dauerte damals drei Monate, befand sich Sigrid in der Klemme. Ein Studium zu beginnen und Kinder zu versorgen, hieß, nicht mehr arbeiten zu können. Wie also die drei Monate finanziell überbrücken? Sie griff zu einer Notlösung, die das System nicht zulassen wollte, beantragte Sozialhilfe und verschwieg dabei, dass sie einen Antrag auf BAföG gestellt hatte. Die Sozialhilfe wurde sofort gewährt. Sobald das BAföG floss, zahlte sie mit den für die ersten drei Monate nachgezahlten BAföG-sätzen zurück, was sie auf diese Weise bekommen hatte.

Sigrid war sich bei ihrem Entschluss, zu studieren, keines wirklichen Risikos bewusst. Im schlimmsten Fall würde sie das Studium nicht schaffen und das BAföG-Darlehen dennoch irgendwie zurückzahlen müssen. Eine Anstellung in ihrem alten Beruf als Kauffrau würde sie immer wieder finden. An dieses Szenario verschwendete sie indes wenig Zeit und Energie. Sigrid war überzeugt, dass ihre Motivation so stark war, dass sie alle Herausforderungen meistern und auch den Bedürfnissen ihrer Kinder gerecht werden würde. Und sie war überzeugt, auch als Mutter ein Recht auf berufliche Weiterentwicklung zu haben. Als Sigrid ihr Studium erfolgreich abgeschlossen hatte, arbeitete sie zunächst einige Jahre als angestellte Beraterin. Heute ist sie selbstständig und Partnerin einer mittelständischen Beratungsgesellschaft. Das BAföG-Darlehen hat sie zurückgezahlt. Sie steht heute stabiler und reifer im Leben als je zuvor. Ihre Kinder gehen mittlerweile ihre eigenen Wege, aber Sigrid unterstützt sie immer noch finanziell, weil sie sich, nach eigenen Aussagen, dann »als Mutter besser fühlt«. Sigrids künftige Verdienstaussichten lagen in sehr weiter Ferne, als sie sich entschloss, den Sprung zu wagen. Allein ihre Motivation, ihrem Leben einen weitergehenden Sinn zu geben und ihrer inneren Stimme zu folgen, gab ihr genug Energie, Ideenreichtum und Durchhaltevermögen. Als ich Sigrid kennenlernte, hatte sie den Sprung in Ihren Traumberuf bereits geschafft. Als ich sie fragte, was das größte Hindernis gewesen sei, antwortete sie: »Die entmutigenden und teils herabwürdigenden Kommentare von Behörden, Ämtern und aus meinem damaligen beruflichen und privaten Umfeld.«

Wer wie Felix, Walter und Sigrid dem Ruf seines Herzens folgt, findet auch mit wenig Geld, aber etwas Risikobereitschaft und vor allem viel Einfallsreichtum, Einsatz, Durchhaltewillen, Bereitschaft, zu lernen, und vielleicht auch erst über Umwege den Weg zu der Arbeit, die sein Herz erfreut. Geld spielte bei ihnen allen eine Rolle, aber eine untergeordnete. Warum? Sie scherten sich in der Startphase nicht um den Status- und Bequemlichkeitsaspekt. Vielmehr waren sie allesamt bereit, ein finanzielles Risiko einzugehen. Auch ich konnte nur studieren, weil ich ein staatliches Darlehen erhielt, das ich später zurückzahlte. Auch ich musste die Zeit zwischen Studienbeginn und erster BAföG-Auszahlung irgendwie überbrücken, und zwar mit einem Job in der Endkontrolle einer Eisengießerei, wo ich bis zu fünfzig Grad heiße Gussteile sortierte. Mein Forschungsaufenthalt in China wurde vom Deutschen Akademischen Austauschdienst und von der chinesischen Regierung mit je einem Stipendium finanzierte, für das ich mich bewerben und ein Auswahlverfahren meistern musste. Das chinesische Stipendium reichte gerade, um das Porto für meine Briefe nach Deutschland zu bezahlen. Von dem deutschen Stipendium konnte ich Geld zurücklegen, um die Veröffentlichung meiner Doktorarbeit zu bezuschussen. Von meinem späteren Gehalt als Referendarin und Referent an Berufsakademien sparte ich Geld für den Umzug zum Berufsstart.

Geld sorgt als Tauschmittel nicht nur für Leben und Überleben. In unserem Teil der Welt steht es auch für Ansehen, Unabhängigkeit und die Fähigkeit, sich mit den gewünschten materiellen Dingen zu umgeben. Ob ein Mensch erfolgreich ist, wird daran gemessen, wie vermögend er ist. Die Bewunderung hält seltsamerweise selbst dann noch an, wenn jemand dabei Schaden an Körper, Geist und Seele genommen hat oder andere Menschen und die Natur um seines Erfolges willen erkennbar auf der Strecke geblieben sind.

> **Quantenphysikalisch betrachtet ist Geld nichts anderes als ein energetischer Austauschposten in einem Beziehungsspiel.**

Das Spiel heißt *Arbeitskraft, Ideen, Dienste oder Produkte gegen Geld.* In unseren Kindertagen haben wir Murmeln, Fußballsammelbilder, Muscheln oder Süßigkeiten als Austauschposten benutzt. Mit der Zeit ist das Beziehungsspiel aus Kindertagen zum Kampfsport der scheinbar so vernünftigen Erwachsenen verkommen. Wer Arbeitsleistung, Ideen, Produkte oder Dienstleistungen erhält, gibt dafür Geld. Und scheinbar clevere Zeitgenossen geben weniger, als sie als Gegenleistung erhalten. Hier liegt der energetische Trugschluss! Denn die energetische Botschaft, die sie aussenden, heißt *Mangel* und *Nicht genug für alle.*

> **Nur wer sich selbst und anderen gern gibt und sich selbst ebenso gern annimmt, wie er etwas von anderen entgegennimmt, beherrscht das Beziehungsspiel.**

Wer geizig, ängstlich und widerwillig gibt, sabotiert das Spiel. Und das gilt auch für denjenigen, der sich nicht annehmen und daher auch schwer etwas von anderen annehmen kann. Solche Spieler würdigen das Spiel zu einem energetischen Kampf herab und erhalten als Konsequenz davon auch nur schwer und zähfließend Geld. Sie bekommen, was Sie aussenden – immer. Deshalb gilt es, sich eines für immer und ewig hinter die Ohren zu schreiben:

> **Behandeln Sie Geld wieder als das, was es ursprünglich einmal war: ein Zeichen der Wertschätzung.**

Beobachten Sie aufmerksam, was in Ihrem Berufsleben und in den Unternehmen geschieht. Wer vermag liebevoll zu geben und dankbar anzunehmen?

Nach meinen Beobachtungen wird Geld in den meisten Unternehmen als Mittel zur Missachtung, Geringschätzung oder Bekämpfung individueller Angstzustände eingesetzt. Immer wenn ich einen neuen Coaching-Auftrag annahm, erklärte ich, ich sei keine Bank. Meine Rechnungen seien innerhalb von zehn Tagen zu bezahlen. Einige fragten, was passieren würde, wenn das nicht geschehe. Ich erwiderte, dass ich dann einmal freundlich beim Boss anrufen würde, um an die Vereinbarung zu erinnern. Funktioniere es anschließend immer noch nicht, würde ich die Zusammenarbeit umgehend beenden. In fast zehn Jahren musste ich mich nur von einem Kunden trennen. Dies war ein großer deutscher Konzern, der mir schriftlich mitteilte, dass er die Zahlungsziele für alle Lieferanten und Dienstleister grundsätzlich neu ordne und um weitere vier Wochen auf zehn Wochen verlängere. Auch mich wollte man nun in dieses Raster zwingen. Zum Zeichen meines Einverständnisses sollte ich das beiliegende Formular unterschrieben zurücksenden. Das Schreiben landete im Papierkorb. Auf Vertragspartner, die so mit anderen umzugehen wünschen, lege ich keinen Wert. Eine Unternehmensführung, die das energetische Beziehungsspiel des Geldes verstanden hat und den Austausch von Arbeit, Dienstleistungen und Produkten wertschätzt, geht anders mit *Geben* und *Be-kommen* um. Sie hat verstanden, dass nur derjenige, der gern gibt, die Welle energetisch so beeinflusst, dass anschließend reichlich zurückfließt. Wer aber meint, auf Kosten Kleinerer und Schwächerer leben zu können, wird immer um Geld und seinen Zufluss kämpfen müssen.

Machen Sie sich klar, welche Rolle Geld im energetischen Zusammenhang mit Ihrer heutigen Arbeit spielt.

Werden Sie gut bezahlt für das, was Sie mit viel Einsatz und Freude tun? Erhalten Sie aus Ihrer Sicht »Schmerzensgeld« für das, was Sie auf sich nehmen, oder für die Park- oder Endposition, auf der Sie sich befinden? Müssen Sie sich mit einem Hungerlohn durchschlagen, weil das, was Sie tun, wenig Wertschätzung erfährt oder mit den Jahren nicht mehr gefragt ist? Oder werden Sie von anderen als Kreditgeber missbraucht, weil Sie Zahlungsziele von mehreren Wochen oder gar Monaten schlucken? Denken Sie bitte einmal in aller Ruhe darüber nach, ob Sie selbst Täter oder Opfer in einem energetischen Missbrauchsspiel sind und wo dieses Verhalten herrührt.

Um zu erkennen woher Ihre heutige Einstellung zu Geld kommt, ist es wichtig zu verstehen, welche Erfahrungen zum Thema Geld Sie von klein auf geprägt haben. Als Kinder nehmen wir sehr genau wahr, wie die Erwachsenen um uns herum mit Geld umgehen. Wie haben Sie Ihre Eltern, Verwandten und Erzieher diesbezüglich wahrgenommen? Ernst, angespannt, verschwiegen, vorsichtig, misstrauisch, verzweifelt, hoffnungslos oder geheimnistuerisch? Oder waren Sie in puncto Geld freudig, entspannt, großzügig und genießend? Die meisten von uns haben früh gelernt, dass Geld das A und O des Lebens sei und wir besser zusehen sollten, genug davon zu haben.

Geld verspricht alle Freuden des Lebens und ist gleichzeitig das am meisten mit Angst besetzte Gut. Erst muss man darum ringen, es zu bekommen. Und kaum hat man es, versuchen viele böse Menschen, es einem wieder abzunehmen.

Streichen Sie diesen Film, in dem es immer nur um Mangel geht, ein für alle Mal aus dem Programm Ihres Kopfkinos.

Damit enden auch diese Verhaltensweisen: Schummeln bis deftig Lügen bei der Steuererklärung, Geld am Fiskus Vorbeischleusen, heimliches Kungeln um Zahlungen, Vergütungen, Antrittsgelder, Boni, Beraterverträge, Nebenleistungen oder Extras sowie das Ausnutzen und Überstrapazieren von Abhängigen oder Schwächeren.

Menschen, die so handeln, sind in ihrem tiefsten Inneren der Auffassung, dass sie das Geld oder die Vorteile nicht erlangen würden, wenn transparent wäre, was sie tun, oder wenn sie ihre Überlegenheit nicht ausnutzten. Sie glauben, dass sie im bestehenden System nicht an das kommen, was ihnen ihrer Ansicht nach zusteht. Wenn Sie den Mangel in Ihrem Berufsleben beenden wollen, sollte sich Ihre Aufmerksamkeit ganz auf Überfluss richten, im Kleinen wie im Großen.

Mit Anti-Korruptionskampagnen, der öffentlichen Verurteilung ganzer Branchen oder dem Anprangern einzelner Missetäter und Steuersünder ist nichts gewonnen. Ihre Aufmerksamkeit muss auf das gerichtet sein, was Sie wollen, nicht auf das, was wir alle nicht wollen. Das Kopfkinoprogramm rund um das Thema Mangel muss geändert werden, damit sich das Denken, Sprechen, Fühlen und Handeln automatisch verändern kann, und zwar bei vielen Menschen. Schenken Sie Mangelszenarien grundsätzlich keine Beachtung mehr, ganz gleich, ob sie in den Medien als »geil« gelten und ob sie aus Ihrem beruflichen Umfeld, aus Prognosen oder von wo auch immer stammen. Wenn viele etwas sagen, heißt das noch lange nicht, dass sie verstanden haben, was sie von sich geben und welchen Einfluss es ausübt.

Mangeldenken zeigt sich unabhängig vom finanziellen Aspekt auch darin, dass Sie eine Arbeit verrichten, die Ihnen widerstrebt, oder dass Sie für ein Unternehmen arbeiten, dessen Werte, Geschäftsgebaren und Umgangsformen Sie heimlich verurteilen. In solchen Fällen prostituieren Sie sich um der finanziellen »Notwendigkeiten«, der »Sicherheiten« oder des »Ansehens« willen. Während der Finanz- und Wirtschaftskrise 2008/2009 herrschte bei den Arbeitern und Angestellten vieler Unternehmen mehr denn je die Angst vor Mangel und Gefahr. Ihre Reaktion auf diese Angst bestand darin, alles zu erdulden und zu Fehlverhalten von Vorgesetzten rigoros zu schweigen, um ja nicht aufzufallen und auf die Straße gesetzt zu werden. Damit haben sie nur eines erreicht: Sie verharrten in der Opferrolle, waren frustriert und erstarren im Mangeldenken.

Mitte des 19. Jahrhunderts herrschte in Deutschland große wirtschaftliche Not, weit größer als heute. Damals ging es für sehr viele Menschen tagtäglich ums nackte Überleben. Gesetze verhinderten zudem, dass alle Menschen gleichberechtigt am Wirtschaftsleben teilnahmen. Menschen bestimmter Abstammung durften sich nur als Tagelöhner und Hausierer verdingen. Dies führte dazu, dass Millionen nach Nord- und Südamerika auswanderten.

> Allein die Hoffnung auf eine bessere Zukunft lässt Menschen erhebliche Härten, Risiken und Unsicherheiten auf sich nehmen.

Die Auswanderer vertrauten damals aus Mangel an Alternativen auf ihre Talente und Fertigkeiten, ihren Fleiß und ihren Glauben. Einer dieser Auswanderer ist ein Paradebeispiel dafür, wie man Wohlstand denkt, spricht, fühlt und lebt. Sein Name ist Levi Strauss. Millionen von Menschen in der ganzen Welt tragen heute Jeans des von ihm einst gegründeten Unternehmens. Geboren wurde er 1829 in Buttenheim bei Bamberg mit dem Vornamen Löb. Nach dem Tod des als Hausierers Geld verdienenden Vaters und getrieben von bitterer Armut wanderte er im Alter von 16 Jahren zusammen mit seiner Mutter und zwei Schwestern nach New York aus. Dort lebten bereits zwei ältere Brüder, die schon vier Jahre zuvor den Sprung ins Ungewisse gewagt hatten. Sie handelten mit Textilien. Bei ihnen erlernte Löb das Handwerk des Kaufmanns. Um sich seiner neuen Heimat besser anzupassen, änderte er seinen Vornamen in Levi.

1853 folgte Levi Strauss dem Goldrausch nach San Francisco und eröffnete einen Kurzwaren- und Stoffhandel. Mit seinen Stoffen belieferte er auch den aus Riga stammenden Schneider Jacob Davis, der Hosen für Arbeiter anfertigte. Die Hosen rissen immer an den Taschen ein, weil die Arbeiter darin schwere Werkzeuge transportierten. Jacob Davis kam auf die Idee, die Ecken der Hosentaschen und den Hosenlatz mit Nieten zu verstärken, die ursprünglich nur für Pferdegeschirr verwendet wurden. Jacob Davis fehlte das Geld, um seine Idee zum Patent anzumelden. Er wandte sich an Levi Strauss, weil dieser den Ruf eines ehrlichen Kaufmanns genoss. Womit wir bei dem angelangt sind, was ich Ihnen eigentlich erzählen will.

Levi Strauss hatte eine ganzheitlich bewusste Einstellung zu seiner Arbeit. Er liebte seine Arbeit und den Dienst, den er anderen Menschen damit erwies. Er kümmerte sich um alle Menschen, mit denen er in Kontakt war. Levi Strauss bezahlte seine Arbeiter und Lieferanten fair, lieferte Qualitätserzeugnisse an seine Kunden, half Jacob Davis, das Patent mit ihm gemeinsam zu erlangen und nahm ihn in sein Unternehmen auf. Levi Strauss sorgte auch dafür, dass es der Gesellschaft, in der er lebte, wohl erging, nicht nur sich selbst und seiner Familie. Er spendete Geld an soziale und kulturelle Einrichtungen und half Menschen in Not. Levi Strauss lebte im Einklang mit den Gesetzmäßigkeiten des energetischen Beziehungsspiels Geld. Und es ging ihm finanziell, körperlich, geistig und seelisch gut dabei.

Betrachten wir uns nun die Filme, die aktuell zum Thema Geld und »Sich etwas leisten können« in Ihrem Kopfkino laufen. Spüren Sie bitte nach, wie Ihr gesamter Körper auf folgende Behauptungen reagiert.

- Nur durch harte Arbeit wirst du nicht reich.
- Von nichts kommt nichts.
- Wir sind arme, aber gute Menschen.
- Reiche Menschen sind Gauner und Ausbeuter.
- Geld fließt mir nur so durch die Finger.
- Geld ist schneller ausgegeben als eingenommen.
- Es ist schwer, Geld zu sparen.
- Geld muss hart verdient werden.
- Wenn du nicht für dich selbst sorgst, sorgt auch kein anderer für dich.

- Das sicherste Mittel, um arm zu bleiben, ist, ein ehrlicher Mensch zu sein.
- Geld verdirbt den Charakter.
- Wenn ich genug Geld habe, werde ich glücklich sein.
- Wenn man kein Geld hat, denkt man immer an Geld. Wenn man viel Geld hat, denkt man nur noch an Geld.
- Für Geld kann man alles haben.
- Geld ist die Wurzel allen Übels.
- Wenn ich erst genug Geld habe, kann ich aufhören dafür zu arbeiten.
- Geld heißt Knete, weil man damit jeden weich bekommt.
- Geld allein macht nicht glücklich.
- Wenn man genug Geld hat, stellt sich der gute Ruf ganz von selbst ein.
- Es ist ungerecht, dass Menschen mit Stroh im Kopf Geld wie Heu haben.
- Zeit ist Geld.
- Geld regiert die Welt.

Wie fühlen Sie sich, wenn Sie das lesen? Und welche dieser Überzeugungen teilen Sie? In meiner Familie sah das »Denkmuster Geld« jedenfalls so ähnlich aus. Mein Großonkel gab regelmäßig den Spruch »arm, schmärig und brav« von sich: Das war für ihn eine in Stein gemeißelte Wahrheit, daran war nicht zu rütteln. Nur weil ich den Ort verließ, an dem so gedacht wurde, gelang es mir, auch dieses Denken loszulassen. Heute läuft mir allein beim Lesen dieser »Weisheiten« ein Schauer über den Rücken und mein ganzer Körper zieht sich zusammen, denn ich weiß, dass mein Großonkel genau das be-kommen hat, was er zuvor in Gedanken, Worten und Gefühlen gegeben hatte.

Wollen wir doch einmal sehen, was geschieht, wenn wir Geld mit positiven Gefühlen und demnach auch mit hoch schwingender Energie aufladen. Bitte lesen Sie die nachfolgenden Sätze ruhig, mit Bedacht und wenn möglich laut. Beobachten Sie, was jetzt in Ihnen vor sich geht.

- Ich bin immer wohlhabend und erfolgreich.
- Geld und alles Gute strömt aus immer sprudelnden Quellen und von allen Seiten in reicher Fülle auf mich zu.
- Geld ist kinderleicht zu verdienen.
- Geld ist immer im Fluss. Es kommt beständig zu mir.
- Ich bin ein Magnet für Geld.
- Ich habe immer genug Geld, um mir jederzeit alle meine Wünsche erfüllen zu können.
- Ich gebe gern Geld und es kehrt mit Leichtigkeit zu mir zurück.
- Geld bedeutet Freude, Genuss und Zufriedenheit.
- Geld gibt es im Überfluss und für alle.
- Ich liebe Geld, es ist wunderbar.
- Menschen zahlen pünktlich und mit Freude für meine Produkte und Dienstleistungen.
- Menschen, die Geld haben, gehen entspannt, sorgsam und wohltätig damit um.
- Ich werde für meine Dienste immer gut bezahlt.
- Geld ist zum Kaufen und Freudeschenken da.
- Wohlhabend zu sein, ist eine Frage der Einstellung, nicht des Kontostands.

Wie reagieren Sie auf diese Aussagen? Entspannt sich Ihr Körper und sagt Ihr Verstand: »Ja, das stimmt«? Lacht Ihr Herz, wenn Sie das lesen? Oder wehrt sich alles in Ihnen dagegen? Nehmen Sie sich Zeit, sich selbst gerade jetzt wahrzunehmen. Nur so können Sie am eigenen Leib erfahren, wie Sie wirklich zu Geld und Wohlstand stehen. Erst dann können Sie auch verstehen, warum Geld sich in Ihrem Berufsleben bisher so verhält, wie es sich verhält. Bewegt sich Geld in Ihrem Leben mit Leichtigkeit? Erzeugt es Freude, Glücksmomente und Zufriedenheit? Wenn das noch nicht der Fall sein sollte, liegt es an Ihnen, es zu ändern.

An einem ganz normalen Arbeitstag können Sie austesten, wie Sie zu Überfluss und Mangel in Ihrem Beruf stehen. Besorgen Sie sich kleine Glas- oder Holzkugeln in zwei verschiedenen Farben, zum Beispiel Schwarz und Weiß, und tragen Sie diese Kugeln den ganzen Tag in den Hosen- oder Jackentaschen mit sich. Die weißen in der linken, die schwarzen in der rechten Tasche. Jedes Mal, wenn Sie etwas denken, sagen, fühlen oder tun, das Mangel, Kampf und Sorge ums Geld oder Ihren Wohlstand zum Ausdruck bringt, nehmen Sie eine schwarze Kugel aus der rechten Tasche und legen sie in ein undurchsichtiges Gefäß. Jedes Mal, wenn Sie etwas denken, sagen, fühlen oder tun, das Überfluss, Wohlstand, *genug Geld*, Entspannung und Lebensfreude zum Ausdruckt bringt, legen Sie eine weiße Kugel aus der linken Tasche in das Gefäß. Am Ende Ihres Arbeitstages leeren Sie das Gefäß und schauen sich an, welche Energien Sie an diesem Tag erzeugt haben. Ich garantiere Ihnen, das Ergebnis wird Sie wachrütteln! Wenn nicht mindestens die Hälfte der Kugeln weiß ist, beherrscht Mangeldenken Ihr Berufsleben. Nun haben Sie sicher eine Vorstellung davon, warum sich Geld und Wohlstand in Ihrem Berufsleben so zeigen, wie es momentan der Fall ist.

■ Arbeiten, Geld verdienen, fair bezahlt werden – das gehört alles zusammen.

Wie viel Geld wollen Sie verdienen, damit Sie überzeugt sind, es sei *genug*, um sich Ihrer selbst beruflich treu bleiben zu können? Was immer Sie nun antworten, ich kann Ihnen versichern, dass es sich um eine individuell »gefühlte Zahl« handelt. Ich komme mit Menschen aus allen Teilen der arbeitenden Bevölkerung Europas zusammen. Mit Menschen, die täglich jeden Euro zweimal umdrehen müssen, um das Notwendigste kaufen zu können. Mit Menschen, die jeden Cent sparen, um ihren Traum verwirklichen zu können. Mit Menschen, die ein gutes Auskommen haben und komfortabel leben. Mit Menschen, die jährlich sechs- und siebenstellige Summen verdienen. Und mit Menschen, die aufgrund eigener Arbeit oder der

Arbeit ihrer Vorfahren so viel Vermögen angesammelt haben, dass sie eigentlich gar nicht mehr arbeiten müssten. Unter all diesen Menschen befinden sich viele, die wie ein Hamster im Laufrad durch ihr Arbeitsleben hasten, die lieber heute als morgen aufhören und etwas anders tun würden, aber dennoch tapfer die Zähne zusammenbeißen und weitermachen. Und warum tun sie das? Weil sie nicht wissen, wie viel *genug* ist – genug Geld, genug Ansehen, genug Sicherheit. Teils ist das so, weil sie noch nie Block und Bleistift gezückt und nachgerechnet haben. Teils, weil sie unbewusst die Erwartungshaltungen anderer erfüllen. Teils, weil ihr Leben außerhalb des Berufes menschenleer und freudlos geworden ist. Teils, weil sie nicht verstanden haben, dass sie sich täglich anders entscheiden können.

Interessanterweise haben all diejenigen *genug*, die wissen, wer sie sind, und deshalb fokussiert ihren beruflichen Traum verwirklichen. Ihre Innenwelt erzeugt Wohlbefinden, Wohlstand und Lebensfreude. Ihr Körper ist gesund und voller Energie und sie bewegen sich mit dem Fluss des Berufslebens. Wenn sie Geld brauchen, fließt es ihnen zu.

Valerie, fünfzig und Freiberuflerin, ist mit ihrem Mann, einem angestellten Manager, von München nach Hamburg gezogen. Ihren Firmennamen hat sie sich schon vor Jahren als Marke schützen lassen. In Hamburg baut sie sich gerade ein neues Beziehungsgeflecht auf, denn die Mehrzahl ihrer beruflichen Kontakte hat sie im süddeutschen Raum. Dabei hat sie festgestellt, dass eine hiesige Freiberuflerin den gleichen Firmennamen verwendet. Valeries Markenrecht war ihr offenbar nicht bekannt. Weil Valerie eher jemand ist, der denkt, dass *genug für alle* da ist, hat sie Kontakt zu der anderen Freiberuflerin aufgenommen, sie auf ihr Markenrecht hingewiesen und angeboten, über eine Zusammenarbeit zu sprechen. Die Damen haben sich auf Anhieb verstanden. Sie tauschten sich darüber aus, welche Dienstleistungen sie jeweils für ihre Kunden anbieten, und stellten fest, dass sie einander eher ergänzen als sich etwas wegzunehmen. Daher wollen sie einander künftig die Bälle zuspielen.

Aber, werden Sie jetzt wahrscheinlich denken, was wäre, wenn beide Konkurrenten wären und um dieselben Kunden ringen würden? Auch dann würde es energetisch keinen Sinn machen, sich zu bekämpfen. Wer um etwas kämpft, wovon es aus seiner Sicht nicht genug gibt, denkt, spricht und fühlt Mangel. Damit kreiert er nach dem Resonanzgesetz Mangel im eigenen Arbeitsleben, denn er bekommt ja nur so viel, wie er selbst gibt. Außerdem würde zumindest eine der beiden Damen ihre Einzigartigkeit nicht ausnutzen und bliebe damit hinter ihrem beruflichen Potenzial zurück – mit der Konsequenz, dass sie sehr schnell dauerhaft den Kürzeren ziehen würde. Es macht also wirklich keinen Sinn.

SCHREIBEN SIE, UM HERAUSZUFINDEN, WIE SIE SICH IHREN SPASS FINANZIELL LEISTEN KÖNNEN

1. In welchen Bereichen können Sie
   - liebevoll geben und
   - dankbar annehmen?

2. Wo gelingt Ihnen dies bisher nicht?

3. Tun Sie bitte so, als übten Sie die Arbeit, nach der Ihr Herz Sie drängt, bereits aus und als seien Sie darin extrem erfolgreich. Schreiben so detailliert wie möglich auf,
   - … wie wohlhabend Sie dann sind.
   - … was Sie sich leisten können und wollen.
   - … wie Sie sich dabei fühlen.
   - … wie gern Sie geben.
   - … wie viel Wertschätzung Sie anderen dadurch geben, dass Sie sie bezahlen.
   - … wie dankbar Sie für alles sind, was Sie bekommen.

4. Wie viel ist *genug*, damit Sie
   - Ihre heutige Arbeit
   oder
   - Ihre negative und belastende Einstellung dieser Arbeit gegenüber
   loslassen können?

5. Wie können Sie sich ab sofort ganz konkret verhalten, damit Sie ständig *Wohlstand* und *genug für alle* aussenden – in Wort und Tat?

WIE SIE DEN AUGENBLICK EINFANGEN

> »Ich treffe Entscheidungen über Menschen und Ideen
> innerhalb von sechzig Sekunden. Ich vertraue
> meinem Bauchgefühl mehr als ausführlichen
> Berichten.«
>
> *Richard Branson*

Sie selbst bestimmen jeden Tag, jede Stunde, jede Minute, jede
Sekunde, jeden Augenblick aufs Neue, wie viel Spaß und Begeisterung Ihr Berufsleben Ihnen schenkt. Wenn Sie beruflich zu sich
selbst vordringen, bekommt der jeweilige Augenblick und damit die
Zeit schlechthin eine völlig neue Bedeutung für Sie.

Es gilt, weit mehr als bisher im gegenwärtigen Augenblick zu arbeiten.

Weniger in der Vergangenheit sein und weniger in der Zukunft. Das
hat exorbitante Auswirkungen auf die Qualität Ihrer Arbeit und
dessen, was daraus hervorgeht.

Es gibt mittlerweile eine eigenständige wissenschaftliche Disziplin, die Neuroökonomie, die sich darum bemüht, menschliche Entscheidungen zu verstehen. Experimente auf diesem Forschungsge-
biet belegen, dass unsere Gehirne von komplexen Sachverhalten,
bei denen es viele Details zu bedenken gilt, überfordert sind. Dann
hilft uns unser Unterbewusstsein, die Entscheidung zu treffen. Und
das ist bei rund neunzig Prozent aller Entscheidungen der Fall.
Damit Ihr Unterbewusstsein die Chance hat, Sie in die richtige Richtung zu lenken, müssen Sie Ihr bewusstes Denken beruhigen. Mit
anderen Worten: Es geht darum, das Geplapper im Kopfkino aus-
zuschalten. Zweiundsiebzig von dreiundachtzig befragten Nobel-
preisträgern gaben an, auf diese Weise zu der Idee gelangt zu sein,
die ihren Forschungen zum Durchbruch verhalf.

In unseren Unternehmen wollen das insbesondere Kontrollfreaks nicht wahrhaben. Auch sie haben in rund neunzig Prozent aller Fälle intuitiv entschieden, aber sie haben kein Vertrauen in ihre innere Stimme. Daher beschäftigen sie noch tage- oder wochenlang alle möglichen Mitarbeiter, die ihre Entscheidung rational unterbauen und mit möglichst vielen Charts und Zahlen belegen sollen – alles aus purer Angst, sich mit dem Eingeständnis, dass ihr Bauchgefühl die schiere Flut der Fakten »so bewertet«, vielleicht lächerlich machen würden.

> Angst steigt nur dann in Ihnen auf, wenn Sie der Vergangenheit mehr Bedeutung geben als dem gegenwärtigen Augenblick oder ein potenziell zukünftiges Ereignis Ihre Aufmerksamkeit mehr in Anspruch nimmt als das, was jetzt ist.

Es gibt aber immer nur das Jetzt und den gegenwärtigen Augenblick. Lassen Sie sich das einmal genüsslich auf der Zunge zergehen. Vergangenheit und Zukunft sind nur Gedanken. Wenn Sie in der Vergangenheit mit einer beruflichen Entscheidung einen Fehlschlag erlitten haben, dann höchstwahrscheinlich deshalb, weil Sie nicht mit all Ihrer Aufmerksamkeit im damals gegenwärtigen Augenblick und bei sich selbst waren.

Auch ich habe mir zu Beginn meiner Selbstständigkeit einen kapitalen Lapsus erlaubt, weil ich nicht im gegenwärtigen Augenblick war. Meine Idee, mit dem Business-Club für Frauen in die Selbstständigkeit zu springen, erwies sich als »zu früh für den Markt«. Im Jahr 2001 gab es kaum Interesse an einem derartigen Netzwerk von Frauen, die als Geschäftsführerinnen oder Unternehmerinnen Verantwortung übernommen hatten. Sie mussten den Spagat zwischen Arbeit einerseits und Familie, Kindern, Angehörigen und Freunden andererseits bewältigen und hatten keinen oder nur sehr wenig Raum für das Knüpfen von Kontakten auf hohem Niveau und über die Ländergrenzen hinweg. Die Zeit dafür war einfach noch nicht reif. Mit der Gründung des Business-Clubs löste sich ein Teil meiner Ersparnisse in Luft auf und ich hatte wieder etwas Wichtiges gelernt. Weil ich mit meinen Gedanken in der Zukunft weilte, statt den gegenwärtigen Augenblick aufmerksam zu erfassen, entging mir, was ich durch genaues Beobachten der Damen und eine Befragung über ihre Bedürfnisse schnell hätte erkennen können.

> **Wenn Sie sich vor einer künftigen Fehlentscheidung und deren Folgen fürchten, dann nur deshalb, weil Sie den gegenwärtigen Moment nicht vollständig nutzen.**

Ich habe meine Lektion gelernt. Ich arbeite jetzt aufmerksamer und erreiche viel mehr, weil ich Dinge nicht mehr schnell oder in Eile bewegen will; weil ich nichts mehr tue, das nicht zu mir passt, und weil ich nichts mehr unternehme, nur um andere zu beeindrucken. Ich achte nun immer darauf, möglichst entspannt und ausgeglichen zu sein, um auf meine innere Stimme hören zu können. Und siehe da, meine Intuition trägt mir genau die Botschaften aus meinem Unterbewusstsein zu, die ich gerade *jetzt* benötige, nicht vorher und nicht nachher. Ich mache mir keinen Kopf mehr über Dinge, die künftig sein werden, denn ich habe nur die Kraft und die Macht, das Jetzt zu beeinflussen. Dafür tue und gebe ich alles.

Wenn Sie sich in folgenden Situationen wiederfinden, haben Sie noch keinen Zugang zu Ihrer Intuition. Ihr Verstand ist dann gerade damit beschäftigt zu bezeichnen, zu etikettieren, zu urteilen, recht zu haben oder Schleifen zu drehen.

- Ihre Gedanken springen regelmäßig von einer Sache oder Tätigkeit zur nächsten.
- Sie fühlen sich unruhig und kribbelig.
- Sie verspüren ständig den Drang, etwas erreichen oder werden zu wollen.
- Sie definieren ständig irgendwelche Ziele und schieben neue Projekte an.
- Sie kämpfen, um Ihre Ziele zu erreichen und Widerstände aus dem Weg zu räumen.
- Sie fragen sich, was Kollegen, Vorgesetzte, Konkurrenten, Freunde und Familie von Ihnen denken.
- Sie vergleichen sich regelmäßig mit anderen.
- Sie sind häufig angespannt.

- Sie suchen immer wieder nach Bestätigung durch andere.
- Sie arbeiten zu viel und müssen immer mit etwas beschäftigt sein.
- Sie stellen gern Ihre Macht und Ihren Einfluss zur Schau.

Verstehen Sie, warum Sie in diesen Situationen nicht »bei sich« sind? Sie beschäftigen sich mit etwas, was Ihr Kopfkino kreiert, nicht mit dem gegenwärtigen Moment.

Und nun die Gegenprobe. Inwieweit sind Sie heute schon regelmäßig bei sich selbst und können den gegenwärtigen Augenblick in Ihrer Arbeit auskosten? Welche der folgenden Aussagen würden Sie für sich vorbehaltlos unterschreiben?

- Ich leiste wertvolle Arbeit.
- Mein Selbstwertgefühl ist stark und unabhängig.
- Ich bin mein Geld wert.
- Ich folge ruhig und beharrlich meinem inneren Leitstern.
- Ich kümmere mich nur um das, was ich gerade jetzt bewegen kann.
- Es interessiert mich nicht, was andere über mich sagen oder denken.
- Ich kann mich stundenlang nur mit mir selbst beschäftigen, ohne einer sichtbaren Tätigkeit nachzugehen.
- Ich achte fortwährend auf die Signale meines Körpers, insbesondere auf die meines Bauches und meines Herzens.
- Ich leiste und bewege viel, denn ich passe mich veränderten Situationen schnell an oder antizipiere sie sogar.
- Ich vertraue mir und anderen.
- Ich strahle bei allem, was ich tue, Ruhe, Zuversicht und Gelassenheit aus.
- Den Sinn meiner Arbeit erschaffe ich täglich selbst.

Anhand dieser beiden Listen bekommen Sie ein Gefühl dafür, inwieweit Sie schon heute in der Lage sind, achtsam und im Moment zu sein. Je mehr Sie Ihrem Unterbewusstsein Gehör schenken und ihm vertrauen lernen, desto entspannter wird Ihr Arbeitsleben. Alle Ihre fünf Sinne sind immer öfter wach und aufmerksam. Sie spüren Ihren Körper, nehmen Spannungen, Wohlbehagen, warme und kalte Bereiche wahr. Sie spüren deutlich, wovor Ihr Bauch Sie warnt und in welche Richtung Sie am besten weitergehen sollen. Sie empfangen Botschaften Ihres Körpers und erfahren, was ihm guttut und was nicht. Sie nehmen Ihre Gefühle bewusster wahr und respektieren sie. Ihre Reaktionen auf die Außenwelt werden stabiler. Ihr Geist wird geschmeidiger. Sie urteilen weniger, und wenn Sie es tun, ist Ihr Urteil ausgewogener. Verletzungen und Niederlagen der Vergangenheit begrenzen Ihren Aktionsradius nicht mehr. Vorurteile und Projektionen verschwinden allmählich. Sie werden offen für Neues. Offen für andere Wege durchs Berufsleben. Offen dafür, Ihr Arbeitsgebiet mit all seinen Optionen genauer zu betrachten. Offen für neue Menschen und Kontakte, die sich nun mühelos andienen. Sie arbeiten intensiver, besonnener, einfühlsamer, mitfühlender und liebevoller. Ihre Angstmuster lösen sich eines nach dem anderen auf. Sie können sich in Ihrem Beruf als einzigartig sehen und liebevoll annehmen. Ihre Arbeit verliert das Sprunghafte und Kurzfristige. In ihrem Inneren kehrt Ruhe ein. Ihr Sein gestaltet Ihr Tun.

Ich höre Ihren Einwand schon: »So sieht mein Arbeitsalltag aber nicht aus.« Nein? Unsere tägliche Arbeit, Ihre und meine, findet in der *praktischen Zeit* statt. Termine, Fristen, Besprechungen, Verhandlungen, Konferenzen, Öffnungszeiten, Vertragsabschlüsse, Bestellungen, Lieferungen, Produktionszeiten, Wartungszyklen und vieles mehr. Hier stehen wir unter Zeitdruck, müssen planen, organisieren, etwas leisten und Geld verdienen. Es gilt, Dinge aus der Vergangenheit wieder aufzugreifen und abzuarbeiten, wie Verträge, Aufträge, Versprechen, wiederkehrende Aufgaben und ungelöste Konflikte. Hier wollen wir auch die Zukunft gestalten und darüber nachdenken, wie das nächste Geschäftsjahr verlaufen soll, welche Kunden wir hinzugewinnen wollen, wie wir die Produktion verbessern oder ausweiten können, wie wir uns den sich wandelnden Marktgegebenheiten anpassen, wie uns fortbilden können und ob wir eine neue Herausforderung annehmen sollen. Einige denken auch schon an den Ruhestand oder daran, wie es sein wird, nicht mehr arbeiten zu müssen.

> Wichtig ist bei diesen gedanklichen Besuchen in der Vergangenheit und in der Zukunft, dass sie achtsam und im gegenwärtigen Augenblick stattfinden.

Eine praktische Tätigkeit nach der anderen. Einen Termin planen, eine Besprechung abhalten, eine Reparatur ausführen, einen Patienten behandeln, zehn Minuten besinnen, ganz aufmerksam und ohne Ablenkung mit Zuhause telefonieren, fokussiert über einen Kredit verhandeln und eine Stunde lang konzentriert das eigene berufliche Wunschbild erdenken, erfühlen und erträumen. Jedes hat seinen Platz und zugleich Ihre volle Aufmerksamkeit. Immer eins nach dem anderen mit aller Aufmerksamkeit zu Ende führen und erst dann zur nächsten Aufgabe überwechseln. Üben Sie sich darin – jeden Tag.

Wann stehen Sie sich hier selbst im Weg? Wenn Sie …

- beim Telefonieren nebenher Mails lesen.
- während der Arbeit essen.
- in einer Besprechung Tagträumen nachhängen.
- in einer Vertragsverhandlung nur daran denken, was sie das letzte Mal falsch gemacht haben und nun anders machen sollten.
- zappelig von einer Kleinigkeit zur nächsten springen.
- Ihr Mobiltelefon oder Ihren Minicomputer immer angeschaltet haben und auf jede Nachricht wie ein dressierter Hund anspringen.
- arbeiten, obwohl Sie hundemüde sind.

Immer wenn Sie sich in einem dieser Sätze wiederfinden, leben Sie in der psychologischen Zeit, sind nicht im gegenwärtigen Moment und koppeln sich vom Datenspeicher Ihres Unterbewusstseins ab. Sie hinken dann meilenweit hinter dem her, was Sie eigentlich beruflich zuwege bringen könnten. Eins nach dem anderen. Multitasking ist bei Menschen, die beruflich ganz bei sich selbst sind, einfach nicht angesagt.

> Mit Ihrem Verstand, Ihren Wahrnehmungen, Ihren Gefühlen und Ihrer Intuition verbunden zu sein, bedeutet, Zugang zur gesamten Wirklichkeit zu haben.

Alles wird plötzlich glasklar und zeigt sich überdeutlich. Der Weg dahin ist nicht einfach aber erfüllend und heilsam.

1. Hand aufs Herz. Wie viel Prozent Ihrer Arbeitszeit verbringen Sie im jeweiligen Augenblick?

2. Welche Ihrer Tätigkeiten würden in Qualität und Ergebnis am meisten von achtsamer und völlig fokussierter Erledigung profitieren?

3. Für welche drei Tätigkeiten gehen Sie ab sofort die Verpflichtung ein, sie achtsam, fokussiert und ganz im gegenwärtigen Augenblick präsent zu verrichten?

WIE SIE MIT IHREM UMFELD UMGEHEN

»Drum, Herze, willst du ganz genesen, sei selber
wahr, sei selber rein; was wir in Welt und Menschen
lesen, ist nur der eigene Widerschein.«

Heinrich Theodor Fontane

Man muss erst einmal verstehen, was man sich selbst antut. Meine
beruflichen Erfahrungen haben mir zahlreiche, lang anhaltende
emotionale Wunden zugefügt. Ich habe gelernt, meine Emotionen
zu verstecken, zu unterdrücken, ja sogar abzutöten, denn ich wollte
nicht ständig verletzt werden. Ich spielte das Spiel der Nichtwissen-
den trotz meiner rebellischen Natur jahrelang mit, zumindest teilweise. Meine jeweilige berufliche Umgebung schien mir keine andere Wahl zu lassen. Ich wusste es einfach noch nicht besser.

**Unternehmen, die trotz globaler Umwälzungen eine sichere Zukunftsperspektive
anstreben, legen großen Wert auf das bewusste innere Wachstum ihrer Mitarbeiter.**

Ein Nahrungsmittel-Einzelhandelsunternehmen mit 24000 Mitarbeitern bietet diesen insgesamt 2800 verschiedene Trainings
an. Ein Drittel dieser Trainings beziehen sich auf die persönliche
Entwicklung des Einzelnen und schließen teilweise sogar Ehegatten
und Lebenspartner der Mitarbeiter ein. Die Eigentümer des Unternehmens erwarten, dass von diesen Chancen, von innen heraus zu
wachsen, Gebrauch gemacht wird. Sie selbst leben es vor. Ist das ein
Einzelfall? Gott sei Dank nein. Ich kann auch auf ein Unternehmen
verweisen, das mit Schuhen handelt, und auf eines, das Farben her-
stellt.

Unternehmen, die in ihrem Denken und Handeln noch in den
Mustern von Mitte des vergangenen Jahrhunderts verhaftet sind,
bauen hingegen darauf, dass Menschen egoistisch, bequem und
feige sind. Diese Instinkte werden jedenfalls nach Kräften gefördert,

denn sie sind es, die uns steuer- und kontrollierbar machen. Einen Mensch, der sich über Äußerlichkeiten definiert, über Gehalt, Position, Auto, Markenkleidung etc., kann man über diese Begehrlichkeiten wie eine Marionette dirigieren. Und die meisten haben es noch nicht einmal bemerkt. Wir leben heute in einer Welt der fundamentalen Veränderungen. Hat unsere Rasse in ihrer Entwicklungsgeschichte ihr Fell abgestreift und das aufrechte Gehen ebenso erlernt wie das Fertigen und Nutzen von Werkzeugen, so ist es nun an der Zeit, zu unserem Wesen vorzudringen, unsere Einzigartigkeit in unsere Arbeit einfließen zu lassen und die Persönlichkeit zu werden, die wir aufgrund unserer Anlagen werden können. Alles andere ist Mittelmaß, und das wird nicht mehr genügen.

In meinen Jahren als Angestellte wurde ich stets dafür »gelobt«, dass ich in emotionalen Krisensituationen – sprich, wenn man mich steuerte, Zusagen nicht einhielt oder gar manipulierte und ich dies bemerkte – sachlich blieb, statt in Tränen auszubrechen. Fakt war, dass ich mein Herz damals schon so gut mit Muskeln eingepanzert und praktisch ausgeschaltet hatte, dass mein wahres Wesen und meine Verletzlichkeit überhaupt nicht zum Vorschein kommen konnten. Ich unterdrückte meine Tränen also nicht mühsam oder willentlich, denn sie kamen gar nicht erst auf. Vielleicht war das Lob aber auch einfach ein Dankeschön dafür, dass ich das Rationale über das Menschliche stellte, mit dem meine Umgebung nur schwer hätte umgehen können. Hätte ich all dies schon früher durchschaut, wäre ich sicher eher in der Lage gewesen, den Teufelskreis für mich selbst und viele andere zu durchbrechen.

> Was auch immer Sie sich in Ihrem Berufsleben wünschen, Sie wünschen es sich, weil es Ihnen guttut und ein warmes Gefühl ums Herz bereitet. Aus Ihren Wünschen spricht Ihr Wesen.

Und mit dem, was Sie vermeiden wollen, ist es ebenso: Sie wollen es nicht erleben, weil es Sie emotional verletzt. Doch das Gesetz der Resonanz ist unerbittlich. Sie bekommen, was Sie anderen und sich selbst gegeben haben: Gefühle, Gedanken, Worte und Taten. Auch ich war hart, unnachgiebig und starrköpfig, bis ich verstand, was ich mir und anderen damit antat. Bis ich verstand, dass Weiches gestaltet und Hartes zerstört. Das Wasser mit seiner sanften Permanenz formt den Stein, die Klinge des Schwertes zerbricht daran. »Interessanter Vergleich«, denken Sie vielleicht. »Aber wie kann ich in meinem harten, unnachgiebigen, rationalen und auf jede Schwäche lauernden Umfeld als Erster zeigen, was ich wirklich fühle?«

Ihre Gefühle sind nicht die Reaktion auf das, was Ihnen passiert, sondern dessen Ursache.

Sie setzen die Ursache, die aus der Welle der vielen Möglichkeiten das eine Teilchen materialisiert beziehungsweise aus dem Feld Ihrer beruflichen Möglichkeiten eine Variante auswählt.

Es liegt an Ihnen, sich klug, also entsprechend den Gesetzmäßigkeiten von Bewusstsein, Energie, Resonanz und Polarität im unsichtbaren Spinnennetz zu bewegen. Denken, fühlen, sprechen und handeln Sie klug. Kommen Sie aus der Rolle desjenigen, dem etwas widerfährt und der sich steuern lässt, in die Rolle desjenigen, der etwas seinen Vorstellungen und seinem Wesen entsprechend gestaltet. Und dies ohne Manipulieren, Taktieren, Kämpfen, Täuschen, Neidanfälle und Angstszenarien.

Stellen Sie sich das den jeweiligen Umständen entsprechende beste Ergebnis für sich selbst vor, das auch keinem anderen schadet.

An einem Gebäude des zum Weltkulturerbe gehörenden Tosho-gu-Schreines in Nikko, Japan, befindet sich ein Relief mit drei Affen, die

nichts Böses sehen, nichts Böses hören und nichts Böses sprechen.

Alles hat seine Schwingungsfrequenz. Übernehmen Sie zunächst einmal die volle Verantwortung für Ihr gewohnheitsmäßiges Denken, Sagen, Fühlen und Tun und alles, was Sie damit bereits energetisch in Umlauf gebracht haben. Und dann achten Sie einfach darauf, immer weniger Gedanken-, Sprach- und Gefühlsmüll abzusondern. Dazu bedarf es nur Ihrer Aufmerksamkeit. Hören Sie auf, schlecht über andere zu denken oder zu reden, sie zu verurteilen, mit neiderfüllten Blicken zu betrachten, Nutzen aus ihren Schwächen oder Krisen zu ziehen, sie zu hintergehen, ihnen die Schuld zuzuschieben, Informationen nur eingeschränkt mit Ihnen zu teilen, sie steuern und kontrollieren zu wollen und sich in negativen Gedanken über sie zu verlieren. Ziehen Sie sich aus negativen Gefühls- und Denkschleifen heraus. Sagen Sie der Buschtrommel-Gemeinschaft ade. Hören Sie nicht mehr hin und kommentieren Sie nicht mehr mit. Lassen Sie es ein für alle Mal sein!

> **Reden Sie gut über jemanden oder gar nicht. Wer sich so verhält, ordnet seine Arbeitswelt fundamental neu.**

Damit haben Sie noch keine eigenen Gefühle oder Schwächen offenbart und noch keinen Ihrer Herzenswünsche auf dem beruflichen Parkett preisgegeben. Sie bewegen sich also nach wie vor auf geschütztem Terrain. Aber energetisch haben Sie bereits maßgeblich auf Ihr berufliches Umfeld eingewirkt, und zwar zum Besseren. Je mehr Sie sich konstant so verhalten, desto häufiger werden Sie feststellen, dass auch niemand mehr schlecht über Sie redet oder denkt, Sie verurteilt, Ihnen neidische Blicke oder Worte nachwirft, Ihre Schwächen und Krisen ausnutzt, Sie hintergeht, Ihnen die Schuld für etwas in die Schuhe schieben und Sie steuern oder manipulieren will. Ganz im Gegenteil, die Menschen werden Sie anders wahrnehmen und anders auf Sie reagieren als bisher. Das wäre schon einmal ein guter Anfang für mehr Spaß in dem Umfeld, in dem Sie gerade vor sich hin leiden.

»Unsere Wünsche sind die Vorboten der Fähigkeiten, die in uns liegen«, sagte Johann Wolfgang von Goethe. Und als Universalgelehrter wusste der Mann, wovon er sprach.

> **Was Sie sich beruflich wünschen und erträumen, ist bereits im Feld Ihrer beruflichen Möglichkeiten enthalten.**

Es ist an Ihnen, diese erwünschten und erträumten Möglichkeiten *bewusst* aus dem Feld Ihrer beruflichen Möglichkeiten herauszulösen, indem Sie auch Ihre Gedanken darum kreisen lassen – allerdings nicht die sehnsüchtigen Gedanken, die Ihnen letztlich nur sagen, dass Ihre Wünsche und Träume illusorisch seien.

Nach dem grimmschen Wörterbuch ist *Sehnsucht* »ein hoher Grad eines heftigen und oft schmerzlichen Verlangens nach etwas, besonders, wenn man keine Hoffnung hat, das Verlangte zu erlangen, oder wenn die Erlangung ungewiss, noch entfernt ist«. Die moderne Sehnsuchtsforschung erklärt uns Sehnsucht als eine »persönliche Utopie«, die mit »bittersüßen« Emotionen verbunden ist. In der inneren Erlebniswelt vermischen sich Vergangenheit, Gegenwart und Zukunft. Die im vergangenen und gegenwärtigen Arbeitsleben gemachten Erfahrungen lassen das Ersehnte unwahrscheinlich erscheinen. All das spielt sich in einem Kopfkino ab, in dem bisher noch keine Filme über *Bewusstsein, Energie, Resonanz, zyklischen Wandel, Synchronizität* und *Polarität* gelaufen sind. Eine Arbeit, die Herz, Seele und Verstand erfüllt und die in einem entsprechend offenherzigen, von Vertrauen und gegenseitigem Respekt geprägten Umfeld ausgeübt werden kann, steht auch Ihnen offen. Es liegt nämlich an Ihnen, dieses Umfeld zu erschaffen. Solange Sie darauf warten, dass »die anderen« dies für Sie tun, geschieht wenig bis nichts. Das *Resonanzgesetz* lässt grüßen.

Entsprechende Forschungen haben bestätigt, dass Kinder keine Vorstellung von Sehnsucht haben. Für sie ist alles möglich. Die Verstandesschranken der Erwachsenen sind ihnen fremd, bis wir sie umdressieren. Die Notwendigkeit, zu dem zurückzukehren, was Sie als Kind begeistert hat, besteht also auch hinsichtlich der Art und Weise, wie Sie Ihr berufliches Umfeld arrangieren. Kinder denken in Träumen und Möglichkeiten. Sie brennen für das, was sie wollen. Sie bersten vor Energie, agieren grenzenlos, bewegen sich leichtfüßig, sind leidenschaftlich und wenn sie sich völlig verausgabt haben, schlafen sie tief, fest und friedlich. Das steht auch Ihnen offen.

Ich habe meine Geschäftsführerposition gekündigt und die Reederei verlassen, weil die Führungsspitze meiner Meinung nach Menschenführung weder als wichtig einstufte noch vorlebte. Damals war ich zu unwissend, um zu begreifen, dass ich auch als einzelne Managerin die Kultur des gesamten Unternehmens wesentlich hätte verändern können. Zugegeben, in der Hierarchie waren diejenigen, deren Führungsverhalten mir missfiel, höher angesiedelt als ich. Aber das spielt keine Rolle. Meine Gedanken, Worte, Gefühle und Taten hatten und haben energetisch den gleichen Einfluss wie ihre, wenn ich sie nur zielgerichtet und kontinuierlich einsetze. Doch ich tat nichts dergleichen. Statt mich am Ideal der drei Affen zu orientieren, habe ich so viele Worte, Gefühle und Gedanken verschwendet, indem ich mich über das Verhalten meiner Vorgesetzten aufregte. Statt in meinem Kopfkino ausschließlich Filme laufen zu lassen, die ich sehen und von denen ich mich zu Freude und guten Gefühlen inspirieren lassen wollte, verlor ich mich in der Negativschleife. Und dabei hätte ich nur konsequent vorleben müssen, wonach mein Herz mich drängte und wovon ich zutiefst überzeugt war.

Immer mutig die eigene Wahrheit sagen, konsequent handeln und dennoch mit allen respektvoll umgehen.

Mary, IT-Europamanagerin eines multinationalen Unternehmens, liebt die Informationstechnologie (IT), seit sie denken kann und weiß alles darüber. Gleiches gilt für Menschenführung und Projektmanagement. Marys Auftreten ist bescheiden und unauffällig. Kein Geschiss, keine Ego-Bugwelle, keine Extravaganzen. Für ihre Mitarbeiter und viele Managerkollegen ist sie ganz nebenbei auch Kummerkasten und Ratgeberin. Sie habe zwei Mal den Arbeitgeber gewechselt, sagt sie, bis sie feststellte, dass der Frust überall in mehr oder weniger identischer Form auftauche. Informationstechnologie sei in der Wahrnehmung der hausinternen Kunden erst einmal eine Kostenstelle und dann ein Hilfsmittel, das immer reibungslos funktionieren müsse. Außerdem seien IT-Spezialisten in jedes Veränderungsprojekt mit einbezogen, sodass die immer wichtige und höchst eilige Projektarbeit die Qualität der Tagesarbeit beeinträchtige. IT-

Spezialisten müssten rund um die Uhr, an allen Tagen bereitstehen, am Wochenende und feiertags. Keine Wertschätzung, kein Dank. Alles sei selbstverständlich.

Ihre Managerkollegen aus den anderen Konzernbereichen hätten alle wenig bis gar keine Ahnung von Informationstechnologie. Aber jeder, der einen PC oder ein modernes Mobiltelefon einigermaßen bedienen könne, wolle mitreden. Wenn der Laptop ihres Vorgesetzten nicht funktioniere, wende dieser sich nicht etwa an den Helpdesk, sondern bitte Mary auf einen Kaffee vorbei, damit sie mal eben alles wieder richte. Bitte sie jedoch um einen Termin, weil es wichtige technische oder planerische IT-Fragen zu besprechen gibt, habe er und hätten auch die verantwortlichen Damen und Herren aus anderen Konzernbereichen kaum Zeit. In einem internationalen Konzern hielten sich die meisten Manager, egal in welcher Position, zwei bis fünf Jahre. Wenige seien zu mehr fähig, die meisten erwiesen sich als inkompetent. Danach käme halt wieder jemand anderes mit einer anderen Meinung und das Spiel beginne von vorn. Das, sagt Mary, sei alles Teil der Informationstechnologie in einem Konzern.

Mary hat aufgehört, dies zu beklagen. Sie hat aufgehört, gebetsmühlenartig um Verständnis zu ringen. Sie hat aufgehört, den anderen Managern unaufgefordert Ratschläge zu geben, bevor sie eine Entscheidung treffen, deren Konsequenzen sie nicht überblicken. Sie hat aufgehört, gegen jemand und irgendwas anzukämpfen. Sie hat aufgehört sich zu rechtfertigen und zu erklären, warum sie etwas so entschieden und umgesetzt hat und nicht anders.

Nun nimmt sie an Management-Meetings teil und sagt wenig. Wenn sie sich äußert, dann kurz, knapp und auf den Punkt gebracht. Wenn ein Manager die Kosten für eine IT-Änderung nicht mittragen will, antwortet sie nur: »Kein Problem. Wir klemmen Ihren Verantwortungsbereich ab. Schauen Sie einfach, wie Sie ohne diese Anwendung klarkommen.« Alle wissen mittlerweile, dass ihre Tür nach diesem ultimativen Satz für den Zahlungsunwilligen verschlossen ist, und das kann schon einmal drastische Konsequenzen haben. Wenn ein Meeting mit Managerkollegen anderer Fachbereiche in

Endlosschleifen, Selbstbeweihräucherung, Gesülze oder Jammern auszuarten droht, steht sie auf und geht, ohne sich darüber zu erregen. Andere Möglichkeiten, ihre Zeit sinnvoll zu nutzen, hat sie mehr als genug. Ihre Mitarbeiter, die sich nach ihren Anweisungen ebenso verhalten, hegt und pflegt sie und gesteht ihnen viele Freiräume zu – gerade weil ihnen das Unternehmen so viel Zeit und Flexibilität abverlangt. Mary sagt, seit sie sich auf das konzentriere, was sie selbst beeinflussen könne, gehe es ihr und ihren Mitarbeitern besser. Da sie im Kollegenkreis allgemein weniger von sich gebe, hörten die Kollegen aufmerksamer zu, wenn sie etwas sage. Ihre Aussagen erhielten so mehr Gewicht. Alles in allem, sagt Mary, liebe sie IT, Menschen und die Welt in all ihrer Vielfalt. Dass es auch Tage gebe, an denen das Unternehmen eher einem Affenzirkus oder einer Irrenanstalt gleiche, sei Teil dieser Vielfalt.

Mary hat intuitiv erkannt, dass äußere Freiheit immer relativ ist, weil wir uns in Beziehung zu anderen setzen, die auf ihrem Weg zu sich selbst unterschiedlich weit gekommen sind und deren Lebensaufgaben sie in ganz andere Richtungen führen. Wesentlich ist, die eigene innere Freiheit zu entwickeln und zu bewahren. Mary hält ihre Energie bei sich und spielt mit ihr. Sie hat etwas Wesentliches durchschaut:

Man kann Energie nicht zerstören, man kann sie nur verwandeln.

Deshalb sollte Ihre Aufmerksamkeit nur auf das gerichtet sein, was Ihrem Empfinden nach so ist, wie es sein sollte. Situationen, die Ihnen nicht gefallen, verschwinden nicht dadurch, dass Sie sie anprangern oder gegen sie kämpfen. Im Gegenteil. Sie erhellen die Dunkelheit nicht, indem Sie noch mehr Dunkelheit hinzufügen. Auf der anderen Seite kann das Licht einer noch so winzigen Kerze einen stockfinsteren Raum erleuchten. Konzentrieren Sie sich also darauf, andere Menschen zu fördern. Erfreuen Sie sich an ihren Leistungen, loben Sie diejenigen, die Sie bewundern, für das, was Sie auch erreichen möchten. Das funktioniert im Kleinen wie im Großen. Allein oder in Gruppen.

Mit Hans-Günther, von dem ich zu Beginn dieses Buches schon erzählt habe, schließt sich der Kreis, denn er hat sich vor einem Jahr auf den Weg zu seinem beruflichen Wesen gemacht. Auslöser dafür, dass er schließlich bereit war, seinen Ängsten die Stirn zu bieten, war ein Gespräch mit seinen Kindern. Sohn und Tochter, beide Mitte zwanzig, erklärten unverblümt, warum sie ihren Vater eher bemitleideten als bewunderten. Er habe materiell viel erreicht und gut für die Familie gesorgt. Er selbst, seine Ehe, seine Beziehung zu ihnen, seine Freundschaften, seine Gesundheit, seine Lebenslust und seine Freude an den kleinen Dingen des Lebens seien dabei jedoch auf der Strecke geblieben. Nur sehr selten hätten sie ihn fröhlich, begeistert und wirklich nahbar erfahren. Zeit für sie habe er so gut wie nie gehabt und wenn, dann sei er nie so richtig bei der Sache gewesen. Was sollte daran wohl bewundernswert sein? Zuerst war Hans-Günther wie vor den Kopf geschlagen. So hatte er sich noch nie gesehen. Überwältigt von seinen Emotionen brach er in Tränen aus. Dann litt er zwei Tage lang unter einem stechenden Schmerz in der Herzgegend. Sein Internist hatte ihm prophezeit, dass er sich selbst sein Grab schaufle, wenn er stumpf so weitermache wie bisher. Obwohl Hans-Günther eine Heidenangst davor hatte, sich zu verändern, wusste er instinktiv, dass er jetzt handeln musste. Wie würde sein Umfeld reagieren, wenn sich sein beruflicher Anspruch und sein Verhalten für alle sichtbar wandeln würden? Er wusste es nicht, war jedoch bereit, die Konsequenzen zu tragen.

Hans-Günther nutzte den Urlaub zum Jahreswechsel, um sich zunächst alles von der Seele zu schreiben, was ihn schon lange belastet hatte. Er nannte sich selbst einen Ausbeuter, ein Weichei, einen Jasager, Feigling, Heuchler und vieles mehr. Sein Innerstes lag offen und verletzlich vor ihm. Als es ihn gelungen war, Mitgefühl mit sich selbst zu empfinden, schaffte er es auch, sich selbst zu verzeihen. Er verpflichtete sich schriftlich, die Jahre bis zum Ende seiner Karriere und darüber hinaus anders zu gestalten als bisher. Schreibend erkannte er, dass er den eigentlichen Inhalt seiner Tätigkeit, nämlich das Verkaufen, zutiefst liebte und sich dem Unternehmen und dessen gelebter Kultur von Herzen zugehörig fühlte. Er erkannte sich als eine »Angestelltennatur« und einen Manager, der gern handelt, feilscht und sich darüber mit Menschen verbindet. Daran wollte er festhalten.

Allerdings musste er sich eingestehen, dass er das Leid und den Ärger, mit denen er in seinem Berufsalltag konfrontiert war, zum größten Teil selbst kreiert hatte. Er hatte unfaire Deals verhandelt, Vertragspartner getäuscht, Kunden übervorteilt, sich an anderen bereichert, Mitarbeiter für sich die Kohlen aus dem Feuer holen lassen, seine Frau hintergangen und vieles mehr. Damit würde nun Schluss sein. Er würde nur noch das tun und sagen, was alle wissen konnten. Keine Heimlichkeiten, keine Tricks und keine Hintergedanken mehr. Zunächst einmal wollte er lernen, besser mit sich selbst umzugehen, mit seinem Körper und seinen Gefühlen.

Als ersten sichtbaren Schritt akzeptierte er keine Geschäftstermine mehr, die ihn gezwungen hätten, am Wochenende ab- oder anzureisen. Außerdem strich er jede Reise, die nicht zwingend notwendig war. Er wollte den Schwerpunkt aller Aktivitäten auf den Output legen, nicht mehr auf den, vielfach inszenierten, Input. So manche Reise hatte er in der Vergangenheit nicht primär um des Geschäftes willen unternommen. Auch die Reisen an den Wochenenden hatten vielfach dazu gedient, seine eigene Wichtigkeit zu untermauern oder vor häuslichen Spannungen zu flüchten. Hans-Günther hatte Angst, dass ihn seine Vorgesetzten und Kollegen dafür angehen würden. Doch zu seiner Überraschung waren die Reaktionen auf sein geändertes Verhalten gemischt. Einige sprachen ihm unumwunden ihre Bewunderung dafür aus, dass er es geschafft hatte, Grenzen zu ziehen. Einen Jungmanager, der frotzelte, er sei wohl nicht mehr so fit wie früher, stellte er intellektuell kalt. Ob er noch nie vom 80-20-Prinzip gehört habe. Menschen erbringen achtzig Prozent ihrer relevanten Leistung in zwanzig Prozent ihrer Zeit. Wirklich leistungsfähig ist derjenige, der weiß, welche Aktivitäten und welche zwanzig Prozent seiner Zeit das sind.

Die so gewonnene freie Zeit investierte er in gemeinsame Unternehmungen mit seiner Frau und seinen Kindern sowie in seine Fitness. Er hatte sogar den Mut, gemeinsam mit seiner Tochter einen

Wochenendkurs unter dem Titel »Achtsamkeitsübungen und Einführung in die Meditation« zu besuchen. Natürlich erzählte er in der Firma niemandem ein Sterbenswörtchen davon. Bei mir platzte er einige Wochen später fast vor Stolz, auch weil er sich inzwischen täglich fünfzehn Minuten Zeit nahm, diese Übungen auszuführen und zu genießen. Das ständige Geplapper in seinem Kopfkino hatte sich bereits merklich beruhigt. Ihm fiel auf, dass er weniger sprunghaft und hektisch war. Es gelang ihm sogar, sein Mobiltelefon stundenweise ganz zu ignorieren. Erstaunt stellte er fest, dass die Qualität seiner Arbeit davon sogar profitierte.

Die Kontakte zu seinen Kunden intensivierte Hans-Günther dadurch, dass er außer der Reihe anrief und sich einfach nur erkundigte, wie es ihnen und ihrer Familie gehe und ob er etwas für sie tun könne. Die meisten zeigten sich anfangs erstaunt, doch schon nach dem zweiten Anruf dieser Art war es ihnen ein Bedürfnis, ein privates Wort mit Hans-Günther zu wechseln. Im Unternehmen achtete er sehr diszipliniert darauf, nur noch das von sich zu geben, was Ereignisse aus dem Feld seiner beruflichen Möglichkeiten zutage förderte, die er sich für alle als dienlich vorstellte. Kollegen und Kunden nahmen Hans-Günther mit der Zeit ganz anders wahr: offen, warmherzig und gesamtverantwortlich engagiert.

Ursprünglich hatte sich Hans-Günther mit einem neuen Statussymbol für sein Handgelenk belohnen wollen, wenn er seinen Transformationsprozess durchhalten würde. In den, mittlerweile regelmäßig stattfindenden, Vater-Sohn-Gesprächen reifte jedoch der Wunsch nach einer anderen Art von Selbstliebe. Hans-Günther empfand eine tiefe Dankbarkeit für den Platz, auf den ihn das Berufsleben gestellt hatte, und für den Wohlstand, der ihn umgab. Den Geldbetrag, den er für die Dekoration seines Handgelenks vorgesehen hatte, spendete er. Die eine Hälfte ging an den Jugendclub in seiner Heimatstadt, der damit einen zweitägigen Technik-Workshop mit Vorträgen, Experimenten und Tüftlerwettbewerb veranstalten konnte. Die andere Hälfte schenkte er dem Eigentümer eines kleinen Unternehmens in Vietnam, der zu seinen Kunden zählte. Mit dem Geld konnte der Unternehmer vor Ort den Ausbau einer Höhe-

ren Schule unterstützen. Hans-Günthers Sohn war von diesen Gesten seines Vaters derart angetan, dass er ihn bat, in den nächsten
Sommerferien mit ihm nach Vietnam reisen zu dürfen, damit er mit
eigenen Augen sehen konnte, wie die Großherzigkeit seines Vaters
die Welt veränderte.

Hans-Günthers Transformationsprozess dauert nun schon ein
Jahr an und er hält entschlossen daran fest. Nach eigener Aussage
gefällt ihm der Kerl, den er morgens rasiert und der ihn aus dem
Spiegel anschaut, deutlich besser als je zuvor. Seine Arbeit, sagt
Hans-Günther, habe eine neue Qualität bekommen. Jeden Tag verstehe er ein bisschen mehr von sich selbst und das freue ihn wie
einen kleinen Lausbub, dem ein Streich gelungen sei. Hans-Günther
hat abgespeckt und ist inzwischen recht fit. Er genießt den Augenblick, die schönen wie die schwierigen Momente. Druck empfindet
er nur noch sehr selten. Vielmehr hat er das Gefühl, dass alles, was
er an Verständnis, Zuwendung und Offenheit gibt, mehrfach zu ihm
zurückfließt. Sein Verhältnis zu vielen seiner Kunden hat sich grundlegend verändert. Hans-Günther ist zum Vertrauten mutiert. Nicht
mehr nur die Qualität der gelieferten Maschinen und sein kommer-
zielles Geschick dominieren das Bild von ihm als Chefverkäufer,
sondern auch sein empfindsamer Charakter, den er den Menschen
nun zeigt. Das erstaunt Hans-Günther am allermeisten. Erstmals in
seinem ganzen Berufsleben werde er dafür gelobt, dass er ein mitfühlender Mensch sei. Und dass ihm dies von Vorgesetzten und Kollegen auch noch als Stärke ausgelegt werde, habe ihn tief im Innersten berührt.

Was Hans-Günther für sich allein bewegt hat, funktioniert auch in
Gruppen. Das Leitungsgremium eines deutschen Branchenverbandes hat sich Anfang 2010 zu einem Transformationsprozess entschlossen. Die Branche produziert Produkte, die in Deutschland und
im benachbarten Ausland vertrieben werden. Die Unternehmen
dieser Branche handeln gegenüber ihren Kunden aus einer Macht-
stellung heraus, die sie bisher rücksichtslos ausgenutzt haben. Dem
Gremium steht ein Generationswechsel bevor. Im Laufe der Jahre

hat es sich zu einem Schauplatz der Machtdemonstration von Eigentümern der größten Unternehmen dieser Branche entwickelt. Hier sitzen »Alphatiere«, die es gewohnt sind, recht zu haben und ihre Sicht der Dinge durch- und umzusetzen. Entsprechend produktiv waren die Sitzungen und deren Ergebnisse in der Vergangenheit. Jeder vertrat seinen Standpunkt, beharrte darauf, hörte den anderen nicht zu und kümmerte sich um nichts, was nicht zum eigenen Vorteil gereichte.

Dieses Gremium möchte sich nun der wirtschaftlichen Gesamtsituation und seiner Verantwortung für Branche, Kunden und die Gemeinschaft aller Menschen stellen. Innerhalb der eigenen Reihen heißt das: zusammenarbeiten lernen; einander zuhören lernen; gemeinsam eine Vision davon entwickeln, wo die Branche in zehn Jahren stehen soll, und ausarbeiten, mit welcher Strategie und welchem Leitbild sie dorthin zu gelangen wünscht. Hinsichtlich ihrer Gesamtverantwortung heißt das für die Herren, freiwillig aufzuhören ihre Vertragspartner auszubeuten, die Mängel ihrer Produkte aus eigenem Antrieb zu beheben sowie einen erheblichen Teil Ihrer wirtschaftlichen Erlöse bedürftigen Menschen in ihrer unmittelbaren Umgebung zu spenden.

Statt es nun bei den allgemein bekannten strategischen Workshops und fruchtlosen Diskussionen zu belassen, haben die Gremiumsmitglieder beschlossen, bei sich selbst zu beginnen. So arbeiten Sie sich aus ihrem Inneren heraus ins Außen vor. Im Coaching-Prozess erkennen sie die Denk- und Gefühlsmuster ihrer Kindertage, lösen körperliche Energieblockaden, erkennen ihre blinden Flecken und die Rolle, die jeder von ihnen im System seiner beruflichen Umgebung spielt. Zugegeben, einige sind eifriger dabei als andere. Die Eifrigen haben verstanden, dass sie sich selbst den größten Gefallen tun und damit der gesamten Branche gleich mit. Einige von ihnen haben zusätzlich Einzelsitzungen mit den Coaches gebucht. Sie verspüren das Bedürfnis, tiefer zu sich selbst vorzudringen, als der Gruppenprozess es vorsieht. Auch unter den Eifrigen zeigt sich noch viel Unsicherheit, wie sie mit sich und dem neuen Selbstverständnis der Branche umgehen sollen. Leider hält einer der Herren angsterfüllt an seinen alten Mustern fest und macht den übrigen das Leben im Erneuerungsprozess damit zusätzlich schwer. Lange Jahre haben viele der Herren ihr Selbstwertgefühl ausschließlich an Faktoren wie Unternehmensgröße, finanzielle Macht und Statussymbolen festgemacht. Nun sollen Einfühlungsvermögen, Mitverantwortung und soziales Engagement hinzukommen. Das erfordert viel Mut, sich selbst anzunehmen, neu zu denken, zu fühlen, zu sprechen und zu handeln.

Auf der Basis ihrer individuellen Selbsterkenntnis und Transformation wagen sie sich an eine Verbesserung ihrer Kommunikations- und Konfliktfähigkeit innerhalb des Leitungsgremiums, wo sich nach wie vor viele angestaute Spannungen entladen. Teil des Prozesses sind aber auch gemeinsame Meditationsübungen. Je deutlicher das innere Wachstum jedes einzelnen Mitglieds wird, desto klarer ist die gemeinsame zukunftsweisende Strategie mit dem dazugehörigen Leitbild, die entsteht. Je mehr die neue Sicht der Branche den unaufhaltsamen Wandel antizipiert, desto mehr vermag sie ihn zu gestalten. Ich bin den Herren dieses Branchenverbandes dankbar für ihren Mut zu sich selbst, zu ihrer persönlichen Transformation und zu einem verantwortungsvolleren wirtschaftlichen Verhalten. Der Transformationsprozess führt zwangläufig auch dazu, dass sich die Spreu vom Weizen trennt. Diejenigen, die ihre persönliche Entwicklung nur vortäuschen oder halbherzig betreiben, stellen sich selbst ins Abseits. Die begonnene Entwicklung ist nämlich nicht mehr aufzuhalten. In diesem Branchenvorstand entsteht gerade etwas fundamental Neues.

Wenn sich Leistungsträger wie Hans-Günther, Leitungsgremien von Branchenverbänden und ganze Unternehmen daranwagen, ihr Umfeld neu zu gestalten, können Sie das schon lange. Worauf warten Sie noch?

1. Welche negativ aufgeladene Energie senden Sie zurzeit in Form von
   ○ Gefühlen
   ○ Denk- und Sprechweisen
   ○ gewohnheitsmäßigem Verhalten
   in Ihre berufliche Umgebung?

2. Welche
   ○ Ereignisse
   ○ Verhaltensweisen
   ○ Emotionen
   wünschen Sie sich in und aus Ihrem beruflichen Umfeld?

3. Mit welchen positiven und fördernden
   ○ Gefühlen
   ○ Gedanken
   ○ Taten
   ○ Äußerungen
   sollten Sie daher Ihre Arbeitsumgebung Ihren Wünschen gemäß aufladen?

EPILOG

Ich hoffe, es ist mir gelungen, Ihnen all das nahezubringen, was Sie benötigen, um den Spaß an Ihrer Arbeit wiederzuentdecken und vielleicht sogar begeistert durch Ihre Arbeitstage zu schweben. Machen Sie sich auf Ihren ganz eigenen Weg. Nehmen Sie Ihre beruflichen Träume wichtig und umarmen Sie Ihr einzigartiges Wesen.

Was das konkret für Ihr Berufsleben heißt, wohin Ihr Weg Sie führt, können nur Sie selbst erforschen und entdecken. In Ihrem eigenen Rhythmus, wenn die Zeit für Sie reif ist und im Einklang mit dem Wesen, das Sie sind.

Ich kann Ihnen allerdings sagen, was garantiert in die Sackgasse führt: »Wissen«, wohin die Reise exakt geht. Kämpfen, um dorthin zu gelangen. Sich auf von einem oder vielen anderen Menschen ausgetretenen Pfaden bewegen. Dem Selbstverbesserungswahn anheimfallen. Einen Zeitplan einhalten wollen. Oder warten, bis die Fee alles für einen regelt, ohne sich aktiv zu wandeln.

Sich aktiv zu wandeln bedeutet zunächst, zu erkennen, dass die starre Identität, die wir uns selbst zugelegt haben, ein Trugbild ist. Die Person, für die Sie sich beruflich halten, gibt es nicht. Ihre Vorstellung von sich selbst ist eine Mischung aus dem, was Sie sich wünschen, was Sie erlebt haben und woran Sie sich erinnern wollen. Lassen Sie das Vergangene los. Es hat keine Macht mehr über Sie, sobald Sie beschließen, es gehen zu lassen.

Wünschen, fühlen und leben Sie neu. Geben Sie sich Ihrem Wesen hin! Ihr Berufsleben ist nichts, was Ihnen passiert. Es richtet sich nach Ihnen.

Ich habe mich in diesem Buch auf männliche Denk- und Sprechweisen, Gefühls- und Verhaltensmuster konzentriert, weil unsere Wirtschaft noch sehr stark von der männlichen Energie dominiert ist. Die Geschichten der Frauen, die ich hier aufgenommen habe, sprechen für sich. Mögen sie den männlichen Lesern einen Spiegel vorhalten und den Frauen helfen, sich ihrer männlichen Anteile besser bewusst zu werden. Ich freue mich auf den Ausgleich der Pole und hoffe, Ihr persönlicher Ausgleich und der in vielen Unternehmen geschieht freiwillig und frohen Mutes.

Ihre
Martina Violetta Jung

LITERATUR

Abraham, Ralph H. / McKenna, Terence / Sheldrake, Rupert: *Denken am Rande des Undenkbaren. Über Ordnung und Chaos, Physik und Metaphysik, Ego und Weltseele*, München 1995

Andreasen, Nancy C.: *The Creating Brain – The Neuroscience of Genius*, New York 2005

Arroyo Camejo, Silvia: *Skurrile Quantenwelt*, Berlin 2006

Austin, James H.: *Zen and the Brain*, Cambridge, Mass. 1998

Baltes, Paul B.: Positionspapier: Entwurf einer Lebensspannen-Psychologie der Sehnsucht. Utopie eines vollkommenen und perfekten Lebens, *Psychologische Rundschau* 59 (2), 77–86

Becker, Volker J.: *Gottes geheime Gedanken – Was uns westliche Physik und östliche Mystik über Geist, Kosmos und Menschheit zu sagen haben*, München 2008

Beerlandt, Christiane: *Der Schlüssel zur Selbstbefreiung: Psychologischer Ursprung von 1100 Erkrankungen*, Nazareth (Belgien) 2007

Benveniste, Emile: *Probleme der allgemeinen Sprachwissenschaft*, München 1974

Benveniste, Jacques: From water memory to digital biology, *Network: The Scientific and Medical Network Review*, 1999, 69, 11–14

Biedermann, Hans: *Materia Prima – Die geheimen Bilder der Alchemie*, Wiesbaden 2006

Bohm, David: *Wholeness and the Implicate Order*, London 1980. Deutsche Fassung: *Die implizite Ordnung – Grundlagen eines dynamischen Holismus*, 1985, ist nur noch antiquarisch erhältlich.

Branson, Richard: *Screw It, Let's Do It*, London 2007

Brennan, Barbara Ann: *Heilen mit Energiefeldern: Das Standardwerk der Heilung mit Energiefeldern*, München 1998

Bucher, Anton A.: *Psychologie der Spiritualität – Handbuch*, Weinheim 2007

Campbell, Joseph J.: *Der Heros in Tausenden Gestalten*, Frankfurt 1999

Capra, Fritjof: *Lebensnetz. Ein neues Verständnis der lebendigen Welt*, München 1999

Chopra, Deepak: *Die heilende Kraft*, Bergisch Gladbach 2001

Chopra, Deepak: *Das Buch der Geheimnisse*, 3. Aufl. München 2008

Dahlke, Rüdiger: *Die Schicksalsgesetze*, 4. Aufl. München 2009

Damasio, Antonio R.: *Descartes' Irrtum. Fühlen, Denken und das menschliche Gehirn*, München 2001

De Mello, Anthony: *Wie ein Fisch im Wasser – Anleitung zum Glücklichsein*, 6. Aufl. Freiburg 2000

Dispenza, Joe: *Evolve your Brain. The Science of Changing your Mind*, Deerfield Beach 2007

Dörner, Dietrich: *Die Logik des Misslingens – Strategisches Denken in komplexen Situationen*, Hamburg 2003

Dürr, Hans-Peter: *Auch die Wissenschaft spricht nur in Gleichnissen*, Freiburg 2004

Dürr, Hans-Peter / Oesterreicher, Marianne: *Wir erleben mehr als wir begreifen*, Freiburg 2001

Emoto, Masaru: *Die Botschaft des Wassers*, 2. Aufl. Burgrain 2002

Eysenck, Hans Jürgen: *Die IQ Bibel – Intelligenz verstehen und messen*, Stuttgart 2004

Feichtinger, Thomas: *Psychosomatik und Biochemie nach Dr. Schüßler – Grundlagen – Praxis – Materia medica*, Stuttgart 2003

Feynman, Richard: *The Character of Physical Law*, Cambridge Mass. 2001

Fox, Emmet: *Die Bergpredigt*, 10. Aufl. Pforzheim 1998

Frankl, Victor E.: *Trotzdem Ja zum Leben sagen – Ein Psychologe erlebt das Konzentrationslager*, 29. Aufl. München 2008

Fromm, Erich: *Sein oder Haben*, Stuttgart 1976

Fromm, Erich: *Die Kunst des Liebens*, München 1998

Gershon, Michael: *Der kluge Bauch – Die Entdeckung des zweiten Gehirns*, München 2001

Gigerenzer, Gerd: *Bauchentscheidungen – Die Intelligenz des Unterbewussten und die Macht der Intuition*, München 2009

Gladwell, Malcom: *Blink! Die Macht des Moments*, München 2009

Goswami, Amit: *Das bewusste Universum – Wie Bewusstsein die materielle Welt erschafft*, Bielefeld 2007

Goswami, Amit: *God Is Not Dead. What Quantum Physics Tells Us about Our Origins and How We Should Live*, Charlottesville 2008

Habermas, Jürgen: *Glauben und Wissenschaft*, Frankfurt 2001

Hawking, Stephen: *Eine kurze Geschichte der Zeit*, 23. Aufl. Reinbek 2004

Hempel, Hans-Peter: *Im Hier und Jetzt – Unterweisungen in Zen-Yoga*, Leipzig 2002

Hüther, Gerald: *Bedienungsanleitung für ein menschliches Gehirn*, Göttingen 2009

Hüther, Gerald: *Die Macht der inneren Bilder. Wie Visionen das Gehirn, den Menschen und die Welt verändern*, Göttingen 2009

Hüther, Gerald: *Männer – Das schwache Geschlecht und sein Gehirn*, Göttingen 2009

Hüther, Gerald / Roth, Wolfgang / Brück, Michael von: *Damit das Denken Sinn bekommt – Spiritualität, Vernunft und Selbsterkenntnis*, Freiburg 2008

Huxley, Aldous: *Die ewige Philosophie – Philosophia perennis*, Freiburg 2008

Jacobi, Jolande: *The Psychology of C.G. Jung*, New Haven 1973

Jahn, Robert G. / Dunne, Brenda J.: *Margins of Reality: The Role of Consciousness in the Physical World*, London 1987

Jung, Carl Gustav: *Archetypen,* München 2008

Jung, Carl Gustav: *Synchronizität, Akausalität und Okkultismus,* München 2008

Jung, Martina Violetta: *Erst Sein, dann Haben,* Leonberg 2007

Kandel, Eric: *Auf der Suche nach dem Gedächtnis – Die Entstehung einer neuen Wissenschaft des Geistes,* München 2009

König, Michael: *Der kleine Quantentempel – Selbstheilung mit der modernen Physik,* Berlin, München 2011

König, Michael: *Die Urwort-Theorie – Grundlagen der Quantenheilkunde* (DVD), Berlin, München 2010

Krishnamurti, Jiddu / Bohm, David: *Vom Werden zum Sein,* München 1996

Küstenmacher, Marion / Haberer, Tilmann / Küstenmacher, Werner Tiki: *Gott 9.0 – Wohin unsere Gesellschaft spirituell wachsen wird,* Gütersloh 2010

Langer, Ellen: *Mindfulness,* Reading 1989

Laszlo, Erwin: *Zu Hause im Universum,* Berlin 2005

Laszlo, Erwin: *Systemtheorie als Weltanschauung – Eine ganzheitliche Vision für unsere Zeit,* München, 1998

Leaf, Alexander: *Youth in Old Age,* New York 1975

Lehrer, Jonah: *Wie wir entscheiden – Das erfolgreiche Zusammenspiel von Kopf und Bauch,* München 2009

Lovelock, James: *Gaia: Die Erde ist ein Lebewesen*, München 1995

Lowen, Alexander: *Bio-Energetik – Therapie der Seele durch Arbeit mit dem Körper*, Reinbek 1998

Lübeck, Walter / Petter, Frank Arjava / Rand, William Lee: *Das Reiki-Kompendium*, 5. Aufl. Oberstdorf 2009

Malik, Fredmund: *Strategie des Managements komplexer Systeme – Ein Beitrag zur Management-Kybernetik evolutionärer Systeme*, 10. Aufl. Bern 2008

Mandela, Nelson: *Der lange Weg zur Freiheit*, Frankfurt 1997

Matsumoto, Michihiro: *The Unspoken Way – Haragei, Silence in Japanese Business and Society*, Tokyo / New York 1988

Mc Taggert, Lynne: *Das Nullpunkt-Feld*, München 2002

Meyer, Bernd: *Wie muss die Wirtschaft umgebaut werden?*, 2. Aufl. Frankfurt 2008

Monti, Daniel A. / Bazzan, Anthony J.: *The Great Life Makeover*, New York 2008

Myss, Caroline: *Chakren: Die sieben Zentren von Kraft und Heilung*, München 2009

Myss, Caroline: *Sacred Contracts*, New York 2002

Newberg, Andrew / Waldman, Mark Robert: *Why We Believe What We Believe. Uncovering our Biological Need for Meaning, Spirituality and Truth*, New York 2006

O'Donohue, John: *Anam Cara – Das Buch der keltischen Weisheit*, 19. Aufl. München 1997

Parthasarathy, Swami: *Vedanta Treatise*, 14. Aufl. Mumbai 2007

Peck, M. Scott: *Der wunderbare Weg*, Jubiläumsausgabe, München 2004

Penrose, Roger: *Schatten des Geistes – Wege zu einer neuen Physik des Bewusstseins*, Heidelberg 1995

Penrose, Roger: *The Road to Reality – A Complete Guide to the Laws of the Universe*, New York 2004

Pert, Candace B.: *Moleküle der Gefühle – Körper, Geist und Emotionen*, Reinbek 2001

Pink, Daniel H.: *Unsere kreative Zukunft*, München 2008

Popp, Fritz-Albert / Chang Jin-Ju: Mechanism of interaction between electromagnetic fields and living systems, *Science in China* (Series C), 2000; 43, 507–518

Pribram, K. H.: *Brain and Perception: Holonomy and Structure in Figural Processing*, Hillsdale 1991

Radin, Dean: *Entagled Minds. Extrasensory Experiences in a Quantum Reality*, New York 2006

Radin, Dean: *The Conscious Universe: The Scientific Truth of Psychic Phenomena*, New York 1998

Riemann, Fritz: *Die Fähigkeit zu lieben*, 8. Aufl. Stuttgart 2008

Riemann, Fritz: *Grundformen der Angst*, 38. Aufl. München 2007

Roob, Alexander: *Alchemie und Mystik*, Sonderausgabe, Köln 2006

Rosenberg, Marshall B.: *Gewaltfreie Kommunikation – Eine Sprache des Lebens*, 7. Aufl. Paderborn 2007

Satinover, Jeffrey: *The Quantum Brain*, New York 2001

Scheibel, Susanne / Freund, Alexandra M.: Approaching Sehnsucht (Life Longings) From A Lifespan Perspective: The Role of Personal Utopias in Development, *Research on Human Development* 2008

Schiff, Michel: *Das Gedächtnis des Wassers. Homöopathie und ein spektakulärer Fall von Wissenschaftszensur*, 4. Aufl. Frankfurt 2004

Schmieder, Karl Christoph: *Die Geschichte der Alchemie*, Wiesbaden 2005

Schore, Allan: *Affect Regulation and the Origin of the Self: The Neurobiology of Emotional Development*, Mahwah (USA) 1994

Sheldrake, Rupert: *Das Schöpferische Universum – Die Theorie des Morphogenetischen Feldes*, 10. Aufl. Berlin 2008

Siegel, Daniel J.: *Das achtsame Gehirn*, Freiburg 2007

Singer, Wolf / Ricard, Matthieu: *Hirnforschung und Meditation: Ein Dialog*, Frankfurt 2008

Strasser, Christian: *Das erwachende Bewusstsein – Aufbruch in die neue Zeit*, Berlin, München 2010

Stühmer, Rolf: *Körper und Geist – Der naturwissenschaftliche Beweis*, München 1997

Targ, Russel / Katra, Jane: *Miracles of Mind: Exploring Nonlocal Consciousness and Spiritual Healing*, Novato 1999

Taylor, Jill B.: *Mit einem Schlag*, München 2008

Thich, Nath Hanh: *Im Hier und Jetzt zuhause sein*, Bielefeld 2006

Tolle, Eckhart: *Jetzt – Die Kraft der Gegenwart*, 19. Aufl. Bielefeld 2008

Tolle, Eckhart: *Eine neue Erde*, 9. Aufl. München 2005

Underhill, Evelyn: *Mysticism*, Neuauflage, New York 2002

Wilber, Ken: *Integrale Psychologie*, Freiburg 2001

Wolf, Fred Alan: *Taking the Quantum Leap. The New Physics for Non-Scientist*, New York 1989

Wolf, Fred Alan: *Mind into Matter – A New Alchemy of Science and Spirit*, Needham 2001

Wolf, Fred Alan: *Matter into Feeling – A New Alchemy of Science and Spirit*, Needham 2002

Yogananda, Paramahansa: *Die Bhagavad-Gita*, 2. Aufl. Los Angeles 2007

Zohar, Danah: *Am Rande des Chaos*, St. Gallen 2000

DANK DEM FELD MEINER MÖGLICHKEITEN

Viele Menschen beschenkten mich mit Erfahrungen, die mich be-
fähigten, dieses Buch zu schreiben. Ihnen allen bin ich für immer
verbunden, gleichgültig welcher Art die Erfahrungen aus meiner
Sicht auch waren.

Für Anregungen, Kommentare, Unterstützung, Geschichten und
Begleitung in der Entstehungszeit dieses Buches bedanke ich mich
bei Wolfgang Bertrams, Egmond Brenninkmeijer, Petra Bruhn, Elly
Bruyninnckx, Stefanie Burgmaier, Birgit Conix, Lena Depuis, Robert
Dorandt, Frank, Anja, Lutz und Lea Eichhorn, Stefanie und Freddy
Fischer, Birgitt Gebauer, Dr. Barbara Gismann, Sandra Hens, Martin
G. Hess, Robert Jan Hess, Dr. Rainer Jung, Joachim Kamphausen,
Jean-Luc Karleskind, Ute Linck, Michael Mester, Wouter Murrath,
Anja Nagel, Dr. Alexander Rochlitz, Ben Rogmans, Øystein Rush-
feldt, Anam und Martina Smith, Christa Sommer, Walter Spruyt,
Wolfgang Stubenrauch, Heidrun Schaberg, Anne und Will Van der
Schalk, Klaus Treder, Leon Vliegen, Francis Weyts, sowie Mieko,
Hirokazu und der gesamten Familie Yamakawa. Ihr alle wart für
mich da, zur richtigen Zeit und am richtigen Ort.

Allen, die hier nicht namentlich genannt werden wollten, aber
den Mut aufbrachten, mich ihre Geschichte erzählen zu lassen,
danke ich für ihr Vertrauen und den Wunsch, mit ihrer eigenen
Geschichte anderen Mut zu machen.

Professor Dr. Alexandra M. Freund vom Institut für Psychologie
der Universität Zürich danke ich dafür, dass sie mir neueste For-
schungsergebnisse zum Thema Sehnsucht zugänglich gemacht hat.

Stephanie Ehrenschwendner führte mich über ein Jahr hinweg
und half mir, meine schreibende Stimme zu finden. Dafür, liebe
Stephanie, mein innigster Dank!

Der Weg bis zur Veröffentlichung des Buches führte über Monate
auf vielen Schleifen zu meinem Wunschverleger Christian Strasser

und dessen Verlag Scorpio. Es fühlt sich gut an, zu wissen, lieber Christian, dass wir eine Vision und den Mut teilen, den Wandel aktiv herbeizuführen.

Juliane Molitor forderte mich mit ihrem engagierten Lektorat heraus, meine Grenzen zu erweitern und das Manuskript abermals zu verbessern.

Dem Team des Scorpio Verlages, Caroline Colsman und Meike Frese, tausend Dank dafür, dass sie alles ins Werk setzten, um meine Gedanken auf bestmögliche Art und Weise an den Leser zu bringen.

Es wäre schön, verehrte Leser, wenn Sie Ihre Erfahrungen und Kommentare künftig mit mir und anderen teilen würden, und zwar auf www.martinaviolettajung.de.

Ein Teil der Einkünfte aus diesem Buch stelle ich dem Projekt ATHENE zur Verfügung. Es ebnet alleinerziehenden Müttern den Schritt in die Selbstständigkeit.

Martina Violetta Jung
Hamburg, im August 2011